工业网络与组态技术

主　编◎霍　亮

副主编◎许红艳　王晋陶　徐永乐

电子科技大学出版社
University of Electronic Science and Technology of China Press
·成都·

图书在版编目（CIP）数据

工业网络与组态技术 / 霍亮主编. -- 成都：成都电子科大出版社，2025. 8. -- ISBN 978-7-5770-1839-3

Ⅰ. TP273

中国国家版本馆 CIP 数据核字第 2025AE7957 号

工业网络与组态技术

GONGYE WANGLUO YU ZUTAI JISHU

霍　亮　主编

策划编辑　罗国良　韩　昊
责任编辑　罗国良
责任校对　饶定飞
责任印制　段晓静

出版发行　电子科技大学出版社
　　　　　成都市一环路东一段 159 号电子信息产业大厦九楼　邮编 610051
主　　页　www. uestcp. com. cn
服务电话　028-83203399
邮购电话　028-83201495

印　　刷　成都市火炬印务有限公司
成品尺寸　185 mm×260 mm
印　　张　14. 75
字　　数　320 千字
版　　次　2025 年 8 月第 1 版
印　　次　2025 年 8 月第 1 次印刷
书　　号　ISBN 978-7-5770-1839-3
定　　价　45. 00 元

前　言

随着生产过程自动化技术的发展，特别是在工业控制领域中，工业网络与组态技术的应用越来越广泛。触摸屏因其组态形式方便、硬件回路简单、兼容性强、组态画面直观等优点而逐渐取代了传统的电气回路控制方式，从而得到了飞速的发展。本书以 MCGS 嵌入版组态软件为例，介绍了 MCGS 触摸屏组态软件的理论及其应用，同时提供了多个实际工程案例，让学习者从工程人员角度以项目化任务方式学习，在解决实际项目的同时理解、掌握软件的运用，使教学环节更贴近实际项目。本书旨在帮助初学者快速掌握 MCGS 触摸屏组态控制技术的各个环节，使他们能够完成中等难度的工程项目并具备一定的实际操作能力。在网络篇中，引入网络搭建案例，让学习者能够完成基本工业网络搭建。

本书的编写以“教与练”思想为核心，主要讲述触摸屏组态控制软件的各种功能，针对 MCGS 嵌入版组态软件并结合组态工程实例去讲解触摸屏静态画面组态、组态工程变量的连接，对设备编写控制脚本程序、主控窗口、用户窗口、实时数据库等的设置和创建，对触摸屏与西门子 PLC、欧姆龙 PLC、三菱 PLC 的连接、报警、报表、曲线等的设置，以及 MCGS 嵌入版组态软件的安全管理等，并对学习者知识掌握情况进行检验。这些内容使学习者更好地掌握从不同的开发角度做组态工程。针对不同的工程，学习者可以使用不同的控制方法与脚本编程，提高综合组态能力和独立解决实际问题的能力。

本书由贵州电子科技职业学院霍亮主编，并负责全书内容结构安排、工作协调及统稿工作。第一部分“基础篇”由霍亮、许红艳编写，第二部分“提高篇”由霍亮、王晋陶编写，第三部分“工业网络篇”由霍亮、徐永乐编写。特别感谢贵州振华红云电子有限公司王仕海高级工程师对所需实际项目提供支持。

由于编者水平有限，书中难免存在不足之处，敬请读者批评指正。

目 录

基础篇

提高篇

工业网络篇

基础篇

项目一　照明电路

1.1　MCGS 嵌入版系统

本节介绍监视与控制通用系统（monitor and control generated system，MCGS）嵌入版全中文工控组态软件的基本功能和主要特点，并对软件系统的构成和各个组成部分的功能进行详细说明，帮助用户认识 MCGS 嵌入版系统总体的结构框架；同时介绍 MCGS 嵌入版系统运行的硬件和软件需求，以及 MCGS 嵌入版的安装过程和工作环境，并为用户开始学习使用 MCGS 嵌入版系统奠定基础。

1.1.1　什么是 MCGS 嵌入版

重点：

MCGS 嵌入版的主要功能和特点。

MCGS 嵌入版是在 MCGS 基础上开发的专门应用于嵌入式计算机监控系统的组态软件，它的组态环境能够在基于 Microsoft 的各种 32 位 Windows 平台上运行，运行环境则是实时多任务嵌入式操作系统 Windows CE。MCGS 嵌入版适用于对应用系统的功能、可靠性、成本、体积、功耗等综合性能有严格要求的专用计算机系统。通过对现场数据的采集处理，MCGS 嵌入版以动画显示、报警处理、流程控制和报表输出等多种方式向用户提供解决实际工程问题的方案，在自动化领域有着广泛的应用。

一、MCGS 嵌入版组态软件的主要功能

1. 简单灵活的可视化操作界面

MCGS 嵌入版采用全中文、可视化、面向窗口的开发界面，符合中国人的使用习惯和要求。以窗口为单位，构建用户运行系统的图形界面，使得 MCGS 嵌入版的组态工作既简单直观，又灵活多变。用户既可以使用系统的缺省构架，也可以根据需要自己组态配置，生成各种类型和风格的图形界面，包括 DOS 风格的图形界面和标准 Windows 风格的图形界面。

2. 实时性强、有良好的并行处理性能

MCGS 嵌入版是真正的 32 位系统，充分利用了 32 位 Windows CE 操作平台的多任务、按优先级分时操作的功能。它以线程为单位，对在工程作业中实时性强的关键任务和实时性不强的非关键任务进行分时并行处理，使嵌入式 PC 机在工程测控领域广泛应用成为可能。例如，MCGS 嵌入版在数据采集、设备驱动和异常处理等关键任务时，可在主机运行周期时间内插空进行像打印数据一类的非关键性工作，实现并行处理。

3. 丰富、生动的多媒体画面

MCGS 嵌入版以图像、图符、报表、曲线等多种形式，为操作员及时提供系统运行中的状态、品质及异常报警等相关信息；用大小变化、颜色改变、明暗闪烁、移动翻转等多种手段，增强画面的动态显示效果；对图元、图符对象定义相应的状态属性，实现动画效果。MCGS 嵌入版还为用户提供了丰富的动画构件，每个动画构件都对应一个特定的动画功能。

4. 完善的安全机制

MCGS 嵌入版提供了良好的安全机制，可以为多个不同级别用户设定不同的操作权限。此外，MCGS 嵌入版还提供了工程密码功能，以保护组态开发者的成果。

5. 强大的网络功能

MCGS 嵌入版具有强大的网络通信功能，支持串口通信、Modem 通信、以太网 TCP/IP 通信，不仅可以方便快捷地实现远程数据传输，还可以通过 Web 浏览功能，在整个企业范围内浏览监测整个生产信息，实现设备管理和企业管理的集成。

6. 多样化的报警功能

MCGS 嵌入版提供多种不同的报警方式，具有丰富的报警类型，方便用户进行报警设置。并且，系统能够实时显示报警信息，对报警数据进行存储与应答，为工业现场安全可靠的生产运行提供了有力的保障。

7. 实时数据库为用户分步组态提供极大方便

MCGS 嵌入版由主控窗口、设备窗口、用户窗口、实时数据库和运行策略五个部分构成。其中，实时数据库是一个数据处理中心，是系统各个部分及其各种功能性构件的公用数据区，是整个系统的核心。各个部件独立地向实时数据库输入和输出数据，并完成自己的差错控制。在生成用户应用系统时，每一部分均可分别进行组态配置，独立建造，互不相干。

8. 支持多种硬件设备，实现“设备无关”

MCGS 嵌入版针对外部设备的特征，设立设备工具箱，定义多种设备构件，建立系统与外部设备的连接关系，赋予相关的属性，实现对外部设备的驱动和控制。用户在设备工具箱中可方便地选择各种设备构件。不同的设备对应不同的构件，所有的设备构件均通过实时数据库建立联系，而建立时又是相互独立的，即对某一构件的操作或改动，不影响其他构件和整个系统的结构。因此 MCGS 嵌入版是一个“与设备无关”的系统，用户不必因外部设备的局部改动，而影响整个系统。

9. 方便控制复杂的运行流程

MCGS 嵌入版开辟了“运行策略”窗口，用户可以选用系统提供的各种条件和功能的策略构件，用图形化的方法和简单的类 Basic 语言构建多分支的应用程序。系统将按照设定的条件和顺序执行操作，包括操作外部设备、控制窗口的打开或关闭，以及与实时数据库进行数据交换，从而实现自由、精确地控制运行流程。同时，也可以由用户创建新的策略构件，扩展系统的功能。

10. 良好的可维护性

MCGS 嵌入版系统由五大功能模块组成，主要的功能模块以构件的形式来构造，不同的构件有着不同的功能，且各自独立。三种基本类型的构件（设备构件、动画构件、策略构件）完成了 MCGS 嵌入版系统的三大部分（设备驱动、动画显示和流程控制）的所有工作。

11. 用自建文件系统来管理数据存储，系统可靠性更高

由于 MCGS 嵌入版不再使用 ACCESS 数据库来存储数据，而是使用了自建的文件系统来管理数据存储，所以与 MCGS 通用版相比，MCGS 嵌入版的可靠性更高，在异常掉电的情况下也不会丢失数据。

12. 设立对象元件库，组态工作简单方便

对象元件库，实际上是分类存储各种组态对象的图库。组态时，可把制作完好的对象（包括图形对象、窗口对象、策略对象以及位图文件等）以元件的形式存入图库中，也可把元件库中的各种对象取出，直接为当前的工程所用。随着工作的积累，对象元件库将日益扩大和丰富。这样解决了组态结果的积累和重新利用问题。组态工作将会变得越来越简单和方便。

总之，MCGS 嵌入版组态软件具有与 MCGS 通用版组态软件一样强大的功能，并且操作简单，易学易用。普通工程人员经过短时间的培训就能迅速掌握多数工程项目的设计和运行操作。同时，使用 MCGS 嵌入版组态软件能够避开复杂的嵌入版计算机软、硬件问题，而将精力集中于解决工程问题本身，并根据工程作业的需要和特点，组态配置出高性能、高可靠性和高度专业化的工业控制监控系统。

二、MCGS 嵌入版组态软件的主要特点

1. 容量小

整个系统最低配置只需要 2 M 的存储空间，可以方便地使用 DOC 等存储设备。

2. 速度快

系统的时间控制精度高，可以方便地完成各种高速采集，满足实时控制系统要求。

3. 成本低

系统最低配置为主频 24 M 的 486 单板计算机，2 M DOC，4 M 内存，大大降低了设备成本。

4. 真正嵌入

MCGS 嵌入版组态软件运行于嵌入式实时多任务操作系统。

5. 稳定性高

MCGS 嵌入版组态软件无硬盘，内置硬件看门狗，上电重启时间短，可在各种恶劣环境下稳定长时间运行。

6. 功能强大

MCGS 嵌入版组态软件提供中断处理，定时扫描精度可达到毫秒级，提供对计算机串口、内存、端口的访问，并可以根据需要灵活组态。

7. 通信方便

MCGS 嵌入版组态软件内置串行通信功能、以太网通信功能、Web 浏览功能和 Modem 远程诊断功能，可以方便地实现与各种设备进行数据交换、远程采集和 Web 浏览。

8. 操作简便

MCGS 嵌入版采用 MCGS 通用版、网络版的组态环境，它不但继承了 MCGS 通用版与网络版简单易学的优点，还增加了灵活的模块操作，以流程为单位构造用户控制系统，使得 MCGS 嵌入版的组态操作既简单直观，又灵活多变。

9. 支持多种设备

MCGS 嵌入版组态软件提供了所有常用的硬件设备的驱动。

10. 有助于建造完整的解决方案

MCGS 嵌入版组态环境运行于具备良好人机界面的 Windows 操作系统上，具备与通用版组态软件和网络版组态软件相同的组态环境界面，可有效帮助用户建造从嵌入

式设备，现场监控工作站到企业生产监控信息网在内的完整解决方案，并有助于用户开发的项目在这三个版本上的平滑迁移。

1.1.2 MCGS 嵌入版组态软件的体系结构

重点：

MCGS 嵌入版系统的构成和组成部分的功能。

MCGS 嵌入式体系结构分为组态环境、模拟运行环境和运行环境三部分。

组态环境和模拟运行环境相当于一套完整的工具软件，可以在 PC 机上运行。用户可根据实际需要裁减其中内容。组态环境和模拟运行环境帮助用户设计和构造自己的组态工程并进行功能测试。

运行环境则是一个独立的运行系统，它按照组态工程中用户指定的方式进行各种处理，完成用户组态设计的目标和功能。运行环境本身没有任何意义，必须与组态工程一起作为一个整体，才能构成用户应用系统。一旦组态工作完成，并且将组态好的工程通过串口或以太网下载到下位机的运行环境中，组态工程就可以离开组态环境而独立运行在下位机上。从而实现了控制系统的可靠性、实时性、确定性和安全性。

由 MCGS 嵌入版生成的用户应用系统，其结构由主控窗口、设备窗口、用户窗口、实时数据库和运行策略五个部分构成，如图 1.1 所示。

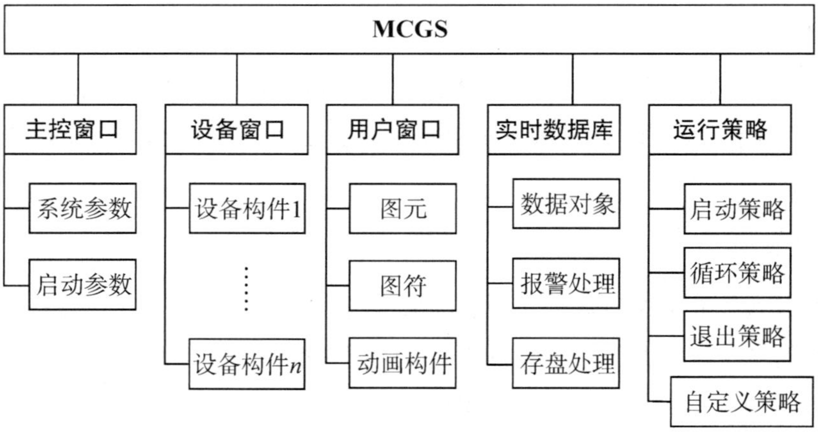

图 1.1　MCGS 用户应用系统结构

窗口是屏幕中的一块空间，是一个“容器”，直接提供给用户使用。在窗口内，用户可以放置不同的构件，创建图形对象并调整画面的布局，组态配置不同的参数以完成不同的功能。

在 MCGS 嵌入版中，每个应用系统只能有一个主控窗口和一个设备窗口，但可以有多个用户窗口和多个运行策略，实时数据库中也可以有多个数据对象。MCGS嵌入版用主控窗口、设备窗口和用户窗口来构成一个应用系统的人机交互图形界面，组态配置各种不同类型和功能的对象或构件，同时可以对实时数据进行可视化处理。

一、实时数据库是MCGS嵌入版系统的核心

实时数据库相当于一个数据处理中心，同时也起到公用数据交换区的作用。MCGS嵌入版使用自建文件系统中的实时数据库来管理所有实时数据。将外部设备采集来的实时数据送入实时数据库，实时数据库将数据分配到系统其他部分操作的数据。实时数据库自动完成对实时数据的报警处理和存盘处理，同时它还根据需要把有关信息以事件的方式发送给系统的其他部分，以便触发相关事件，进行实时处理。因此，实时数据库所存储的单元，不只是变量的数值，还包括变量的特征参数（属性）及对该变量的操作方法（报警属性、报警处理和存盘处理等）。这种将数值、属性、方法封装在一起的数据我们称为数据对象。实时数据库采用面向对象的技术，为其他部分提供服务，提供了系统各个功能部件的数据共享。

二、主控窗口构造了应用系统的主框架

主控窗口确定了在工业控制中工程作业的总体轮廓，以及运行流程、特性参数和启动特性等内容，是应用系统的主框架。

三、设备窗口是MCGS嵌入版系统与外部设备联系的媒介

设备窗口专门用来放置不同类型和功能的设备构件，实现对外部设备的操作和控制。设备窗口通过设备构件把外部设备的数据采集进来，送入实时数据库，或把实时数据库中的数据输出到外部设备。一个应用系统只有一个设备窗口，运行时，系统自动打开设备窗口，管理和调度所有设备构件正常工作，并在后台独立运行。注意，对用户来说，设备窗口在运行时是不可见的。

四、用户窗口实现了数据和流程的“可视化”

用户窗口中可以放置图元、图符和动画构件三种不同类型的图形对象。图元和图符为用户提供了一套完善的设计制作图形画面和定义动画的方法。动画构件对应不同的动画功能，它们是从工程实践经验中总结出的常用的动画显示与操作模块，用户可以直接使用。通过在用户窗口内放置不同的图形对象，搭制多个用户窗口，用户可以构造各种复杂的图形界面，用不同的方式实现数据和流程的“可视化”。

组态工程中的用户窗口，最多可定义512个。所有的用户窗口均位于主控窗口内，其打开时窗口可见，关闭时窗口不可见。

五、运行策略是对系统运行流程实现有效控制的手段

运行策略本身是系统提供的一个框架，其里面放置由策略条件构件和策略构件组成的“策略行”。通过对运行策略的定义，系统能够按照设定的顺序和条件操作实时数据库、控制用户窗口的打开、关闭并确定设备构件的工作状态等，从而实现对外部设备工作过程的精确控制。

一个应用系统有三个固定的运行策略：启动策略、循环策略和退出策略，同时允许用户创建或定义最多512个用户策略。启动策略在应用系统开始运行时调用，退出策略在应用系统退出运行时调用，循环策略由系统在运行过程中定时循环调用，用户策略供系统中的其他部件调用。

综上所述，一个应用系统由主控窗口、设备窗口、用户窗口、实时数据库和运行策略五个部分组成。组态工作开始时，系统只为用户搭建了一个能够独立运行的空框架，提供了丰富的动画部件与功能部件。如果要完成一个实际的应用系统，应主要完成以下工作。

首先，要像搭积木一样，在组态环境中用系统提供的或用户扩展的构件构造应用系统，配置各种参数，形成一个有丰富功能的可实际应用的工程。其次，把组态环境中的组态结果提交给运行环境。运行环境和组态结果就构成了用户自己的应用系统。

1.1.3 MCGS 嵌入版组态软件的系统需求

重点：

MCGS 嵌入版系统的硬件和软件要求。

一、硬件需求

MCGS 嵌入版组态软件的硬件需求分为组态环境需求和运行环境需求两部分。

（一）组态环境硬件需求

MCGS 嵌入版组态环境硬件需求和通用版硬件需求相同。

1. 基础开发配置（入门级）

（1）操作系统：Windows 7 SP1/10/11（64位）专业版/企业版（避免家庭版功能

限制)；

（2）处理器：Intel Core i5-8500 或 AMD Ryzen 5 3500X（4 核 8 线程，主频≥3.0 GHz)；

（3）内存：16 GB DDR4（双通道，建议预留扩展插槽)；

（4）存储：256 GB SSD（系统盘）+1 TB HDD（工程存储)。其中，SSD 确保软件启动速度，HDD 备份历史工程；

（5）显卡：NVIDIA GTX 1050 或 AMD RX 560（2GB 显存，支持 DirectX 11)。

适用场景：小型 PLC 通信项目、画面点数<500 的 HMI 工程调试。

2. 高效开发配置（推荐配置）

（1）处理器：Intel Core i7-12700 或 AMD Ryzen 7 5800X（8 核 16 线程)；

（2）内存：32GB DDR4 3200MHz（多工程并行/虚拟机需求必备)；

（3）存储：512GB NVMe SSD（系统+软件）+2TB SSD（项目仓库)；

（4）显卡：NVIDIA RTX 3060 或 AMD RX 6600（8 GB 显存，支持多屏 4K 输出)。

适用场景：

（1）大型 DCS 系统集成（2000+标签点)；

（2）多设备协议网关调试（Modbus TCP/OPC UA/CanOpen)；

（3）实时数据库历史归档分析。

（二）运行环境

目前，昆仑通态生产的所有嵌入式一体化工控机，均可满足运行环境的运行条件：TPC7063E、TPC7063H、TPC1063E、TPC1063H、TPC1262H、TPC1561H。

二、软件需求

MCGS 嵌入版组态软件的需求也分为组态环境和运行环境两部分。

（一）组态环境软件需求

MCGS 嵌入版组态环境软件需求和通用版相同，可以在以下操作系统下运行：

中文 Microsoft Windows NT Server 4.0（需要安装 SP3）或更高版本；

中文 Microsoft Windows NT Workstation 4.0（需要安装 SP3）或更高版本；

中文 Microsoft Windows 2000、2003 或更高版本。

（二）运行环境软件需求

MCGS 嵌入版运行环境软件需求为支持实时多任务操作系统，现在 Windows CE 支持实时多任务操作系统。

1.1.4　MCGS 嵌入版的安装

重点：

MCGS 嵌入版的安装过程。

嵌入版的组态环境与通用版基本一致，是专为 Microsoft Windows 系统设计的 32 位应用软件，可以运行于 Windows NT 4.0、Windows 2000 或以上版本的 32 位操作系统中，其模拟环境也同样运行在 Windows NT 4.0、Windows 2000 或以上版本的 32 位操作系统中。推荐使用中文 Windows 2000、Windows NT 4.0 或以上版本的操作系统。而嵌入版的运行环境则需要运行在 Windows CE 嵌入式实时多任务操作系统中。

双击安装图标，开始安装。单击“安装 MCGS 组态软件嵌入版”按钮，弹出安装程序窗口，如图 1.2 所示。点击“下一步”，启动安装程序。

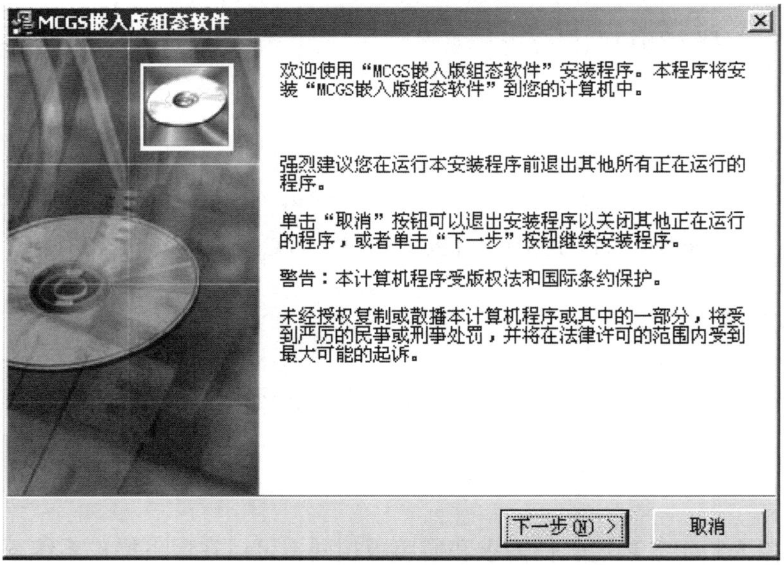

图 1.2　MCGS 组态软件安装程序窗口

按提示步骤操作，随后安装程序将提示指定安装目录，用户不指定时，系统缺省安装到“D：\ MCGSE”目录下，建议使用缺省目录，如图 1.3 所示。

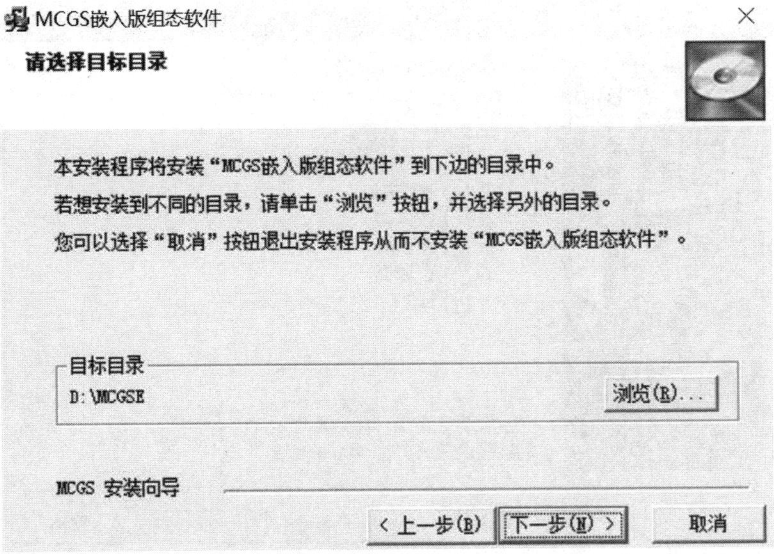

图 1.3　MCGS 软件安装路径

MCGS 嵌入版主程序安装完成后，开始安装 MCGS 嵌入版驱动（图 1.4），安装程序将把驱动安装至 MCGS 嵌入版安装目录“\Program\Drivers”下。

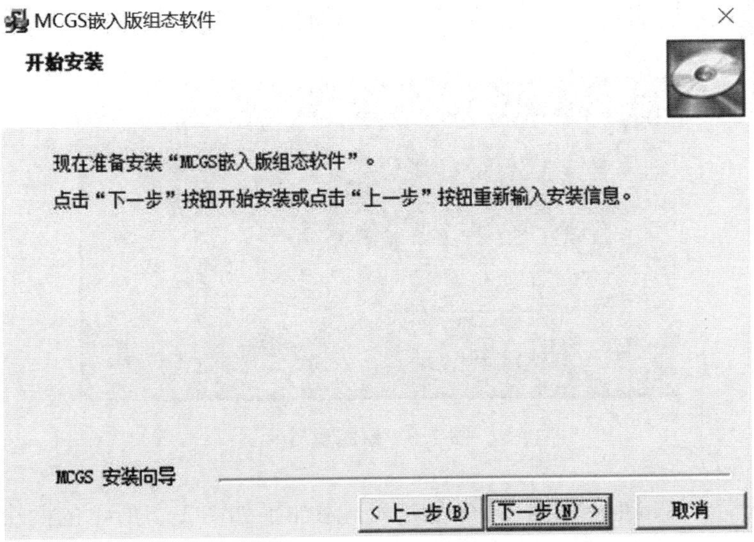

图 1.4　MCGS 嵌入式驱动

点击“下一步”，选择要安装的驱动，缺省选项为一些常用的设备驱动，包括通用设备、西门子 PLC、欧姆龙 PLC、三菱 PLC 设备和研华模块的驱动。如图 1.5 所示，可以选择先安装一部分驱动，其余的在需要的时候再安装；也可以选择一次安装所有的驱动。最后，点击“下一步”进行安装。

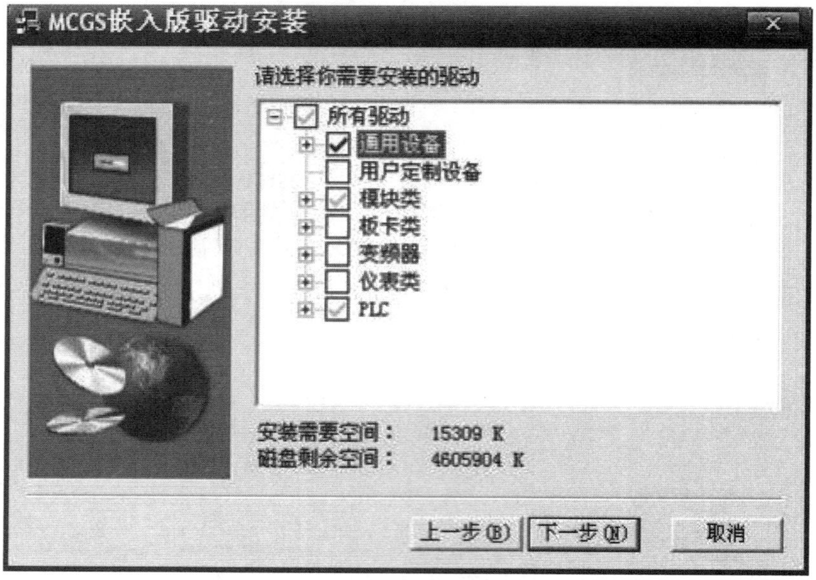

图 1.5　MCGS 设备模块驱动

选择好后，按提示操作，MCGS 驱动程序安装过程需要几分钟；安装过程完成后，系统将弹出对话框提示安装完成（图 1.6），可选择立即重新启动计算机或稍后重新启动计算机。建议重新启动计算机后再运行组态软件，结束安装。

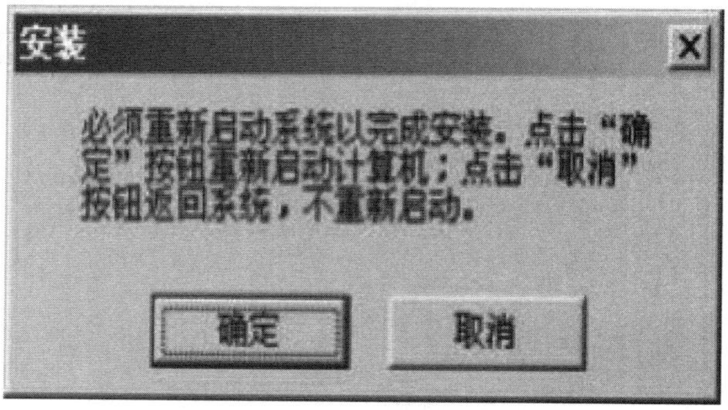

图 1.6　系统重启

安装完成后，Windows 操作系统的桌面上添加了如图 1.7 所示的两个快捷方式图标，分别用于启动 MCGS 嵌入式组态环境和模拟运行环境。

图 1.7　环境图标

同时，Windows 在开始菜单中也添加了相应的 MCGS 嵌入版组态软件程序组，此程序组包括五项内容：MCGSE 组态环境、MCGSE 模拟环境、MCGSE 自述文件、MCGSE 电子文档以及卸载 MCGSE 嵌入版。MCGSE 组态环境，是嵌入版的组态环境；MCGSE 模拟环境，是嵌入版的模拟运行环境；MCGSE 自述文件描述了软件发行时的最后信息；MCGSE 电子文档则包含了有关 MCGS 嵌入版最新的帮助信息。

在系统安装完成以后，在用户指定的目录下（或者是默认目录“D：\MCGSE”），存在三个子文件夹：Program、Samples、Work。

Program 子文件夹中，可以看到以下两个应用程序 MCGSSetE. exe、CEEMU. exe 以及 CeSvr. X86、McgsCE. X86、CeSvr. ARMV4、McgsCE. ARMV4 等文件。MCGSSetE. exe 是运行嵌入版组态环境的应用程序，CEEMU. exe 是运行模拟运行环境的应用程序。

Samples 文件夹中是样例工程，用户自己组态的工程将缺省保存在 Work 中。

1.1.5 MCGS 嵌入版的运行

重点：

MCGS 嵌入版系统的运行方式。

MCGS 嵌入版组态软件包括组态环境、运行环境、模拟运行环境三部分。文件 MCGSSetE. exe 对应于组态环境，文件 McgsCE. exe 对应于运行环境，文件 CEEMU. exe 对应于模拟运行环境。其中，组态环境和模拟运行环境安装在上位机中；运行环境安装在下位机中。组态环境是用户组态工程的平台。模拟运行环境可以在 PC 机上模拟工程的运行情况，用户可以不必连接下位机，对工程进行检查。

当组态好一个工程后，可以在上位机的模拟运行环境中试运行，以检查是否符合组态要求；也可以将工程下载到下位机中，在实际环境中运行。

在组态环境下选择工具菜单中的下载配置，将弹出下载配置对话框，如图 1.8 所示。

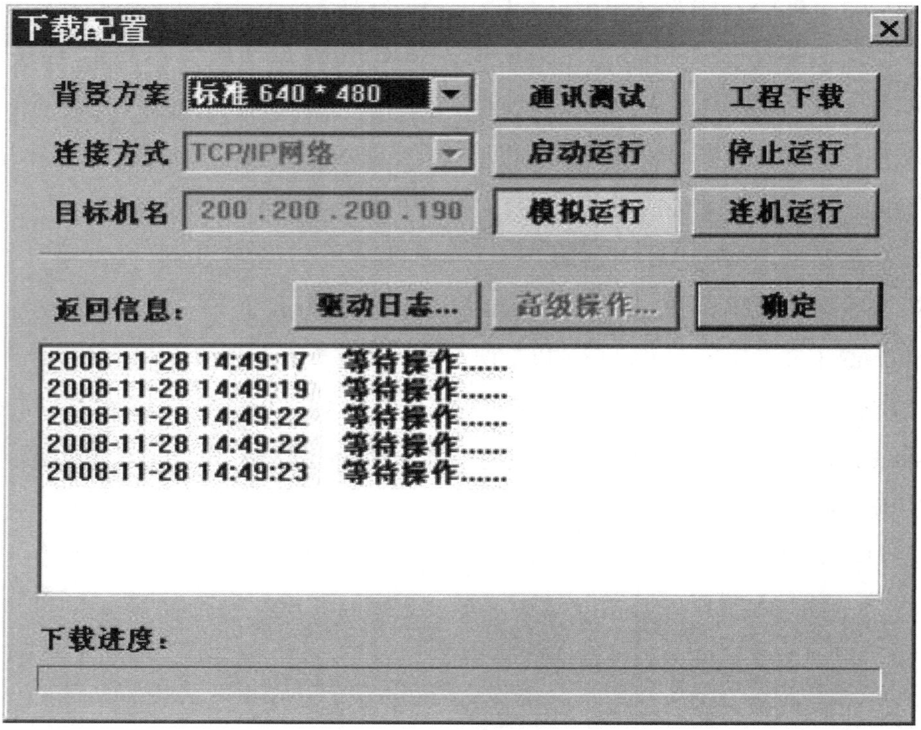

图 1.8　下载配置界面

一、设置域

1. 下位设备

用于设置模拟运行环境屏幕的分辨率，用户可根据需要选择。包含三个选项：标准 640 * 480；标准 800 * 600；标准 1024 * 768。

2. 连接方式

用于设置上位机与下位机的连接方式。包括两个选项：

（1）TCP/IP 网络：通过 TCP/IP 网络连接。选择此项时，下方显示目标机名输入框，用于指定下位机的 IP 地址；

（2）USB 通信：通过 USB 连接。

二、功能按钮

1. 通信测试：用于测试通信情况。

2. 工程下载：用于将工程下载到模拟运行环境，或下位机的运行环境中。

3. 启动运行：启动工程。

4. 停止运行：停止工程的运行。

5. 模拟运行：工程在模拟运行环境下运行。

6. 联机运行：工程在实际的下位机中运行。

三、返回信息栏

用于显示下载状态信息。

四、操作步骤

1. 确定运行方式：单击“模拟运行”或“联机下载”按钮选择工程运行方式。

当选择模拟运行时，连接方式、目标机名选择灰显，不能进行设置；

当选择联机下载时，可根据实际情况设置上位机、下位机的连接方式，以及目标机名的选择。

2. 通信测试：单击“通信测试”按钮，测试通信情况。此步骤非必须执行步骤。

3. 工程下载：单击“工程下载”按钮，将工程下载到模拟运行环境或实际运行环境中。此步骤必须执行，否则将运行上次运行的工程。

4. 启动运行：启动工程运行。

5. 停止运行：停止工程运行。

6. 完成：点击“确定”按钮，关闭下载配置对话框。

1.2　MCGSTCP 硬件

1.2.1　TPC 人机界面

重点：

TPC 人机界面组成。

人机界面作为一种最新的电脑输入设备，使用者只要用手指或触摸笔轻轻地触碰计算机显示屏上的图符或文字就能实现对主机操作，这样摆脱了键盘和鼠标操作，使人机交互更为直截了当。人机界面是目前最简单、方便、自然的而且又适用于中国多媒体信息查询的输入设备，触摸屏具有坚固耐用、反应速度快、节省空间、易于交流等许多优点。人机界面使人机交互更为直截了当，赋予了多媒体以崭新的面貌，是极富吸引力的全新多媒体交互设备。

一、人机界面组成

人机界面产品由硬件和软件两部分组成，硬件部分包括处理器、显示单元、输入单元、通信接口、数据存储单元等，其中处理器的性能决定了产品的性能高低，是人机界面的核心单元。根据人机界面的产品等级不同，处理器可分别选用 8 位、16 位、32 位的处理器。人机界面软件一般分为两部分，即运行于人机界面硬件中的运行环境软件和运行于 PC 机 Windows 操作系统下的画面组态软件。使用者都必须先使用人机界面的画面组态软件制作“工程文件”，再通过 PC 机和人机界面产品的 USB 接口或者网口，把组建好的“工程文件”下载到人机界面中运行。

昆仑通态 TPC 产品集成了液晶显示屏、触摸面板、控制单元及数据存储单元四大部分，并且可以在显示屏上模拟开关、按钮、指示灯、动画、趋势曲线、调节棒图等，具有操作控制、状态监控、数据存储、报表打印、网络通信、视频监控等众多工控计算机的高端功能。产品设计采用高亮度 TFT 液晶显示屏、电阻式触摸屏，同时还预装微软嵌入式实时多任务操作系统 Windows CE. net（中文版）和 MCGS 嵌入版组态软件（运行版）。显示屏尺寸从 7 寸、10. 4 寸、12 寸到 15 寸，为用户提供专业的全方位的解决方案。

TPC 产品应用领域包括环保、石油、航天、制药、煤矿、水处理、电力、化工、冶金、矿山、运输、机械、食品等几十个行业。

二、产品功能介绍

（1）稳定可靠的硬件设备：采用成熟、可靠、知名的嵌入式硬件设备。

（2）高档的软件系统平台：采用 Windows CE 操作系统和 MCGS 嵌入版组态软件。

（3）强大的界面组态功能：可以方便地完成各种复杂的操作界面。

（4）强大的数据处理功能：可以保存、查询、打印各种数据，制作报表和趋势曲线。

（5）众多的硬件交互功能：可以读写各种 PLC、智能仪表、智能模块、变频器等上百种工控设备的数据。

（6）灵活的二次开发能力：能根据用户的需求，快速开发定制满足特定设备的功能。

（7）精确的回路控制功能：可以实现循环跳转、判断、中断等复杂的流程控制。

（8）强大网络通信的功能：支持串口通信、以太网通信等通信方式。

（9）可靠的安全管理机制：保证系统数据的可靠性。

（10）采用模块化设计思路：便于系统维修和设备部件更换，用户可在上位机中使用。

1.2.2 TPC 硬件规格

重点：

TPC 规格读取。

一、产品型号规则

产品型号命名规则见表 1.1 所列。

表 1.1 产品型号命名规则表

整机命名规则：

TPC XX X X X
- 整机代号
- 液晶尺寸：如10.4“应表示为10，12.1”应表示为12
- 主板类型：“6”表示2440，主板“2”表示磐仪Ietx-602主板
- 显示分辨率：“1”表示1024*768，“2”表示800*600，“3”表示640*480
- 产品型号：E表示产品基本型号，H表示产品的增强型

例：TPC1063H

TPC		整机代号（TPC）	
10	液晶尺寸	64	6.4 寸
		70	7 寸
		10	10.4 寸
		12	12.1 寸
		15	15 寸
6	主板类型	6	ARM2440 主板
		2	磐仪 Ietx-602 主板
3	分辨率	1	1024 * 768
		2	800 * 600（注：7 寸屏为 800 * 480）
		3	640 * 480
H	区别于基本型的改进型（26 英文字母表示）	K	基本型
		KS	简化版
		E	基本型
		H	增强型

二、机器编号规则

产品标签编号规则用16位阿拉伯数字表示。第1～3位表示产品型号编号，第4～5位表示产品版本编号，第6～7位表示产品配置关系，第8～11位表示产品生产年、月，第12～16位表示产品流水号。

1. 产品版本编号

（1）当产品的结构、配置关系、操作系统因需求发生重大变更后，为了区分以前同型号产品，用“V□．□”表示，□表示阿拉伯数字范围0～9；

（2）产品的结构、电路、软件、系统因需求关系其中一项发生变更，对应型号的产品版本编号需升级更新；

（3）“V□．□”，V是英文版本打头字母缩写，如V0.8、V1.0、V1.5等。

2. 产品配置编号规则

（1）产品配置编号用两位阿拉伯数字表示不同型号对应的编号“□□”；

（2）第1位表示液晶屏配置关系，表示范围0～9，可根据公司实际使用情况进行增减，发布有效；

（3）第2位表示功能的配置关系，表示范围0～F，根据公司产品配置情况按ARM产品体系和X86产品体系进行分类。

1.2.3 TPC组成结构

重点：

TPC的组成。

MCGS TPC主要由主板、底板、触摸屏和液晶屏四部分组成。

一、主板

主板由核心计算单元、工业通信接口层、人机交互子系统、工业级电源与防护、扩展与维护设计五个部分组成。其实物图如图1.9所示。

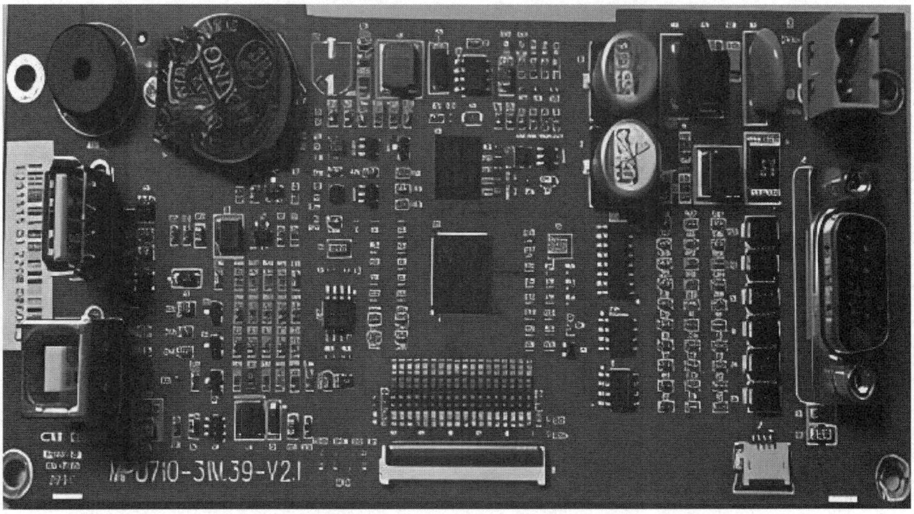

图 1.9 主板

1. 核心计算单元

（1）处理器：ARM Cortex-A 系列（如 A53/A72）或 Intel Atom x5/x7（E3900 系列），特点：无风扇设计，TDP≤10 W，支持-20 ℃～70 ℃宽温运行。

（2）内存：板载 LPDDR4 4 GB～8 GB，不可扩展，抗震动设计。

（3）存储：eMMC 闪存，容量：32 GB～128 GB，擦写寿命≥3 万次。

（4）扩展接口：1×mSATA 或 M. 2 2242，用于历史数据存储。

2. 工业通信接口层

（1）串行通信

隔离型 RS485×2，光电隔离+600 W 防浪涌；

RS232×1，用于 PLC/仪表直连。

（2）以太网

双千兆网口，支持环网冗余协议，如 ERPS。

（3）现场总线

可选配 CANopen/Profibus 扩展板，通过 Mini PCIe 插槽。

（4）无线模块

内置 4G 模块（移远 EC20 系列）+Wi-Fi/BT 5. 0（IPEX 天线接口）。

3. 人机交互子系统

（1）显示控制器

集成 LVDS/eDP 接口，驱动 LCD 屏（分辨率：800×480 至 1920×1080），支持亮度自动调节（外接光传感器）。

（2）触摸屏驱动

电阻触摸：4 线制，成本低，抗油污；

电容触摸：10 点触控，G+G 钢化玻璃，硬度≥7 H。

（3）音频模块

功放芯片（2×5W）+麦克风输入（用于语音报警）。

4. 工业级电源与防护

（1）电源电路

宽压输入：DC 9～36 V，支持反接/过压保护；

超级电容：断电后维持 RTC 时钟≥72 小时。

（2）电气隔离

通讯口与主板间 2500V AC 隔离；数字量输入通道光耦隔离（响应时间<1ms）。

（3）EMC 防护

符合 IEC 61000-4-4（EFT 4 kV）及 IEC 61000-4-5（Surge 6 kV）。

5. 扩展与维护设计

（1）扩展接口

Mini PCIe×1，可插 4G/总线卡；

GPIO×8，可配置 DI/DO，负载能力 0.5 A。

（2）固件升级

双 BIOS 备份，通过 TF 卡紧急恢复系统。

（3）状态诊断

板载 LED 指示灯，显示有电源、通讯、存储状态。

二、底板

因为触摸屏的接口与外界的输入输出接口都在底板上面，所以底板在整个触摸屏的组成部分中占据非常重要的作用，是整个触摸屏能够工作的基本硬件平台。

底板主要由 3 V 氧化银电池、电源接口、触摸屏接口、液晶屏接口、232/485 接口、USB 接口、网口、蜂鸣器、串口隔离电源、自制隔离电源、64P 接口、逆变器、总线驱动芯片、过压保护电路等组成，如图 1.10 所示。

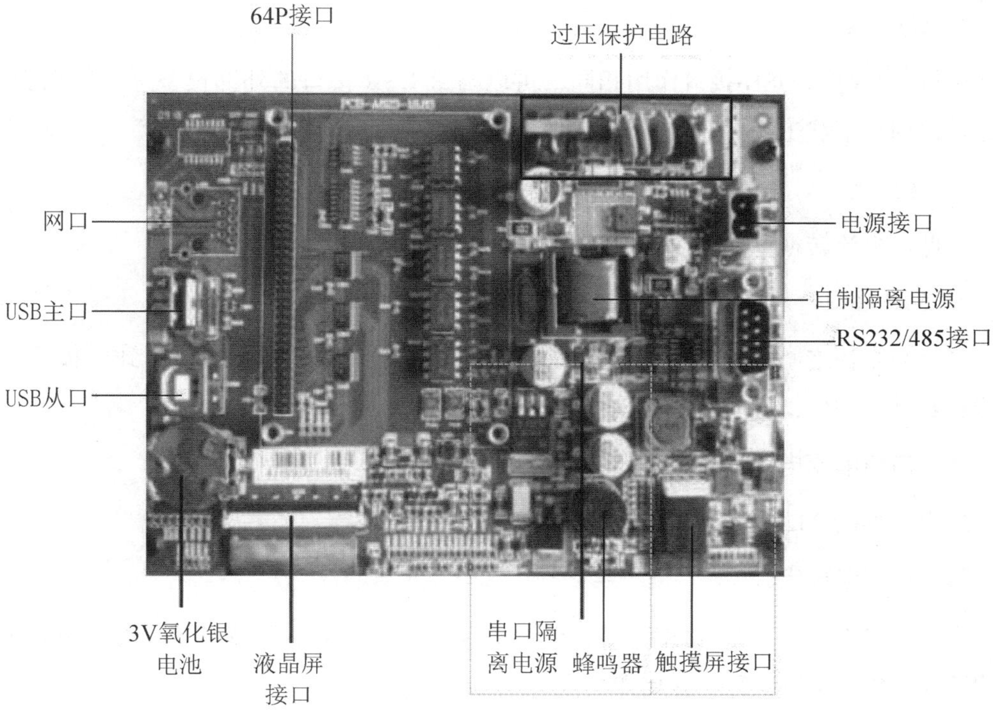

图 1.10　底板

以 7062KS 系列 PCB-A623-18.83 型底板为例，下面简单介绍底板各组成部分的主要功能。

1. 3 V 氧化银电池

触摸屏断电后保存系统配置信息和一些重要的数据。

2. 电源接口

与外部提供的 24 V 电源之间的接口。

3. 触摸屏接口

将触摸屏的触摸信息传送到主板的接口。

4. 液晶屏接口

将主板要显示的信息传送到液晶屏的接口。

5. 网口

LAN（RJ45）以太网接口，主要用来进行工程下载或与外部设备之间网络信息交换。

6. 232/485 接口

触摸屏与外部设备之间数据信息交换的接口，达到对外部设备控制、监视的目的。

7. USB 接口

主口：与电脑 USB 接口作用相同，可以与带 USB 接口的外部设备进行数据交换。从口：仅用于下载工程。

8. 逆变器

将低压电流转换为高压电流，为背光灯提供电源。

9. 64P 接口

底板与主板之间信息交换的接口，主板通过此接口将控制信息传送到底板再由底板传送到其他构件，同时将底板信息传送到主板。

10. 串口隔离电源

提供标准的 232 和 485 信号电源。

11. 自制隔离电源

将 24 VDC 转换为 12 VDC，然后再转换为 5 VDC 或者逆变器电源，为底板和主板上的芯片提供标准的 5 V 工作电源。

12. 总线驱动芯片

在 I/O 电路中，提高电路中的电流，增大了带负载的能力，可以直接驱动光耦、发光管、微型继电器等。

13. 过压保护电路

在电压或电流过大的情况下起到保护整个底板、主板上元器件的作用。

三、液晶屏

液晶屏主要是用来对图形和图像进行显示，将信息直观地展现在我们面前，达到完美的输出效果。

屏幕能显示的基本原理就是在两块平行板之间填充液晶材料，通过电压来改变液晶材料内部分子的排列状况，以达到遮光和透光的目的来显示深浅不一、错落有致的图像，而且只要在两块平板间再加上三原色的滤光层，就可显示彩色图像。

目前，市场上的液晶屏主要包括 STNLCD、GFLCD、TFTLCD、TFDLCD、OLEDLCD 这几种。MCGS 系列触摸屏上用的是 TFT LCD，又称“真彩”。可显示 24 bit 色深的真彩色，响应时间比较短，并且色彩艳丽。

四、触摸屏

触摸屏作为一种最新的电脑输入设备，是目前最简单、方便、自然的一种人机交互方式。它赋予了多媒体崭新的面貌，是极富吸引力的全新多媒体交互设备。

触摸屏由触摸检测部件和触摸屏控制器组成。触摸检测部件安装在显示器屏幕前面，用于检测用户触摸位置，接收触摸信息后传送触摸屏控制器；而触摸屏控制器的主要作用是从触摸点检测装置上接收触摸信息，并将它转换成触点坐标，再送给 CPU，它同时能接收 CPU 发来的命令并加以执行。

从技术原理来区别触摸屏，可分为五个基本种类：矢量压力传感技术触摸屏、电阻技术触摸屏、电容技术触摸屏、红外线技术触摸屏、表面声波技术触摸屏。

在这里，我们用到的触摸屏大部分是 4 线电阻式，其工作环境完全与外界隔离，不怕灰尘、水汽和油污，可以用任何物体来触摸。其特点有：高分辨率（分辨率可以轻松地达到 4096 * 4096），高速传输反应，具有光面及雾面处理，一次校正，稳定性高，永不漂移。

1.2.4 TPC 的安装及电源接线

重点：

TCP 安装、接线。

一、产品的安装

第一步：打开包装。

用剪刀或其他尖锐的工具割开包装上的封口胶带，取出 TPC。

注：在使用锐器打开包装时，请注意不要将 TPC 划伤。

第二步：检测清单。

取出装箱单，检查包装内的物品类型与数量是否与装箱单一致，若有不符之处，请联系供应商。

运输过程中有可能损坏 TPC，请检查 TPC 和其他物品是否完好。

第三步：开安装孔。

根据不同型号的 TPC 安装尺寸，开安装孔。

二、电源接线和接地说明

（一）电源线连接

以 TPC7062K 为例，介绍如何连接 TPC 电源电缆：

（1）检查并确定电源断开；

（2）拧松电源接线插头的两个螺丝，按顺序接好电源线（确定接线正确）；

（3）将电源接线插头插入 TPC 后面板上的电源接口插座。

电源插头的引脚定义见表 1.2 所列。

表 1.2　引脚定义表

PIN	定义
1	+
2	−

注：

①为了避免触电，在连接电源线到 TPC 时，确保电源插头已拔掉；

②接线前，请再次确认 TPC 的供电电源是 DC24 V 型，还是 AC220 V 型。如果没有为 TPC 提供合适的电源，可能会损坏 TPC 单元的电源部分。对于 DC24 V 型，注意电源的极性；

③对于没有电源开关的 TPC，需外接一个电源开关；

④电源插头务必接地线。

（二）接地说明

1. 专用接地点（推荐）

（1）连接单元后面的 FG 端到专用接地点（图 1.11），接地电阻低于 100 欧姆；

（2）地线的横断面需大于 2 mm。尽可能在 TPC 单元附近设置连接点，并且使用的电线越短越好；

（3）当采用一根长的地线时，用粗的电线代替细的电线并放在套管中。

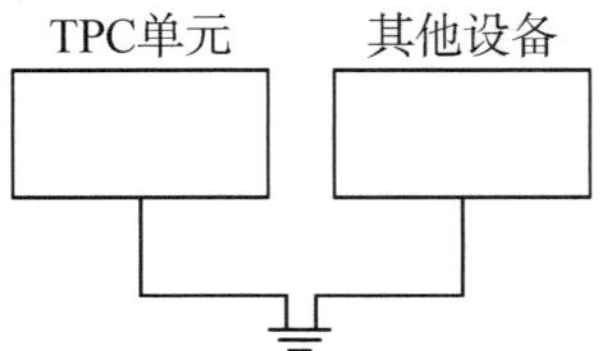

图 1.11　专用接地点

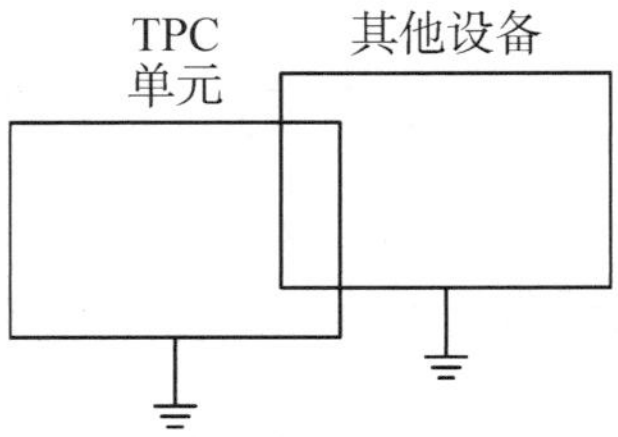

图 1.12　公共接地点

2. 公共地

如果不可能使用专用接地点时，使用一个公共接地点，如图 1.12 所示。

1.2.5 TPC7062K 与 PLC 的接线

重点：

TPC 7062K 与 PLC 接线。

认识了 TPC7062K 后，我们先来了解三款主流 PLC：西门子 S7-200、欧姆龙、三菱 FX 系列。其接线方式如图 1.13 所示。

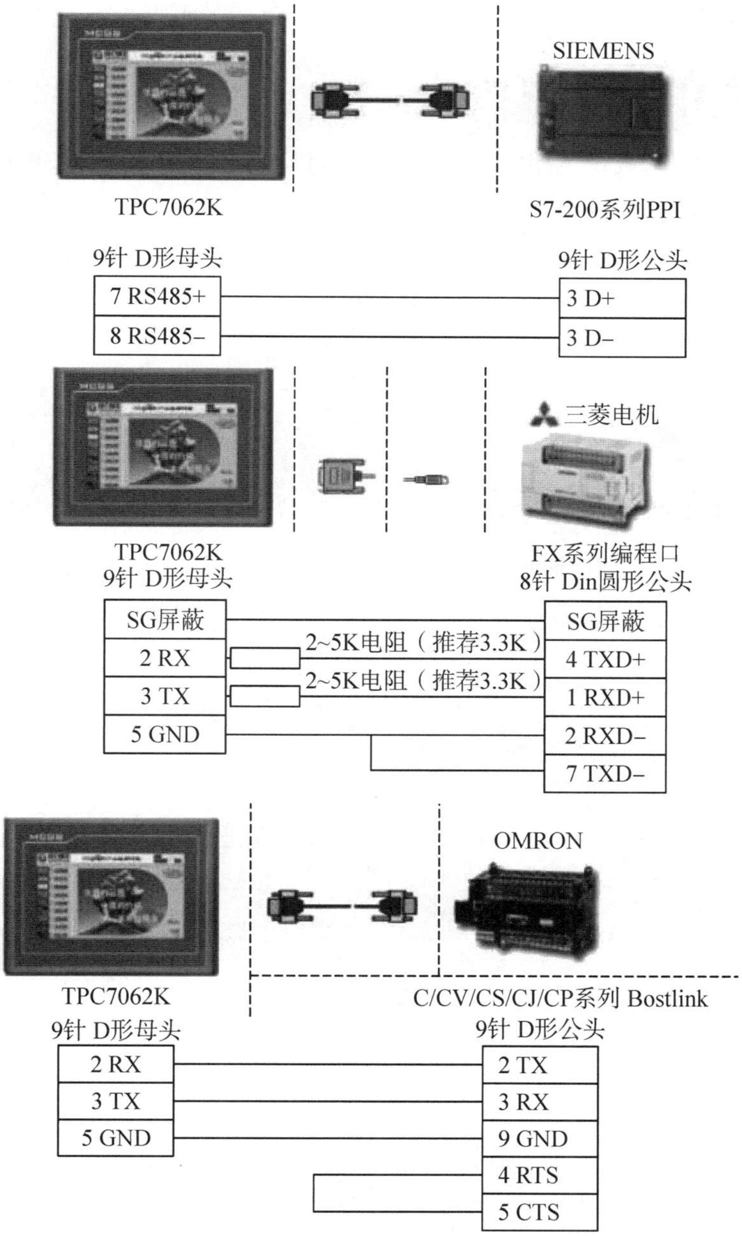

图 1.13 接线方式

1.2.6 工程下载

重点：

工程下载。

在学习组态之前，我们先来学习如何把工程下载到 TPC 中，我们可以把光盘中的样例工程下载到屏中测试运行效果。

一、连接 TPC7062K 和 PC 机

将普通的 USB 下载线（图 1.14）的扁平接口一端插到电脑的 USB 口，一端为微型接口，插到 TPC 端的 USB2 口。

图 1.14　USB 下载线

二、工程下载

点击工具条中的下载按钮，进行下载配置，如图 1.15 所示。选择“连机运行”，连接方式选择“USB 通讯”，然后点击“通讯测试”按钮，测试正常后，点击“工程下载”，如图 1.16 所示。

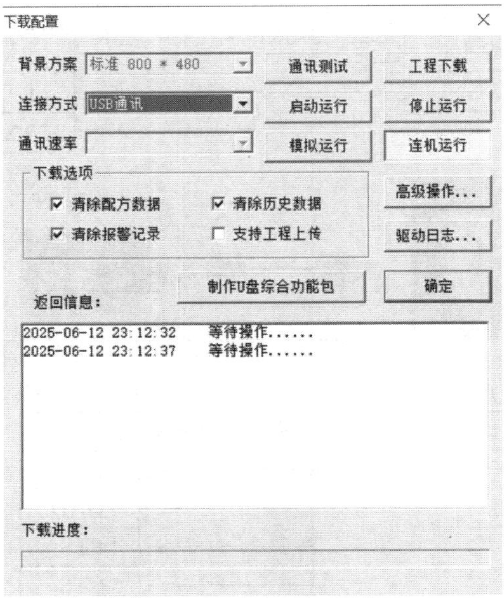

图 1.15　选择运行方式

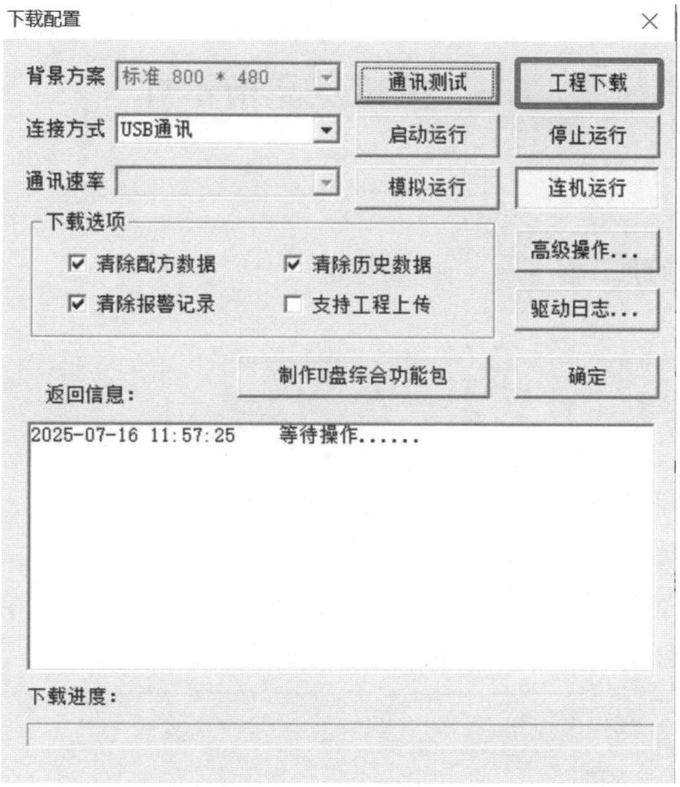

图 1.16　工程下载

三、运行效果

图 1.17 是 TPC7062K 控制西门子 200PLC 的运行效果图。PLC 的 Q 寄存器 Q0.0、Q0.1、Q0.2 的指示灯会随着按钮的操作而变化。

图 1.17　运行效果图

1.3 按钮点亮指示灯

1.3.1 新建工程

重点：

新建工程。

鼠标双击桌面上的组态环境快捷方式，可打开嵌入版组态软件，然后按如下步骤建立通信工程。

教学视频和课件

1. 单击文件菜单中“新建工程”选项，弹出“新建工程设置”对话框，TPC 类型选择为“TPC7062D”，点击确认，如图 1.18 所示。

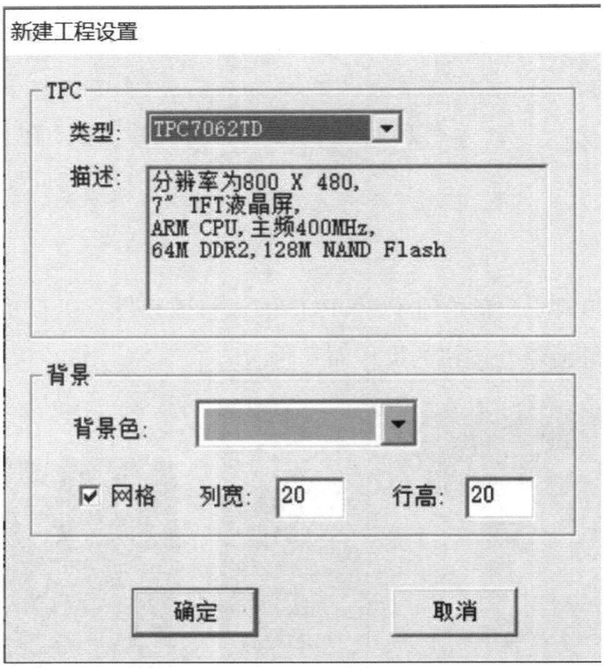

图 1.18 新建工程

2. 选择文件菜单中的“工程另存为”菜单项，弹出“文件保存”窗口。

3. 在文件名一栏内输入“TPC 通信控制工程”，点击“保存”按钮，工程创建完毕。

1.3.2 按钮指示灯

重点：

设备窗口设置；对象关联。

通过实例介绍MCGS嵌入版组态软件中建立西门子S7-200通信的步骤，实际操作地址是西门子Q0.0、Q0.1、Q0.2、VW0和VW2。

一、设备组态

1. 在工作台中激活设备窗口，鼠标双击“设备窗口”进入设备组态画面，点击工具条中的打开“设备工具箱”，如图1.19所示。

图1.19 打开设备窗口

2. 在设备工具箱中，鼠标按顺序先后双击“通用串口父设备”和“西门子_S7200PPI”添加至组态画面窗口，如图1.20所示。提示“是否使用‘西门子_S7200PPI’驱动的默认通信参数设置串口父设备参数？”如图1.21所示，选择“是”。

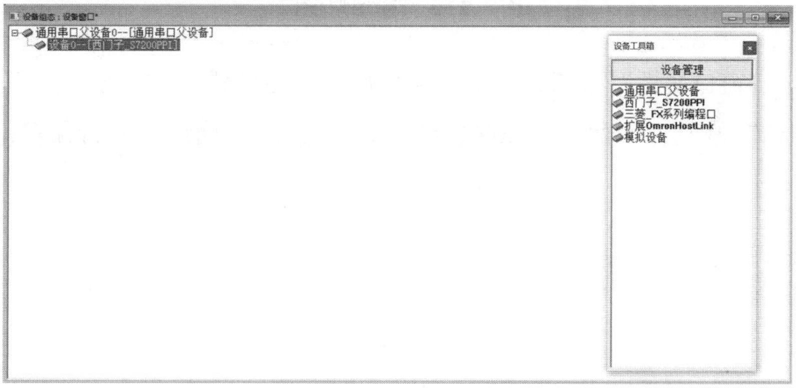

图1.20 添加设备管理

图 1.21 确认设备参数

所有操作完成后关闭设备窗口，返回工作台。

二、窗口组态

1. 在工作台中激活用户窗口，鼠标单击“新建窗口”按钮，建立新画面“窗口0”，如图 1.22 所示。

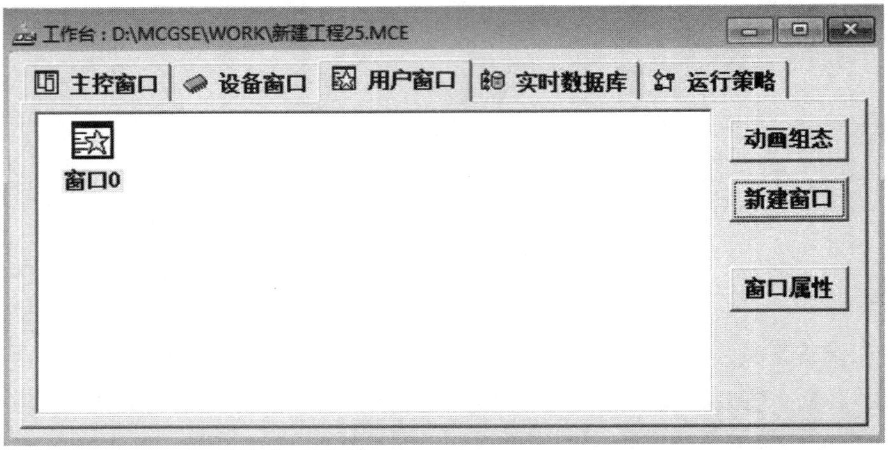

图 1.22 新建用户窗口

2. 单击“窗口属性”按钮，弹出“用户窗口属性设置”对话框，在基本属性页，将“窗口名称”修改为“西门子 200 控制画面”，点击“确认”进行保存，如图 1.23 所示。

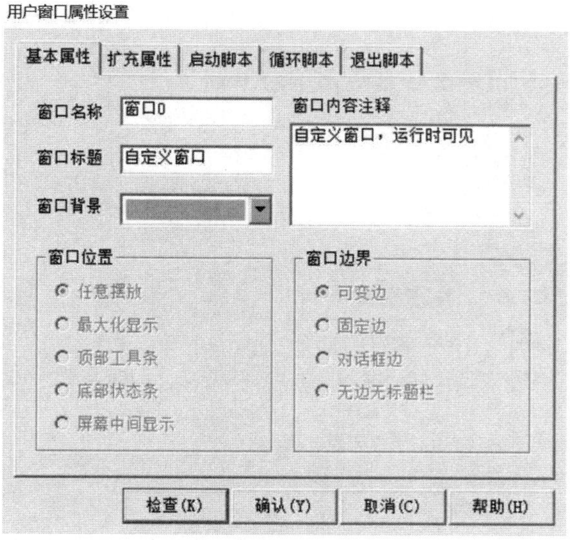

图 1.23　修改窗口名称

3. 在用户窗口双击新建窗口进入“动画组态西门子 200 控制画面”，点击打开“工具箱”。

4. 建立基本元件

（1）按钮

从工具箱中单击“标准按钮”构件，在窗口编辑位置按住鼠标左键拖放出一定大小后，松开鼠标左键，这样一个按钮构件就绘制在窗口中了，如图 1.24 所示。

接下来双击该按钮打开“标准按钮构件属性设置”对话框，在“基本属性”页中将“文本”修改为 Q0.0，点击“确认”按钮保存，如图 1.25 所示。

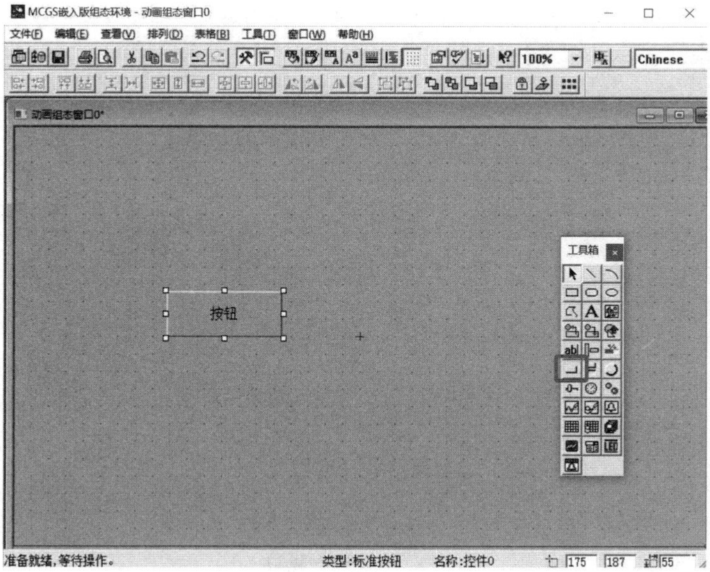

图 1.24　添加按钮

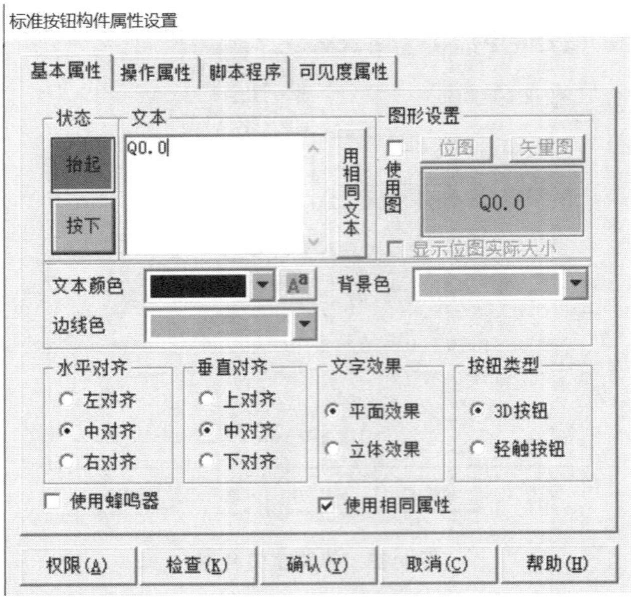

图 1.25　修改按钮名称

按照同样的操作分别绘制另外两个按钮，文本修改为 Q0.1 和 Q0.2，如图 1.26 所示。

按住键盘的 Ctrl 键，然后单击鼠标左键，同时选中三个按钮，使用工具栏中的等高宽、左（右）对齐和纵向等间距对三个按钮进行排列对齐，如图 1.27 所示。

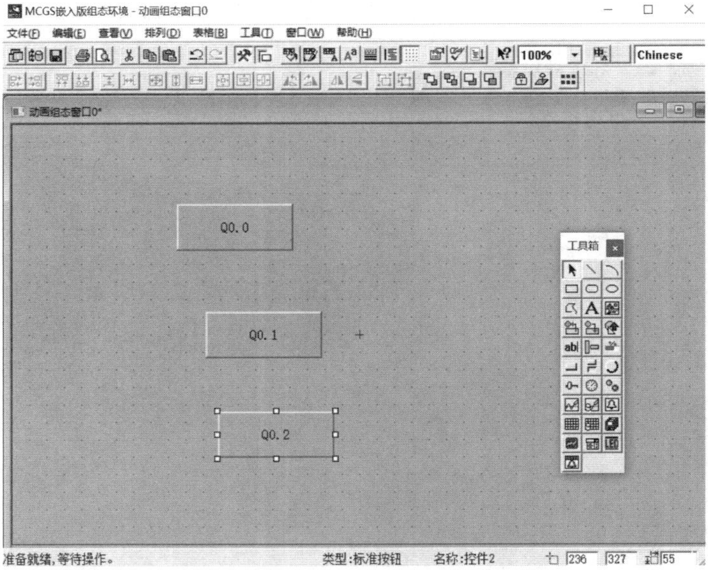

图 1.26　复制按钮

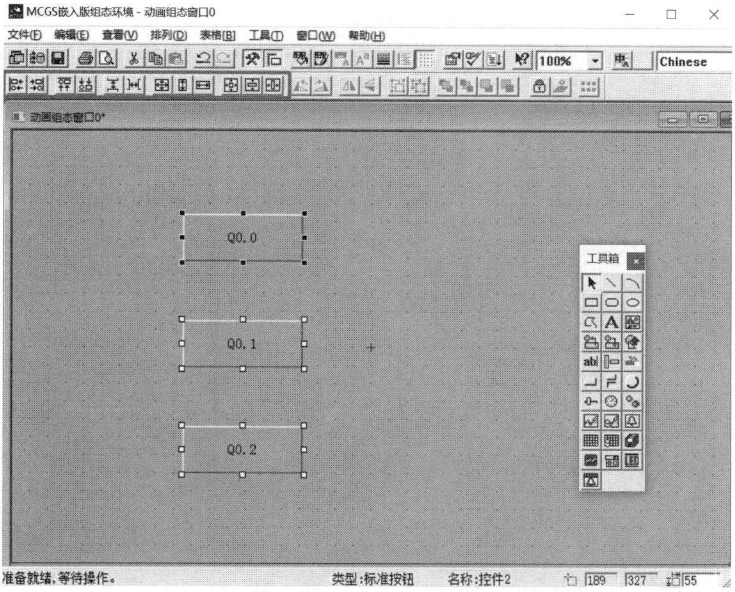

图 1.27 按钮排列

（2）指示灯

单击工具箱中的“插入元件”按钮，打开“对象元件库管理”对话框，选中图形对象库指示灯中的一款，点击确认添加到窗口画面中，并调整到合适大小。同样的方法再添加两个指示灯，摆放在窗口中按钮旁边的位置，如图 1.28 所示。

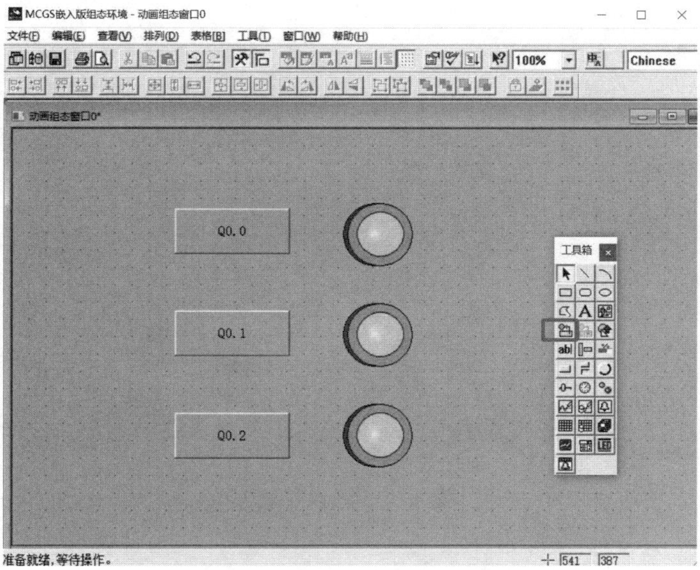

图 1.28 插入指示灯

（3）标签

单击选中工具箱中的“标签”构件，在窗口按住鼠标左键，拖放出一定大小“标签”，如图 1.29 所示。然后双击该标签，弹出“标签动画组态属性设置”对话框，在“扩展属性”页，在“文本内容输入”中输入 VW0，点击“确认”，如图 1.30 所示。

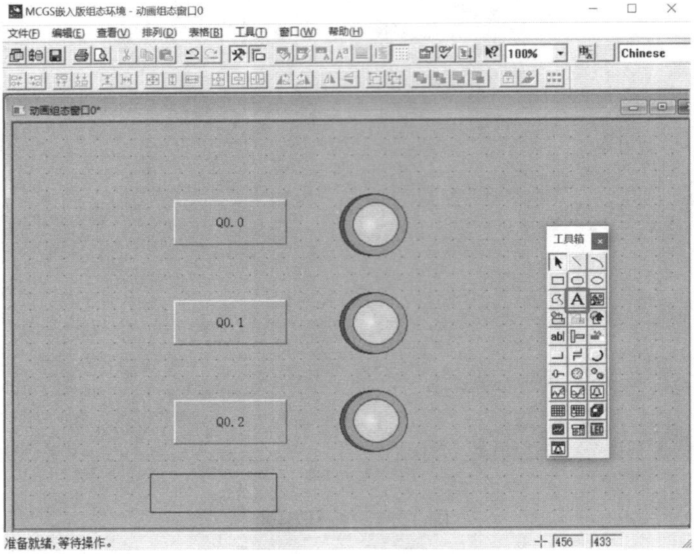

图 1.29　插入标签

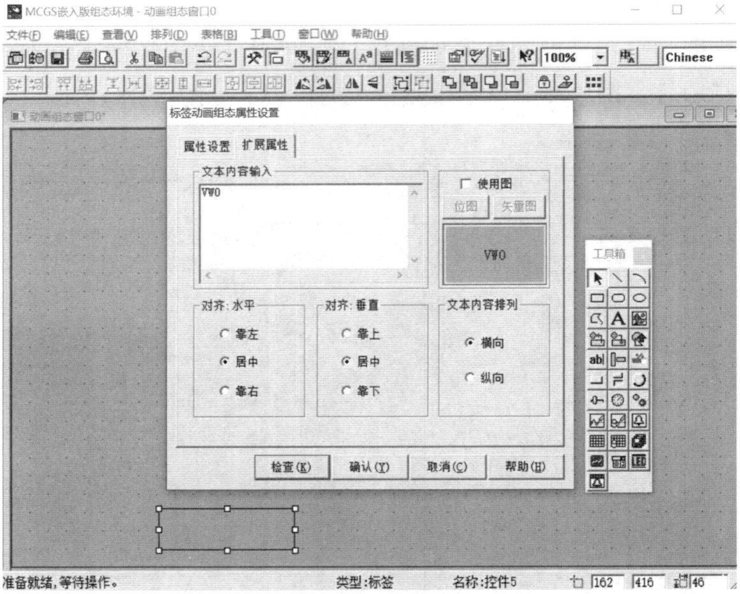

图 1.30　修改标签

同样的方法，添加另一个标签，文本内容输入 VW2。

（4）输入框

单击工具箱中的“输入框”构件，在窗口按住鼠标左键，拖放出两个一定大小的“输入框”，分别摆放在 VW0、VW2 标签的旁边位置，如图 1.31 所示。

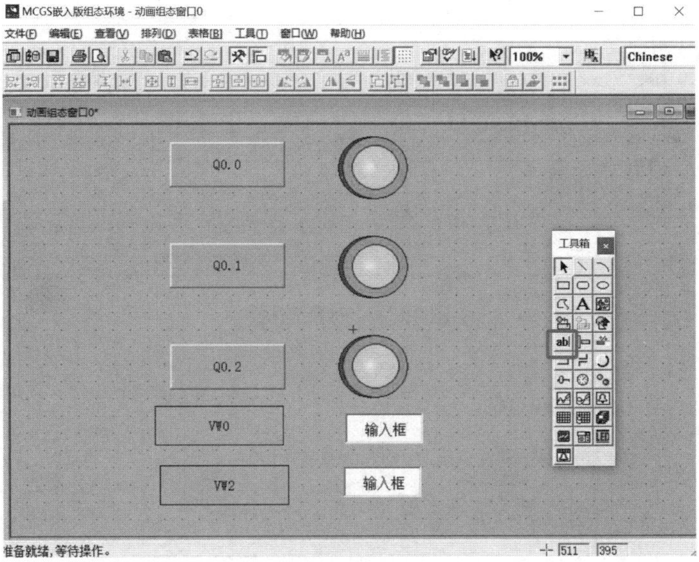

图 1.31 加入输入框

5. 建立数据链接

（1）按钮

双击 Q0.0 按钮，弹出“标准按钮构件属性设置”对话框，如图 1.32 所示。在“操作属性”页，默认“抬起功能”按钮为按下状态，勾选“数据对象值操作”，选择“清 0”，点击 [?] 弹出“变量选择”对话框，选择“根据采集信息生成”，通道类型选择“I 寄存器”，通道地址为“0”，数据类型选择“通道第 00 位”，读写类型选择“读写”，如图 1.33 所示，设置完成后点击“确认”。

即在 Q0.0 按钮抬起时，对西门子 200 的 Q0.0 地址“清 0”，如图 1.34 所示。

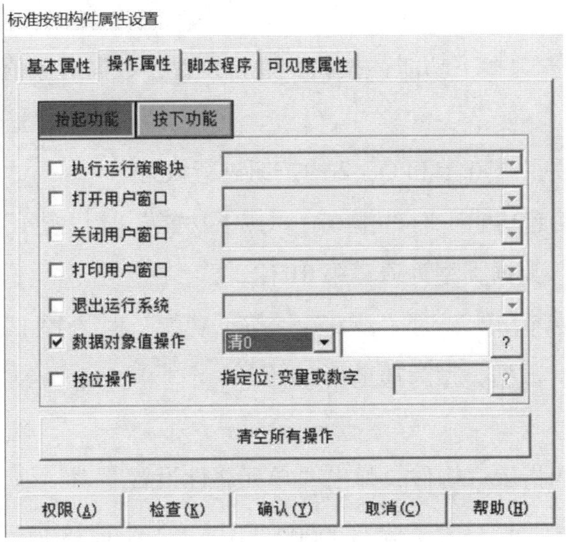

图 1.32 勾选数据对象值操作

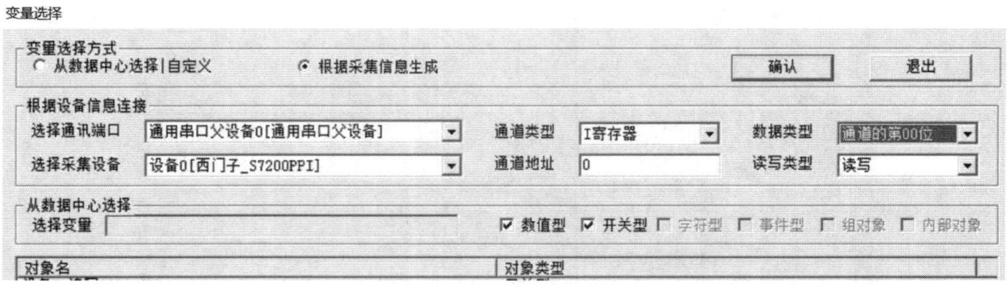

图 1.33　对象选择

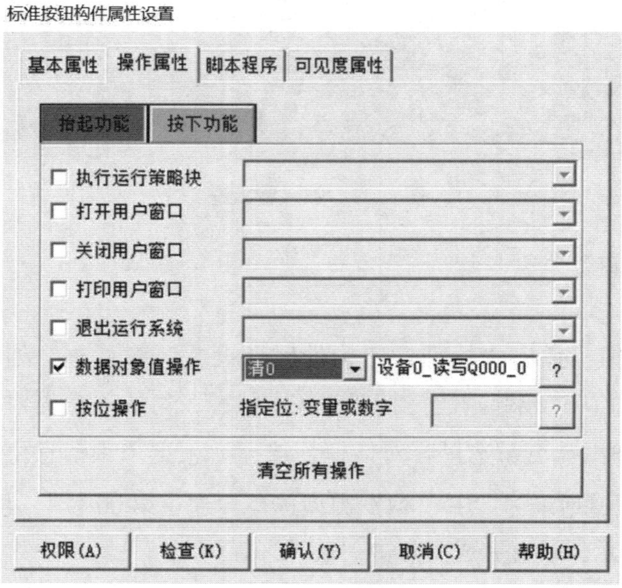

图 1.34　对象关联

同样的方法，点击“按下功能”按钮，进行设置，数据对象值操作→置 1→设备 0_ 读写 Q000_ 0。

同样的方法，分别对 Q0. 1 和 Q0. 2 的按钮进行设置。

Q0. 1 按钮→“抬起功能”时“清 0”；“按下功能”时“置 1”→变量选择→Q 寄存器，通道地址为 0，数据类型为通道第 01 位。

Q0. 2 按钮→“抬起功能”时“清 0”；“按下功能”时“置 1”→变量选择→Q 寄存器，通道地址为 0，数据类型为通道第 02 位。

（2）指示灯

双击 Q0. 0 旁边的指示灯构件，弹出“单元属性设置”对话框，在数据对象页，点击，选择数据对象“设备 0_ 读写 Q000_ 0”，如图 1. 35 所示。同样的方法，将 Q0. 1 按钮和 Q0. 2 按钮旁边的指示灯分别连接变量“设备 0_ 读写 Q000_ 1”和“设

备 0_ 读写 Q000_ 2”。

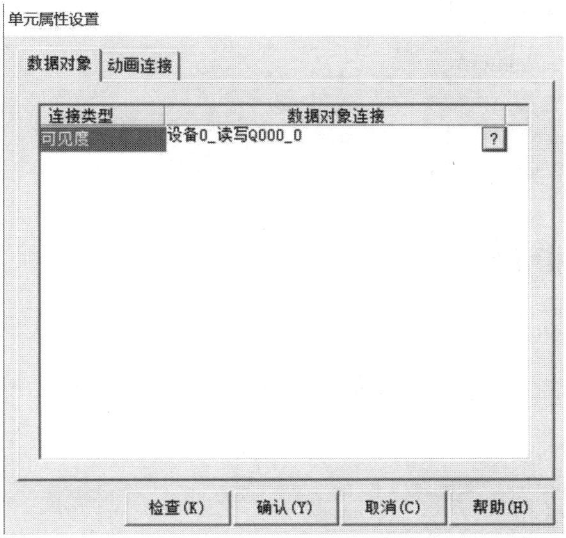

图 1. 35 指示灯关联对象

（3）输入框

双击 VW0 标签旁边的输入框构件，弹出“输入框构件属性设置”对话框，在“操作属性”页，点击进入“变量选择”对话框，选择“根据采集信息生成”，通道类型选择“V 寄存器”，通道地址为“0”，数据类型选择“16 位无符号二进制”，读写类型选择“读写”，如图 1. 36 所示，设置完成后点击“确认”。

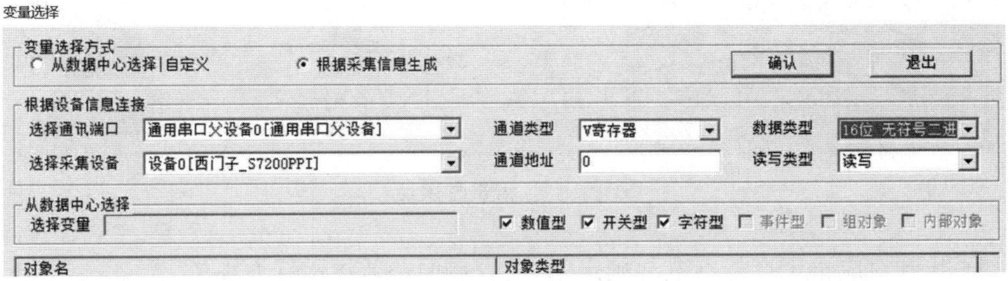

图 1. 36 输入框对象选择

同样的方法，双击 VW2 标签旁边的输入框进行设置，在“操作属性”页，选择对应的数据对象：通道类型选择“V 寄存器”，通道地址为“2”，数据类型选择“16 位无符号二进制”，读写类型选择“读写”。

组态完成后，下载运行。

1.3.3　开关控制指示灯

重点：

开关、按钮工作原理。

一、开关控制指示灯

1. 添加指示灯

工具箱→插入元件→指示灯，添加指示灯，如图 1.37 所示。

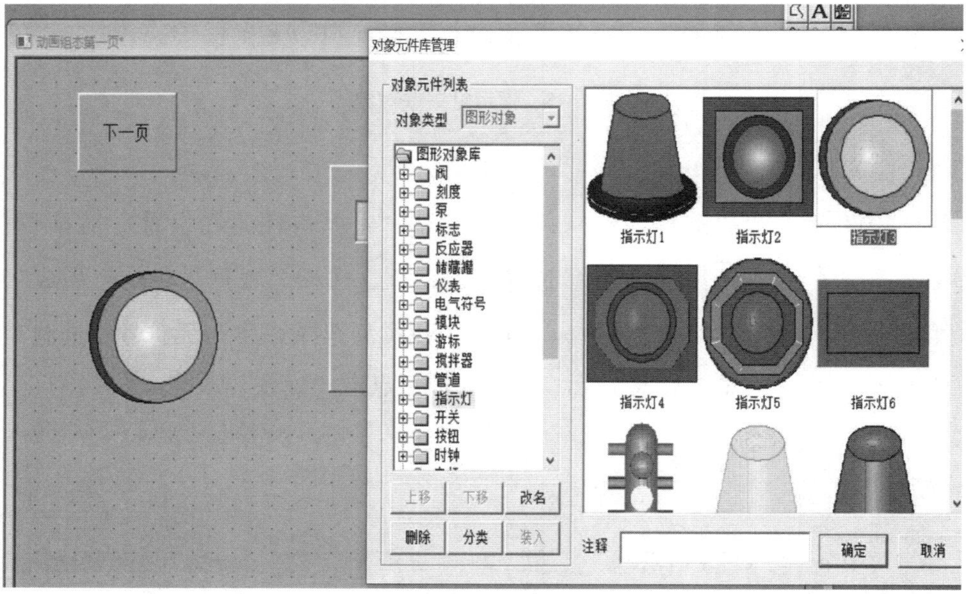

图 1.37　**指示灯添加**

2. 找到对应指示灯，点击“确定”。在窗口中调节指示灯大小。

3. 单元属性设置，双击“指示灯”，在“数据对象”对话框中关联对象（此时关联对象和开关一致，在与 PLC 连接时，就和 PLC 对应输出点一致），如图 1.38 所示。

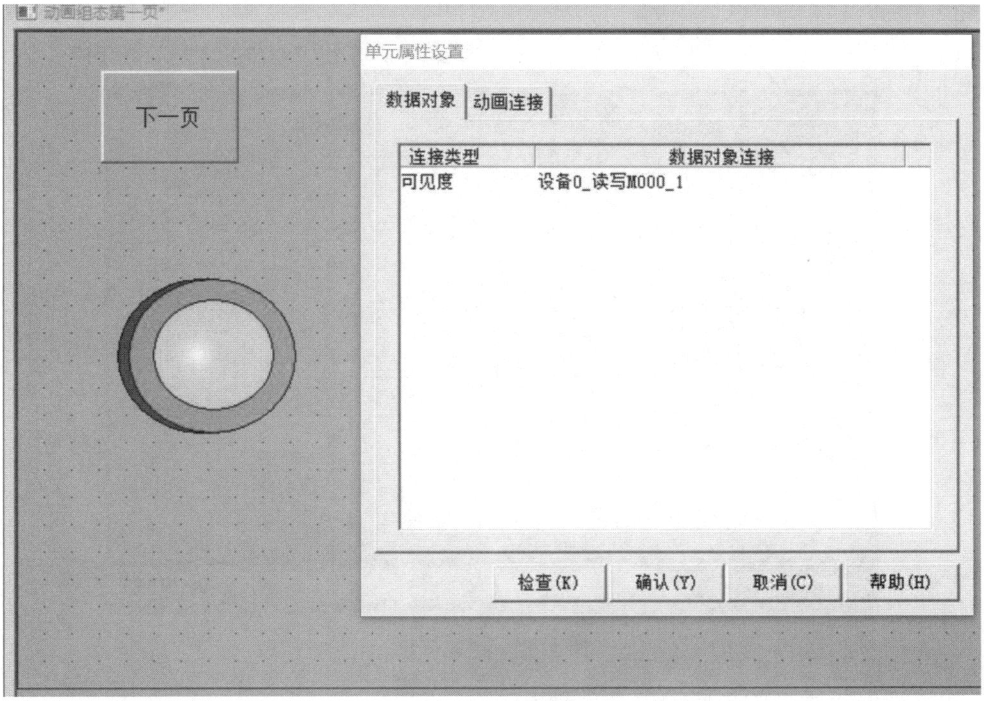

图 1.38 指示灯属性设置

添加开关的步骤同添加指示灯，在元件库里找到开关，并进行单元属性设置，设置结果如图 1.39 所示。

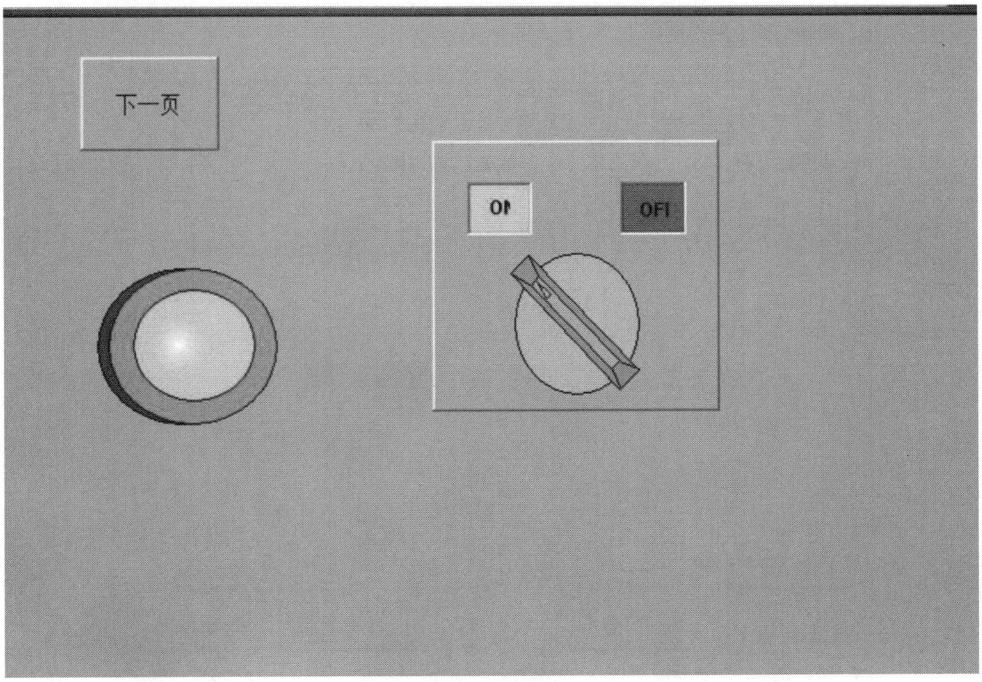

图 1.39 开关设置

4. 下载运行。

如图 1.40 所示，开关打到“ON”时灯为绿色，打到“OFF”时灯为红色。

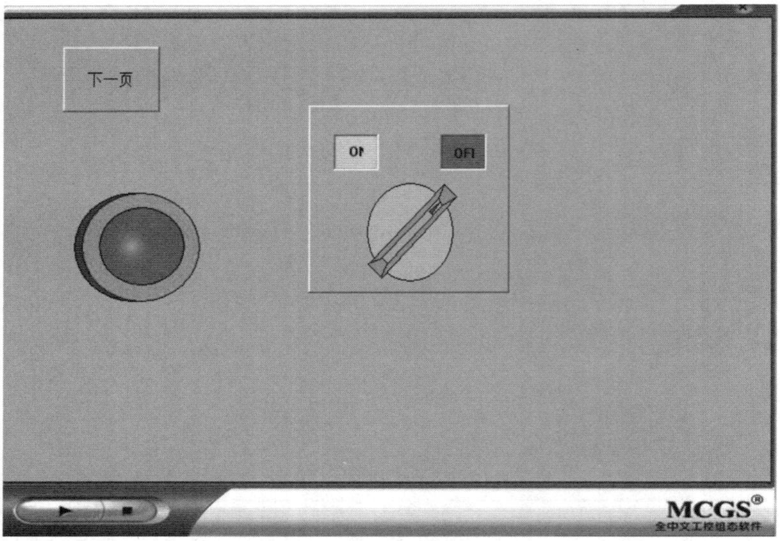

图 1.40　下载运行

如果需要指示灯闪烁应该怎么处理？

双击灯进入“单元属性设置”，在“动画连接”页点击?按钮进入的是关联对象栏，点击右侧>按钮，进入动画组态属性设置界面，如图 1.41 所示。

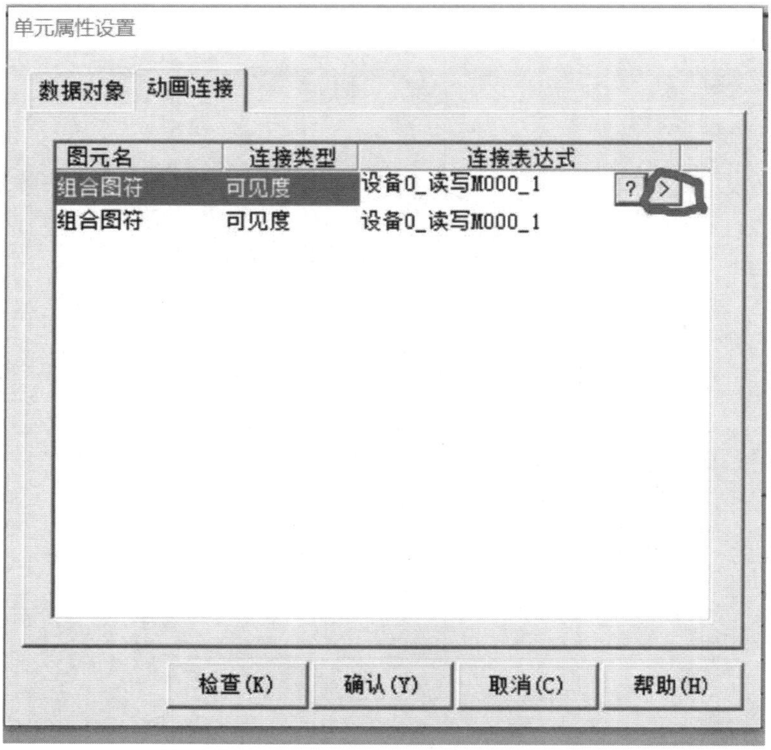

图 1.41　单元属性设置

进入对话框可以看出，和之前按钮设置一样有表达式非零时可见情况，如图 1.42 所示。

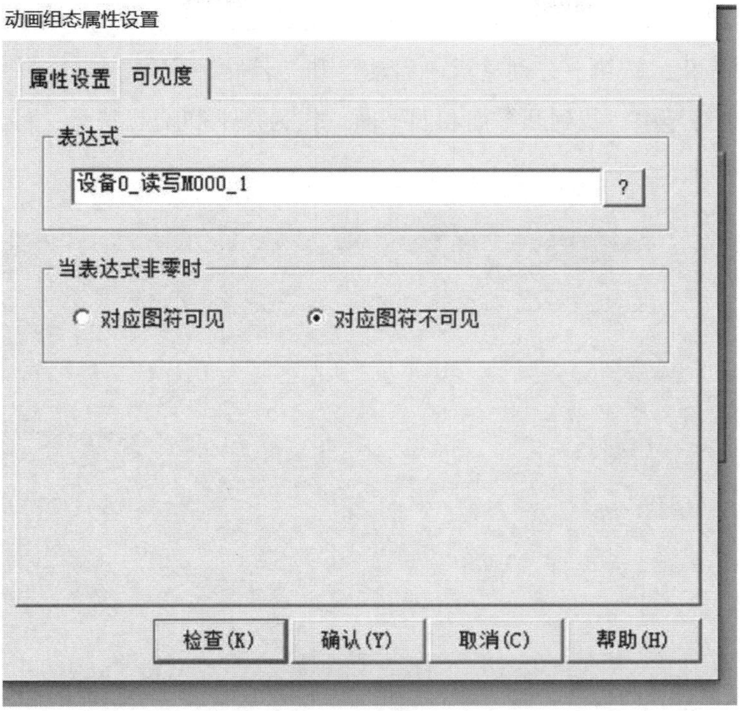

图 1.42　动画组态属性设置

将两个状态对调，便可完成指示灯红绿变换，如图 1.43 所示。

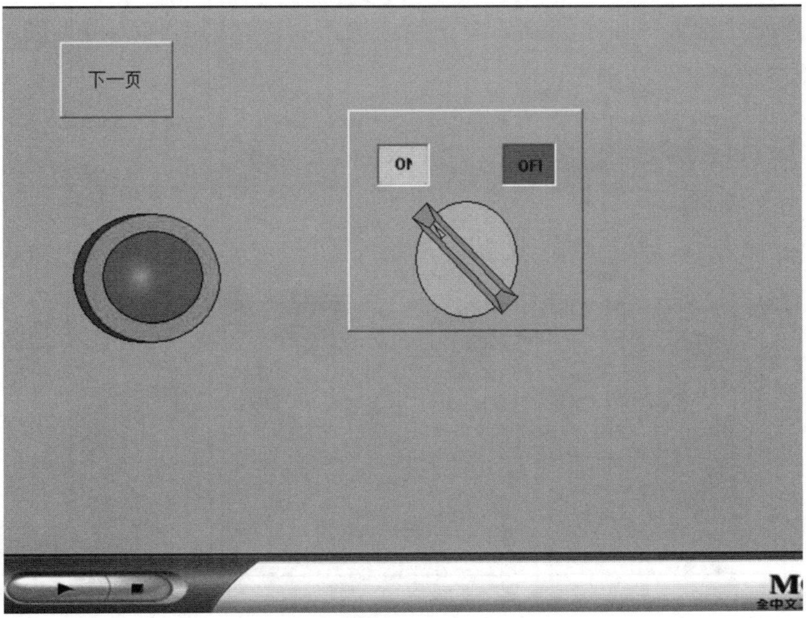

图 1.43　运行结果

二、自制按钮控制指示灯

根据开关组态原理，我们可以自己制作一个按钮，分别显示启动和停止。抬起时启动，按下时停止，按钮上分别显示“启动”和“停止”字样。

1. 在常用符号中，找到凸平面和凹平面，作为按下和抬起状态，将其大小调成一致，如图 1.44 所示。

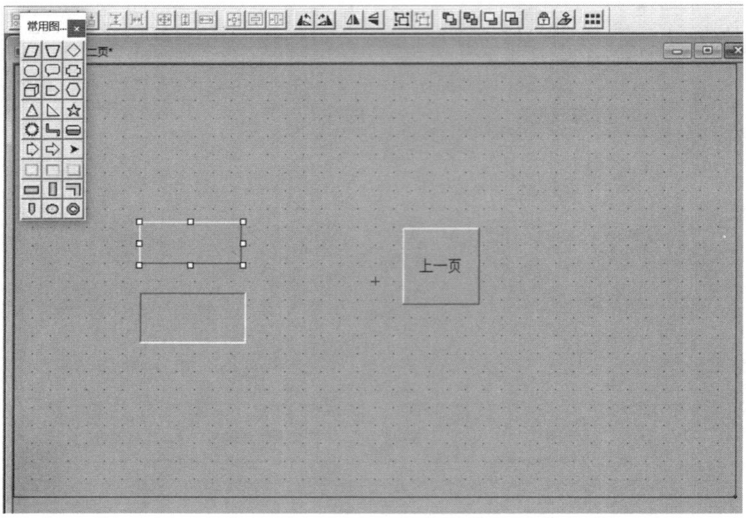

图 1.44 绘制凹凸平台

调整颜色，双击设置属性。

2. 勾选属性设置。在属性设置中，勾选按钮动作，同时勾选可见度，如图 1.45 所示。弹出两个对话框分别设置。

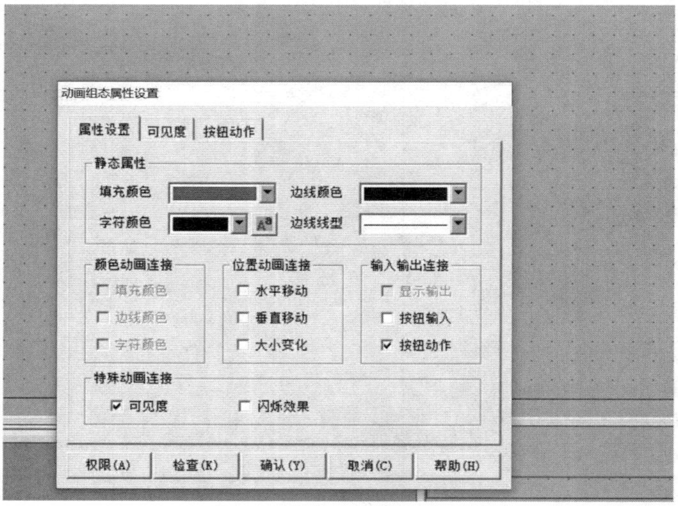

图 1.45 勾选属性设置

3. 按钮动作选择数据对象值操作，选择取反，关联一变量（红蓝按钮、可见度都要关联同一变量，都是同一变量变化引起的对应变化），选择取反就是 0、1 变化，从而让其可见和不可见，如图 1.46 所示。

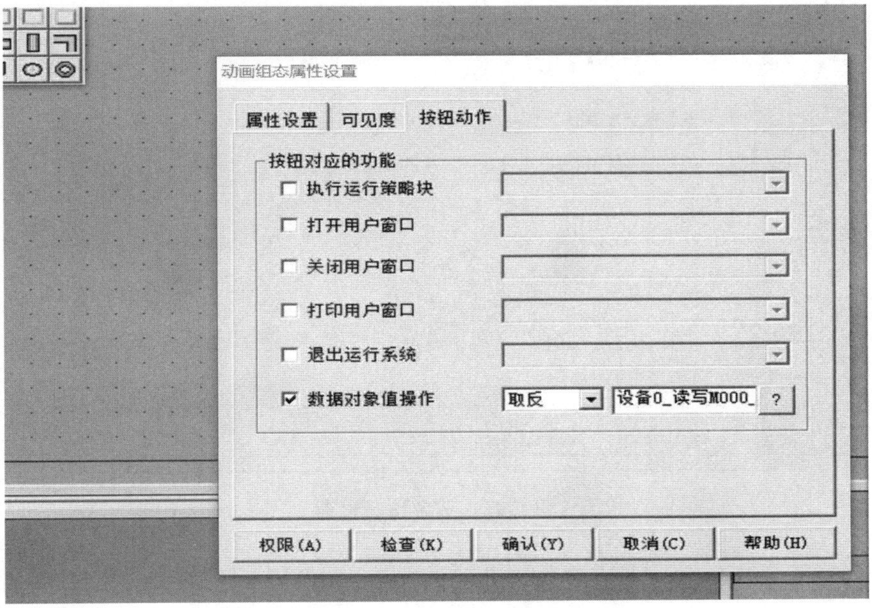

图 1.46 按钮数据对象值操作

4. 可见度设置时，当表达式为零时，即为抬起时，红色框可见，如图 1.47 所示。同理，蓝色框设置，只是在可见度设置时，选择对应图符可见，如图 1.48 所示。

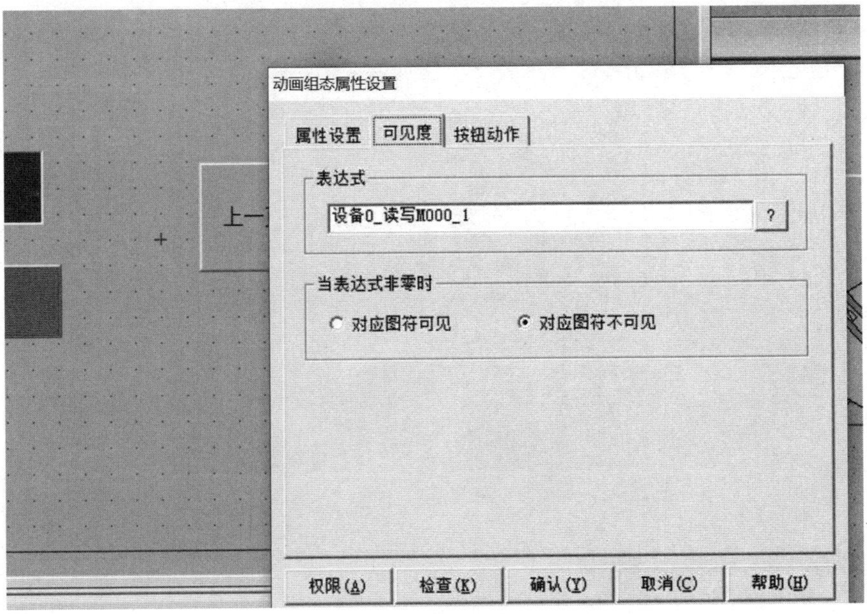

图 1.47 红色按钮设置

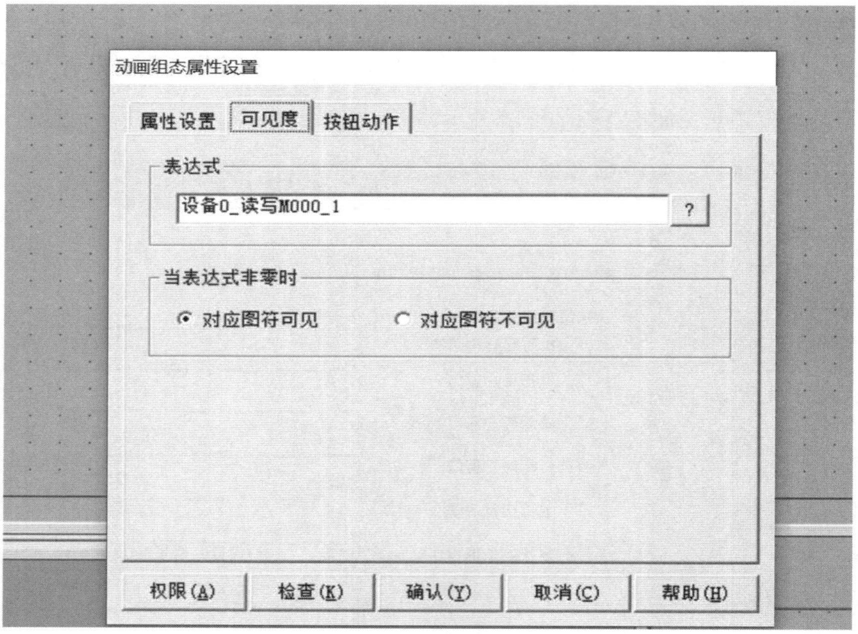

图 1.48　蓝色按钮设置

5. 按钮上加入标签，并设置标签背景、边框和可见度，可见度和对应平面可见度一致。

为保证移动时标签和对应平面同时移动，可将标签和平面合成同一个单元，单击右键→排列→合成单元，即可下载运行。如图 1.49 所示，可见运行结果。

图 1.49　运行结果

1.4　照明电路

1.4.1　照明电路布局

教学视频和课件

重点：

元件合成与分解。

1. 新建工程及用户窗口。

2. 由于MCGS内没有整流器电气符号，所以我们选择一个相似符号，进行更改。通过工具箱→插入原件→电气符号路径，选择“符号40”的电气符号，点击“确定”，如图1.50所示。

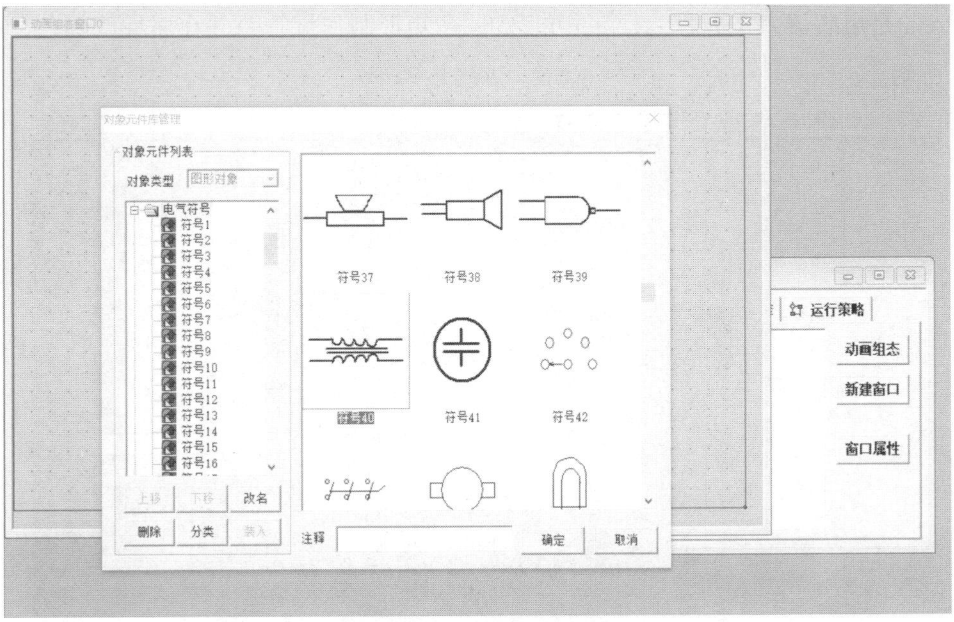

图1.50　元件选择

3. 制作整流器符号：选中“符号40”，单击右键→排列→分解单元，将“符号40”进行更改（上半部分都删掉）→全选“符号40”剩余图像→单击右键→排列→合成单元，选中合成符号→工具箱→保存单元→“图形对象库”中选择“新图形”→在注释处改名“整流器”→点击“确定”，如图1.51所示。

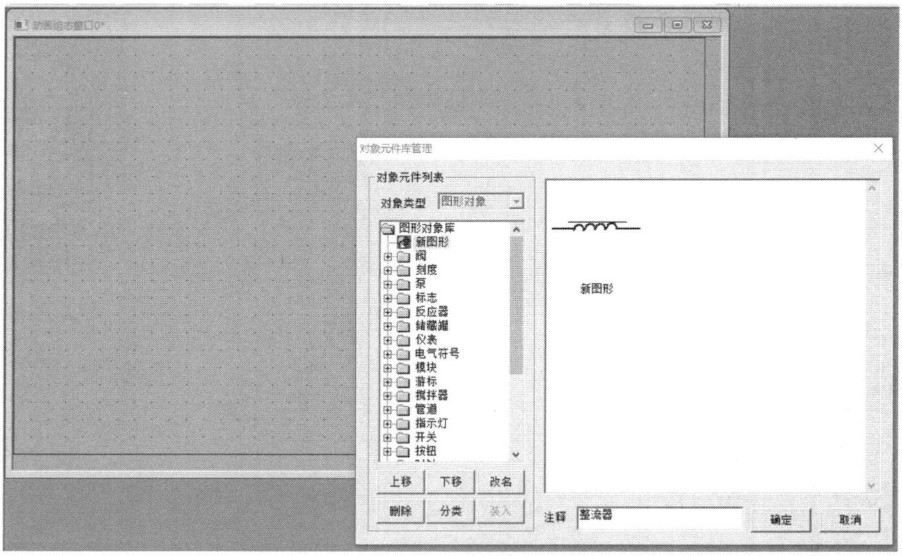

图 1.51　制作整流器符号

4. 通过工具箱→插入元件→电气符号路径，寻找“符号 51”，点击“确定”（此步插入的是启辉器）。通过工具箱→方形和圆角矩形制作灯管→并在属性改颜色，如图 1.52 所示。

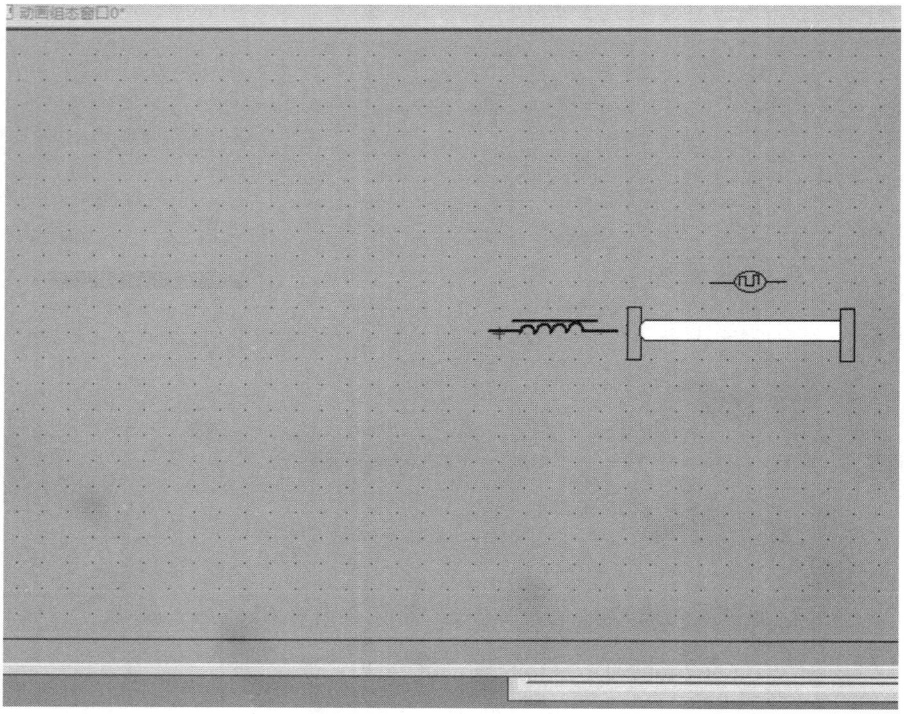

图 1.52　添加启辉器

5. 用工具箱里的长方形和竖线绘制熔断器，并合成单元，添加到元件库中，如图

1.53 所示。

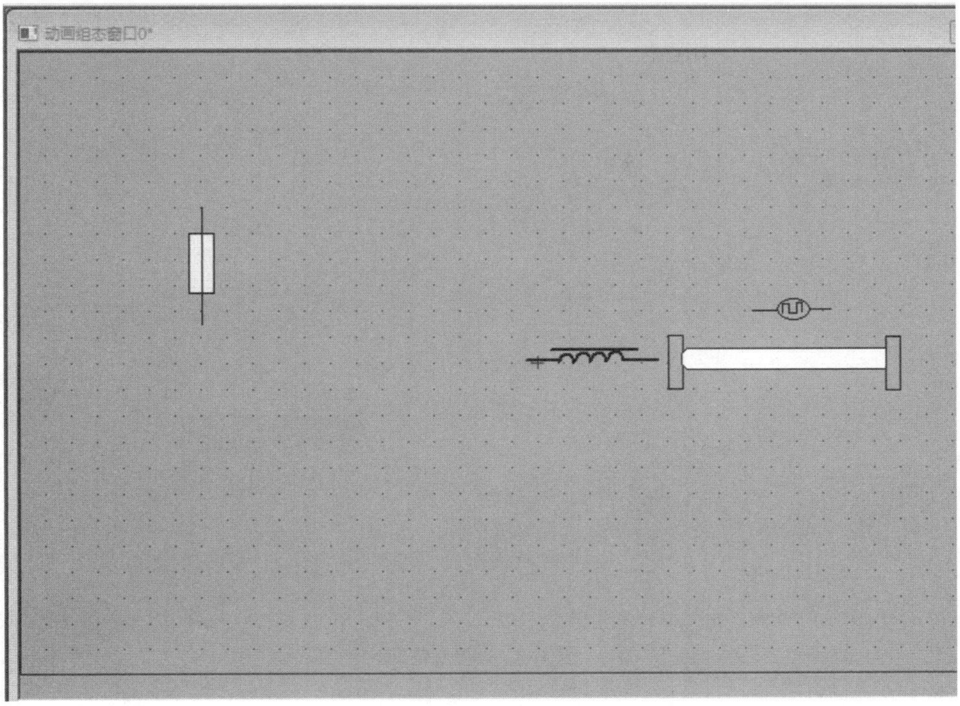

图 1.53　制作熔断器

6. 在工具箱的插入元件中找到：（1）开关→开关 17；（2）仪表→仪表 10；（3）仪表→仪表 20，将其放到相应位置，如图 1.54 所示。

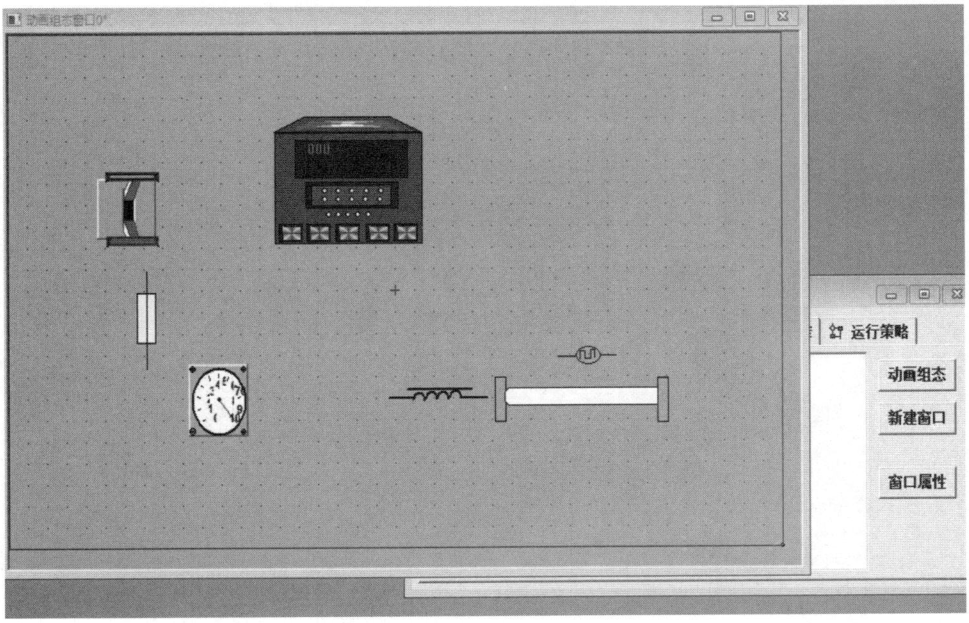

图 1.54　插入各元件

7. 选择工具箱位图，将下载的开关图片装进去，如图 1.55 所示。

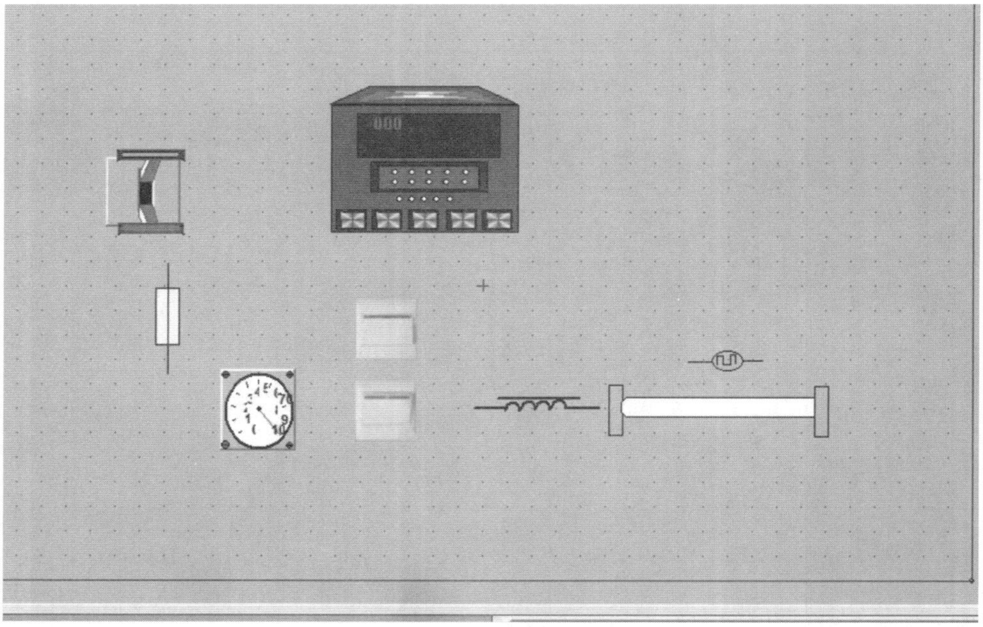

图 1.55　插入位图

8. 工具箱内直线，将元器件连接起来形成一个回路，添加标签标注各元件，如图 1.56 所示。

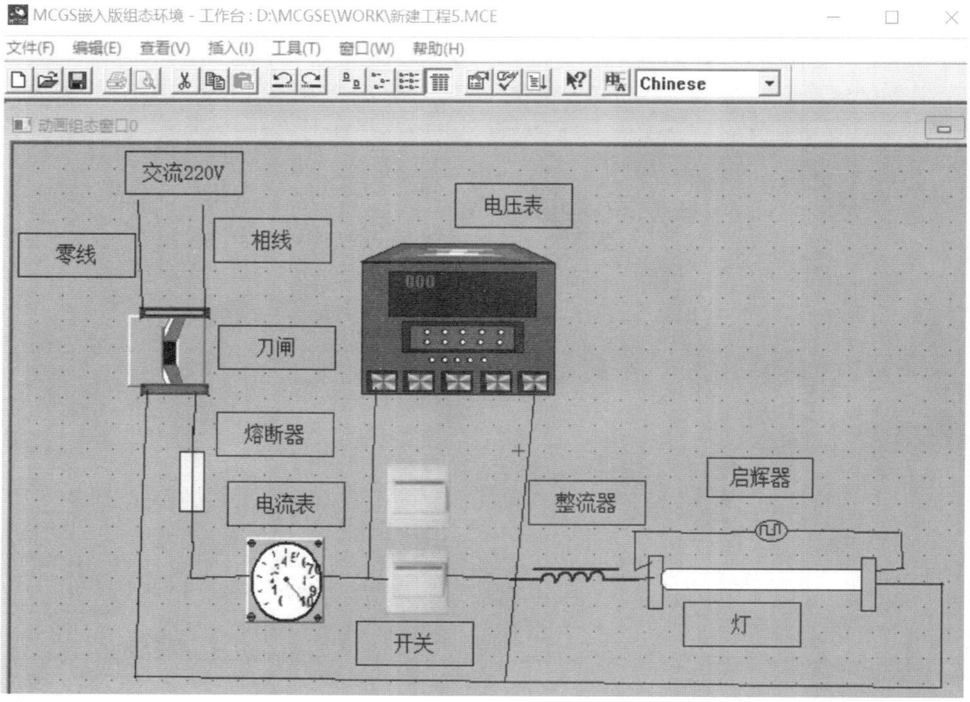

图 1.56　元件连接

1.4.2 照明电路仿真

重点：

掌握颜色填充功能、闪烁功能。

1. 集中新增对象

工作台→实时数据库→新增对象→分别为 k（开关型）、电流（数值型）、短路（开关型）、闸刀（开关型）、电压（数值型）。通过分别选中各新增对象，在“对象属性”内改变各对象名称和对象类型，如图 1.57 所示。

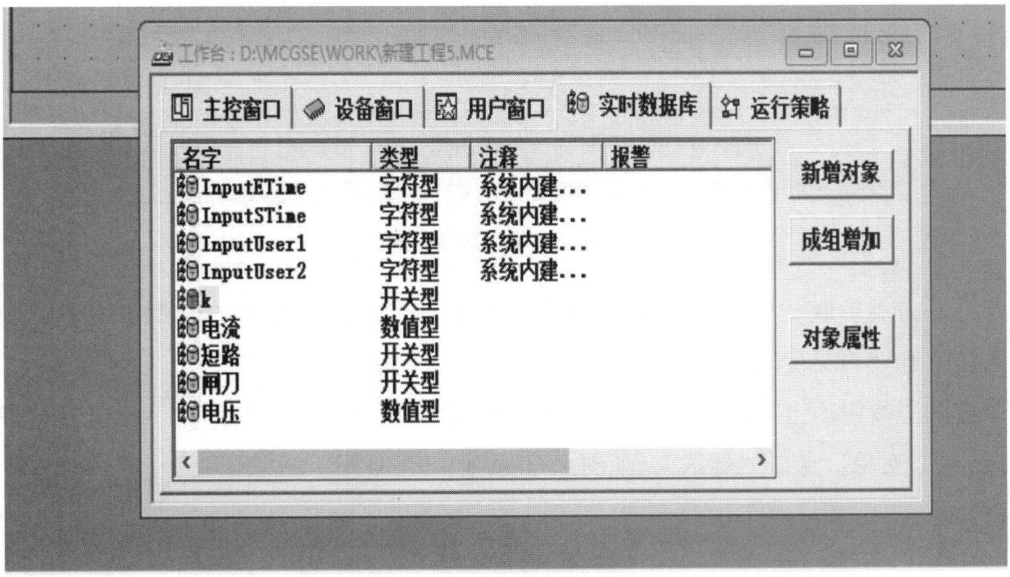

图 1.57 通过实时数据库新增对象

2. 对象和元件关联

回到用户组态界面，进行关联。

（1）闸刀开关对象关联：双击“闸刀”进入属性→“数据对象”对话框中点击“按钮输入”→弹出“？”，进入界面→选择“闸刀”→点击“确认”，“数据对象”→“可见度”→弹出“？”，进入界面→选择“闸刀”，点击“确认”，如图 1.58 所示。

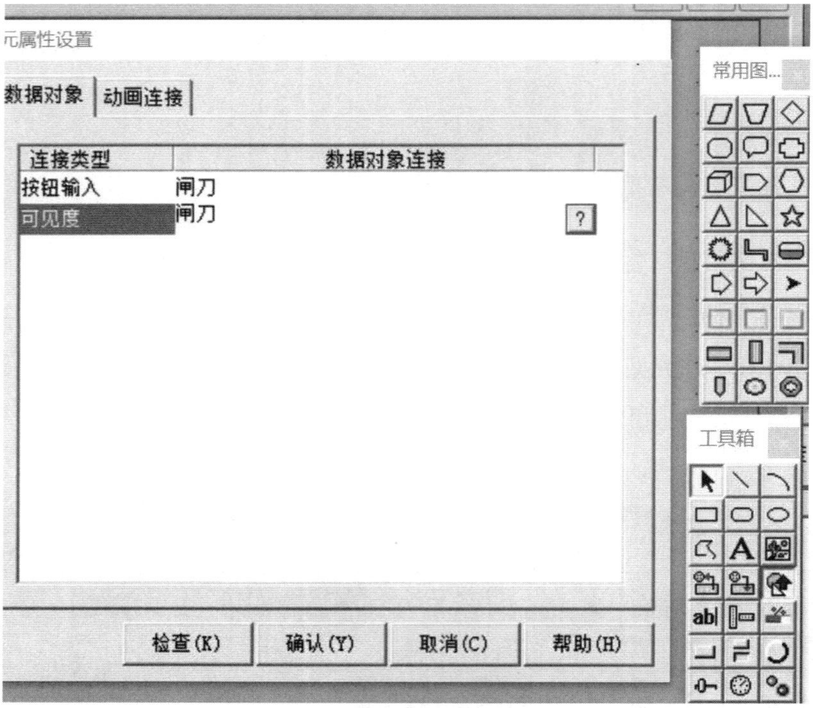

图 1.58 闸刀对象关联

（2）开关关联：与自制按钮操作类似，双击下面的开关按钮进入属性→勾选“按钮动作”和“可见度”，如图 1.59 所示。

进入“按钮动作”对话框→勾选数据对象值操作→选择“取反”→点击“?”→选择“k”对象，点击“确认”，如图 1.60 所示。

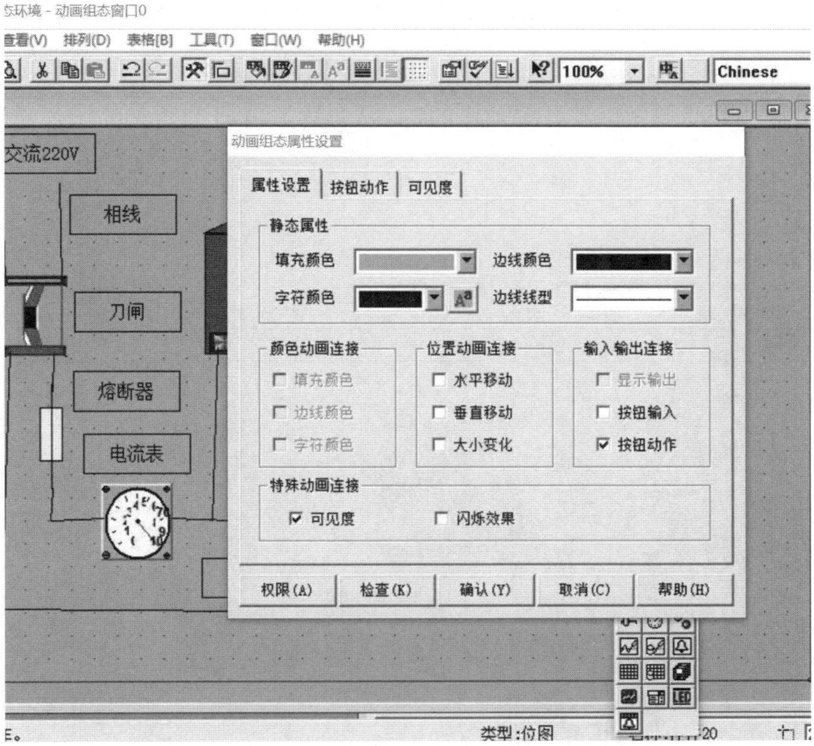

图 1.59　开关属性设置

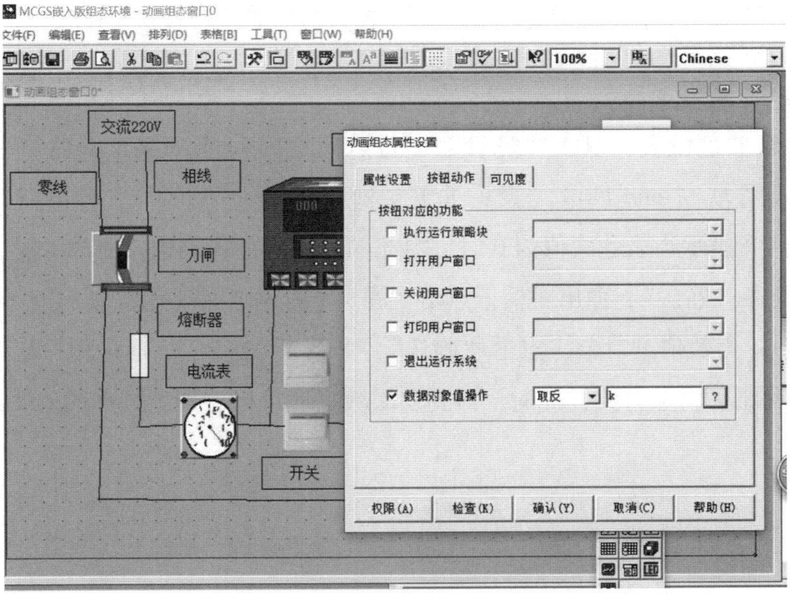

图 1.60　开关按钮动作设置

点击“可见度”对话框→表达式处写“k = 1”，点击“确认”（表示图片在对象 k 为 1 时可见）。

同理，上面开关图片也是双击→勾选按钮动作和可见度，在按钮动作对话框勾选数据对象值，选择取反，对象为 k。在可见度对话框的表达式处写 $k=0$（表示图片在对象 $k=0$ 时可见，如此便做出了开关动作的仿真），然后将两个开关的图片重合并合并，如图 1.61 所示。

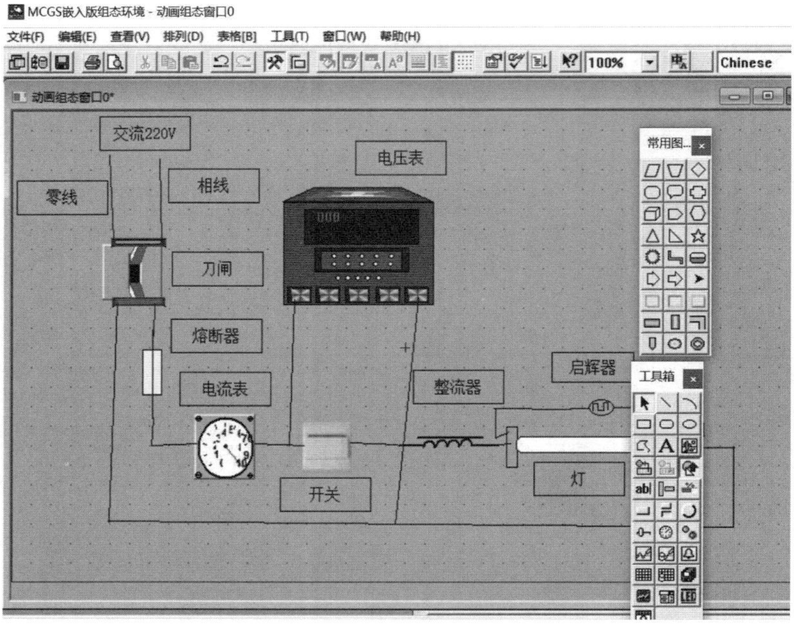

图 1.61　开关合并

（3）灯管颜色设置：双击“灯管”→进入属性→勾选“填充颜色”→表达式处写：t=4 and 闸刀=1 and k=1（表示过了 4 秒，同时闸刀闭合），分段点颜色 0 为蓝色，1 为白色（表示当表达式值为 0 时，填充颜色为蓝色；表达式值为 1 时，填充颜色为白色），点击“确认”，弹出对话框点击“是”（因为之前没有添加 t 这个对象，需要进行添加）→t 为数值型对象，点击“确认”，如图 1.62 所示。通过用户窗口添加对象方式为另一种添加对象方式，此时，回到实时数据库可以看到新添加的 t 对象在实时数据库中。

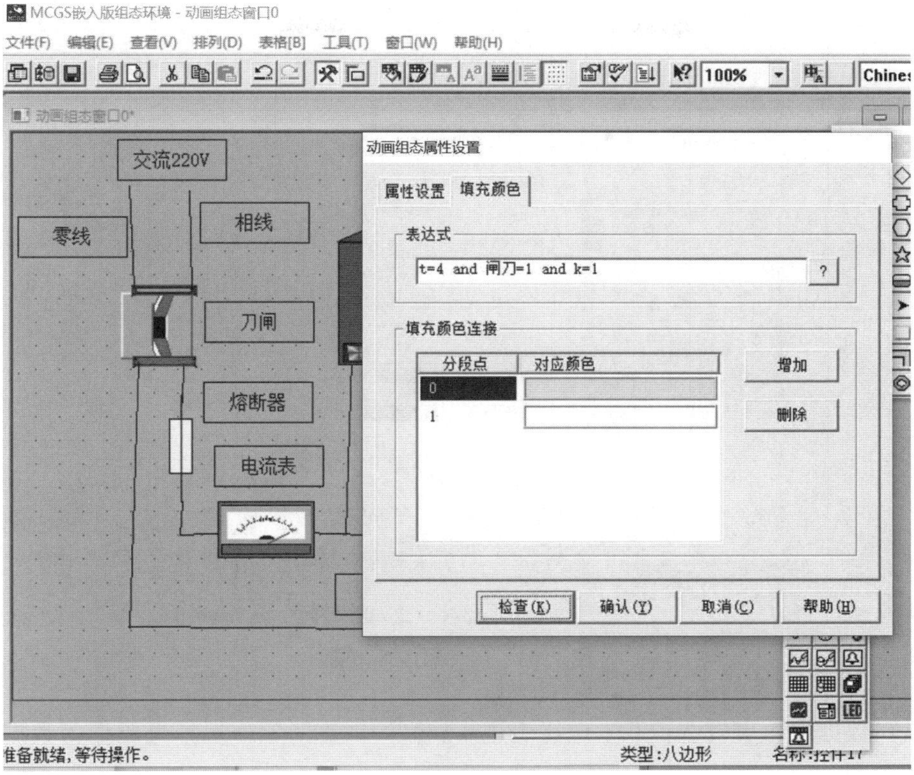

图 1.62 填充颜色属性设置

（4）启辉器设置：启辉器是一个整体，只需对里面的灯丝进行闪烁设置，所以要进行分解单元：右键单击启辉器→排列→分解单元。

分解后选择里面的丝丝→单击右键→属性→勾选闪烁→进入闪烁对话框→表达式写入：闸刀 = 1 and k = 1 and t< = 3 = 1（表示闸刀闭合、开关闭合以及在三秒内时，启辉器会闪烁）→确认，如图 1.63 所示。

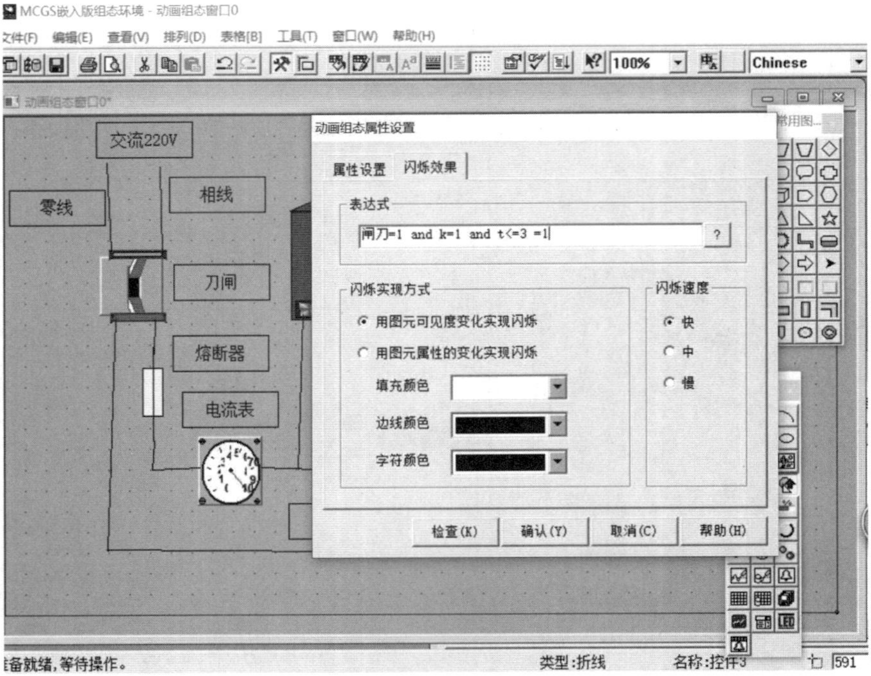

图 1.63　启辉器闪烁设置

（5）数据电压表设置：双击电压表进入属性→数据对象→选择电压作为数据对象，如图 1.64 所示。

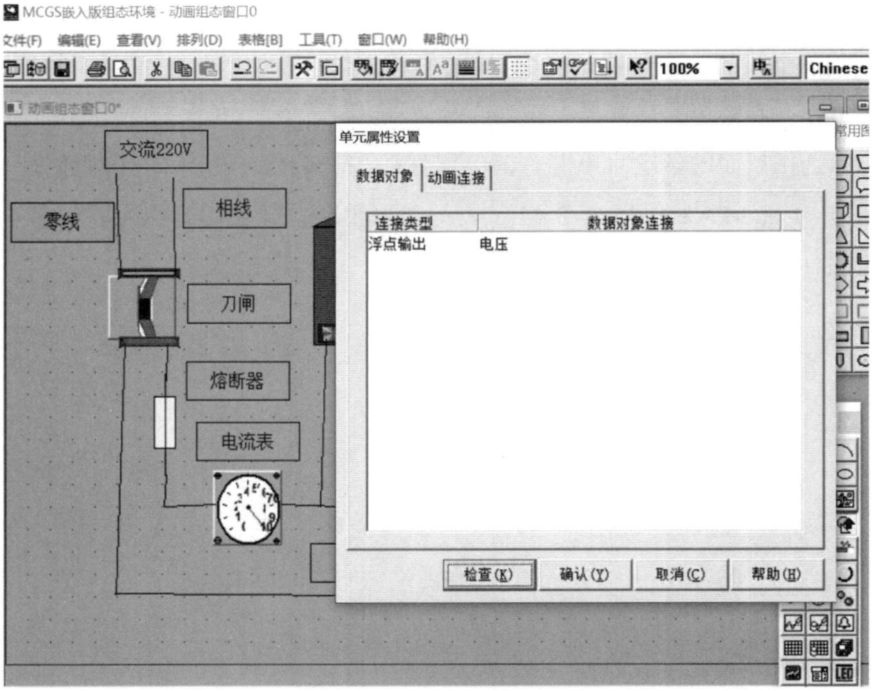

图 1.64　电压表单元属性设置

对电压表显示进行设置：将电压表缩小，电压表显示界面过小，无法显示四位有效数字；将电压表拉大，又占空间。因此，对电压表进行分解，需对电压表的数字显示大小进行调节，如图 1. 65 所示。

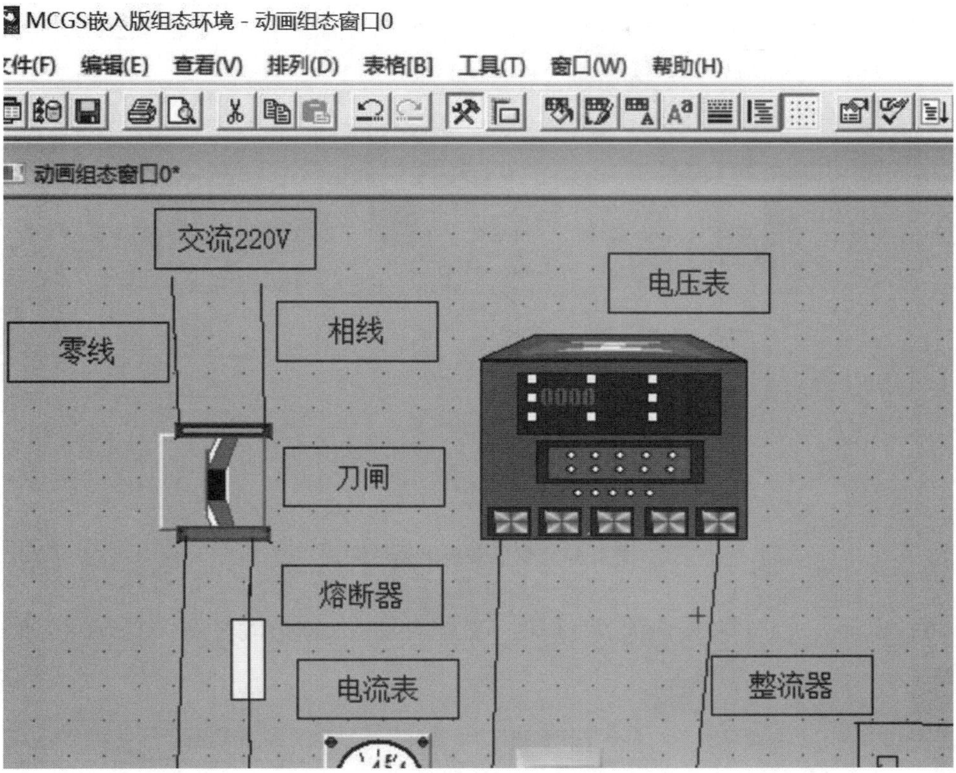

图 1. 65 电压表显示框设置

选中数字项单击右键进入属性设置→在“显示输出”对话框中勾选单位→写入 V→点击“确认”（图 1. 66）。设置完成后选中电压表所有部分→单击右键→排列→合成单元，电压表设置完毕。

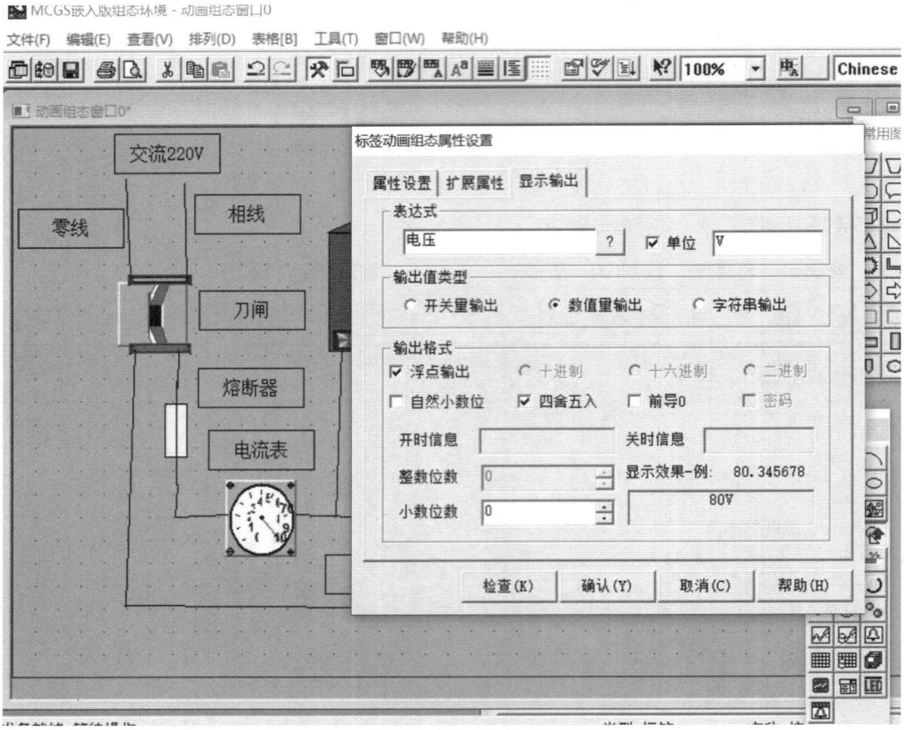

图 1.66 电压表显示属性设置

（6）电流表关联：单击电流表→属性→数据对象→关联电流对象，如图 1.67 所示。

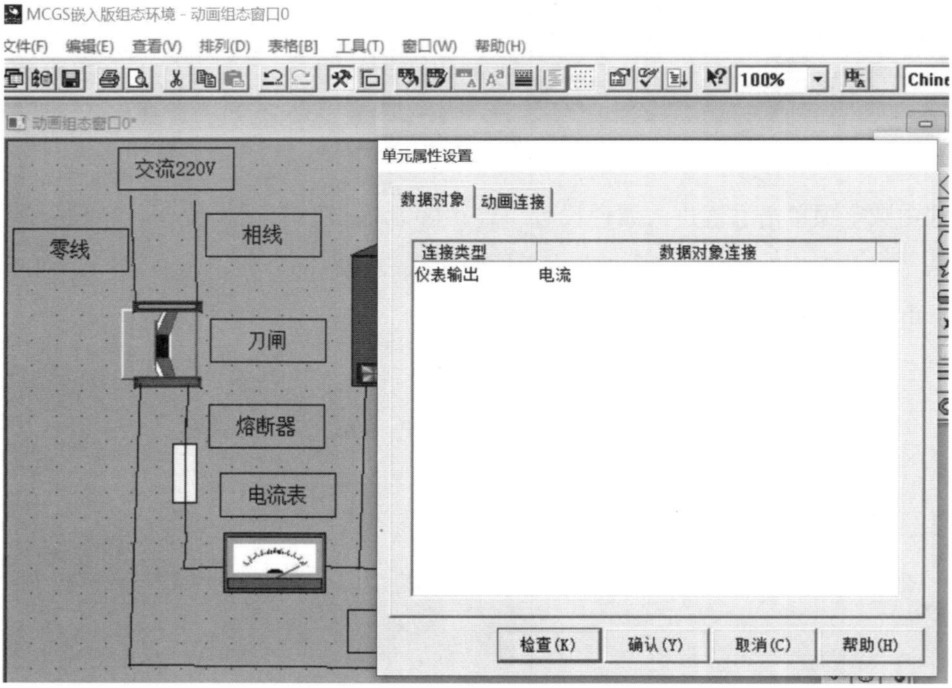

图 1.67 电流表对象关联

3. 脚本程序

（1）启动脚本设置：用户窗口对话框中单击右键→进入属性→进行“启动脚本”设置：k=0，t=0，如图 1.68 所示。

图 1.68 启动脚本设置

（2）循环脚本设置：进入循环脚本，写入脚本程序如下，具体设置界面如图 1.69 所示。

```
IF 闸刀=1 and k=1 and t<=3 THEN t=t+1
IF t=4 THEN t=4//设置启辉器启辉时间
IF 闸刀=1 and k=1 THEN
电流=0.4
电压=220//设置电压表电流表数值
endif
IF 闸刀=0 or k=0 THEN//断电时仿真，所有量清零
电流=0.0
电压=0
Endif
```

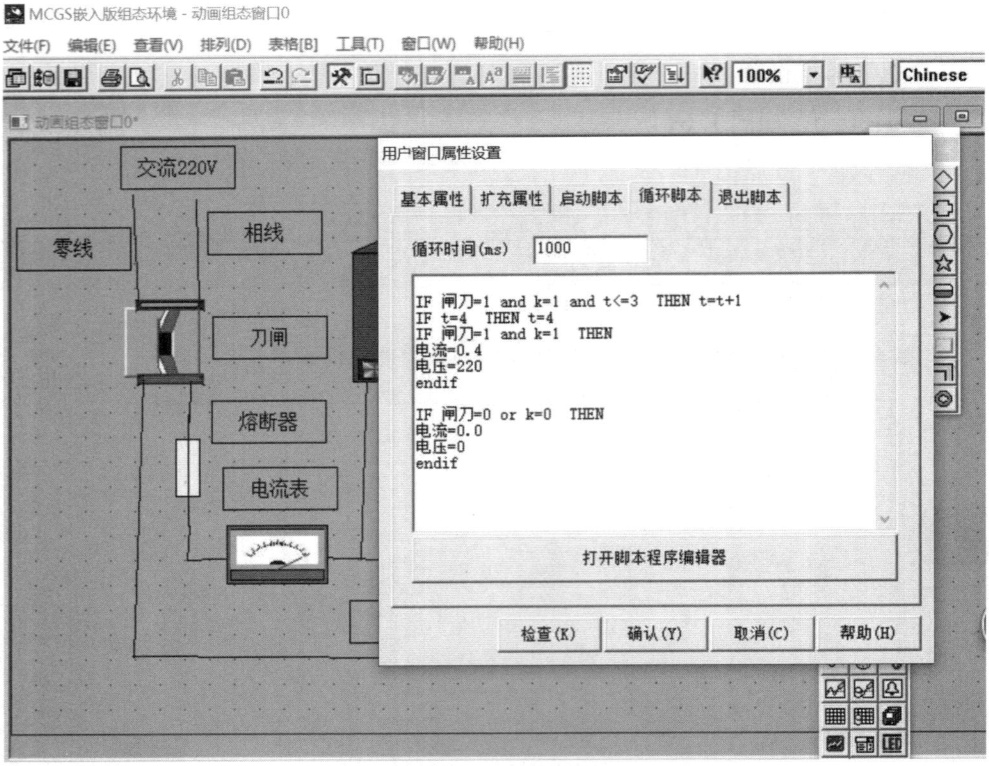

图 1.69　循环脚本设置

4. 下载运行。

项目一习题和答案

项目二　电梯运行系统

随着生活水平提高，人们对美的追求日益提升，这一趋势在生活中与工作中均有所体现。人机界面产品的全彩时代已经到来，但仅靠绚丽的色彩远不足以满足客户需求。客户最需要的是画面能逼真呈现设备的运行状态，推动产品品质再上新台阶。昆仑通态的 MCGSTPC 产品凭借卓越的硬件特性和强大的软件功能，致力于满足客户需求，可提供完整的动画解决方案。

复杂动作是由简单动作组合应用实现的。工业设备的动作大都可分解为闪烁、移动、旋转、大小变化等基础形式。将这些简单动作有机结合，即可生动、逼真地展现工业设备的运作过程。本项目将重点讲解在 MCGS 软件中实现电梯运行系统中上述基础动作的方法。

2.1　预备知识

重点：

掌握 MCGS 软件原理。

在学习组态之前，我们先来了解下 MCGS 组态软件的大体框架和工作流程。

实时数据库是整个软件的核心由从外部硬件采集的数据首先传输至实时数据库，继而由用户窗口调用；用户窗口亦可通过修改数据库的值，再由设备窗口将数据输出至外部硬件。

用户窗口中的动画构件与实时数据库中的数据对象关联。动画构件依据数据对象的值作出相应变化，从而实现动画效果。MCGS 软件原理图如图 2.1 所示。

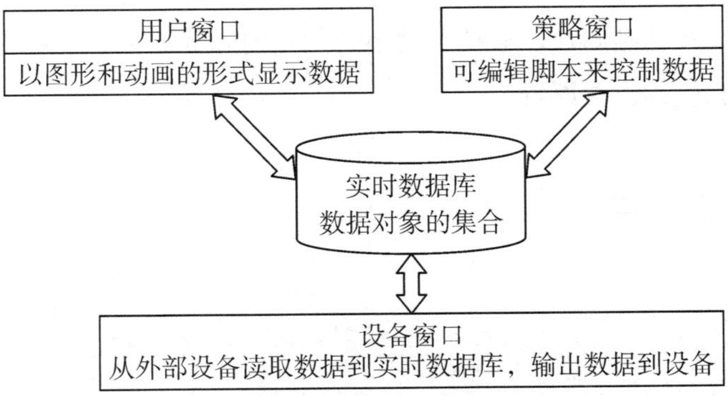

图 2.1　MCGS 软件原理图

在多媒体光盘中，有一个简单动画样例，样例中包含了闪烁、移动、旋转和大小变化几种效果。这些效果只要在构件的属性窗口中做简单的设置就可以完成。图 2.2 中是该样例在 TPC7062K 中的运行效果，我们给这几种效果分别赋予一个小的环境：

（1）标题实现闪烁；

（2）显示的错误信息用水平移动实现，电机打磨玻璃用垂直移动实现；

（3）按钮控制风扇的旋转；

（4）棒图的大小变化表示数据的增长和减少。

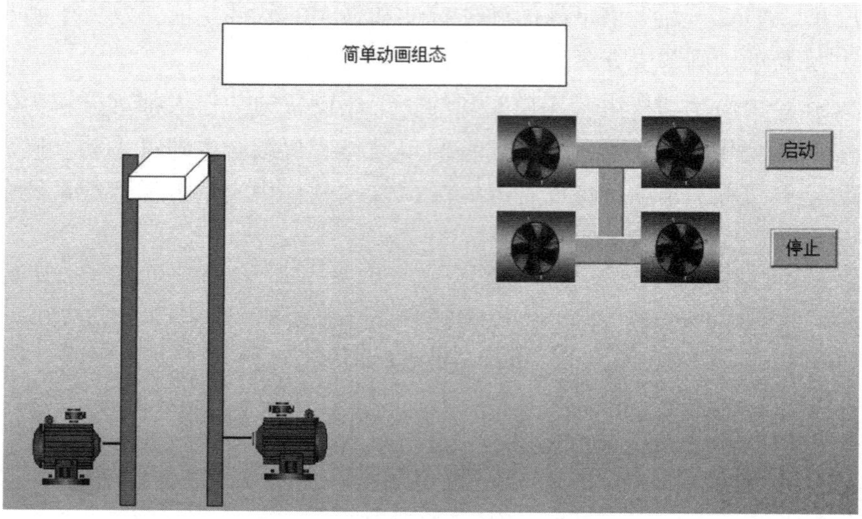

图 2.2　MCGS 实例

2.2　电梯系统设置

教学视频和课件

新建一个工程，MCGS 组态软件提供丰富的图形库，而且几乎所有的构件都可以设置动画属性。移动、大小变化、闪烁等效果只要在属性对话框进行相应的设置即可。

2.2.1　设置背景

重点：

掌握 MCGS 添加背景图片。

在组态画面之前，建议先定好整个画面的风格及色调，以便于在组态时更好地设置其他构件的颜色，使画面更美观。下面按照样例中的风格来介绍如何设置背景。

1. 设置窗口背景

新建窗口并进入组态画面，添加一个“位图”，右键单击该位图，从弹出的快捷菜单中选择“装载位图”，选择一个事先准备好的位图，装载后选中该位图，在窗口右下方状态栏设置位图的坐标为（0，0），大小为 800＊480，如图 2.3 所示，背景就设置完成了。

图 2.3 **状态栏坐标及大小设置**

2. 添加标题背景

添加“矩形”构件，进入“动画组态属性设置”对话框。在属性设置页，设置填充颜色为“白色”，边线颜色为“没有边线”。将它的坐标设为（0，0），大小设为 800＊60，标题的背景就设置完成了。

2.2.2 动画效果——闪烁

重点：

掌握 MCGS 闪烁效果设置。

闪烁效果是通过设置标签的属性来实现的。下面将介绍标签的使用。

标签除了可以显示数据外，还可以用做文本显示，如显示一段公司介绍、注释信息、标题等。通过标签的属性对话框还可以设置动画效果。标签可谓是用处最多的构件之一。

添加“标签”构件，进入“标签动画组态属性设置”对话框。在属性设置页，设置填充颜色为“没有填充”，字符颜色为“藏青色”，字体设置为“宋体、粗体、小二”，选中“闪烁效果”。

在扩展属性页，文本内容输入“简单动画组态”。

在闪烁效果属性页，闪烁效果表达式填写“1”，表示条件永远成立。选择闪烁实现方式“用图元可见度变化实现闪烁”。组态效果如图 2.4 所示，设置完成后点击确认。将标签的坐标设为（230，10），大小设为 320＊40，组态效果如图 2.5 所示。

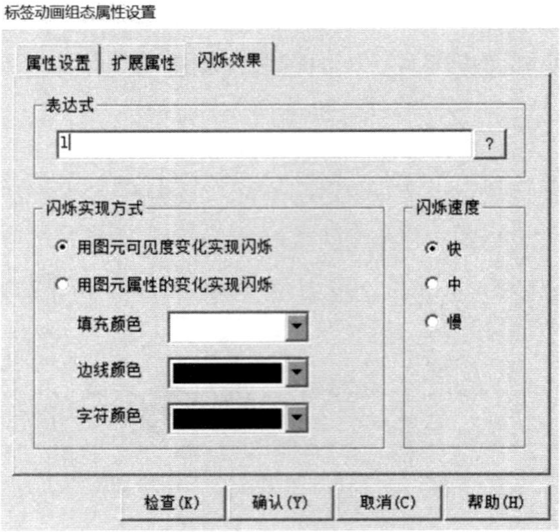

图 2.4　闪烁效果设置

图 2.5　闪烁效果

注：当所连接的数据对象（或者由数据对象构成的表达式）的值非 0 时，图形对象就以设定的速度开始闪烁；而当表达式的值为 0 时，图形对象就停止闪烁。

2.2.3 水平移动垂直移动

重点：

掌握 MCGS 水平移动、垂直移动设置。

一、水平移动效果

水平移动的效果用标签来实现，只要设置标签的“水平移动”属性即可。

1. 添加一个“标签”，进入标签“属性设置”页，设置填充颜色为“没有填充”，字符颜色为“红色”，字体设置为“宋体、粗体、四号”，边线颜色“没有边线”。在位置动画连接部分选中“水平移动”。

2. 在“扩展属性”页，文本内容输入“显示报错信息”。

3. 在“水平移动”属性页，表达式一栏中要填写一个数据对象，在这里我们定义一个数据对象 i。设置最小移动偏移量为 0，最大移动偏移量为 200，对应表达式的值分别为“0”“100”，如图 2.6 所示。点击“确认”时，弹出如图 2.7 所示的组态错误提示框，选择“是（Y）”，弹出“数据对象属性设置”的对话框，选择 i 的对象类型为“数值”，如图 2.8 所示。数据对象 i 就会被添加到实时数据库中。

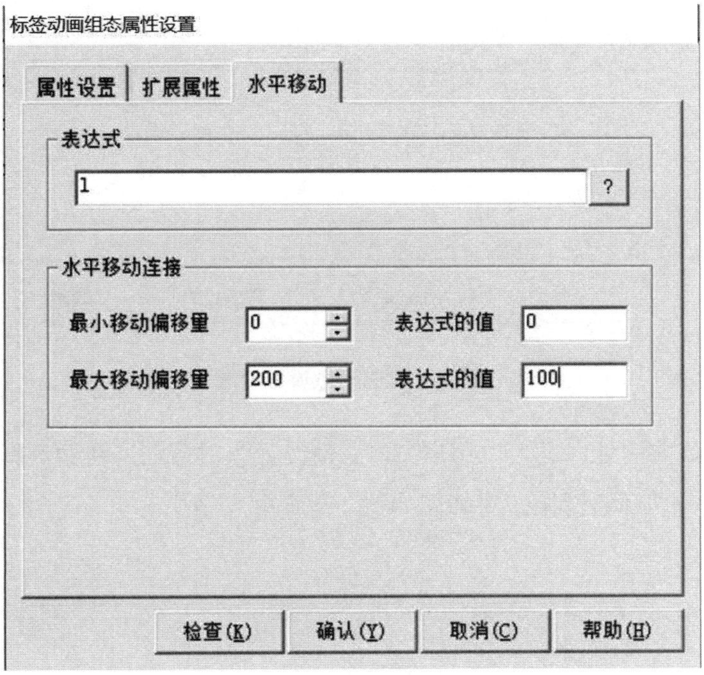

图 2.6 水平移动属性设置

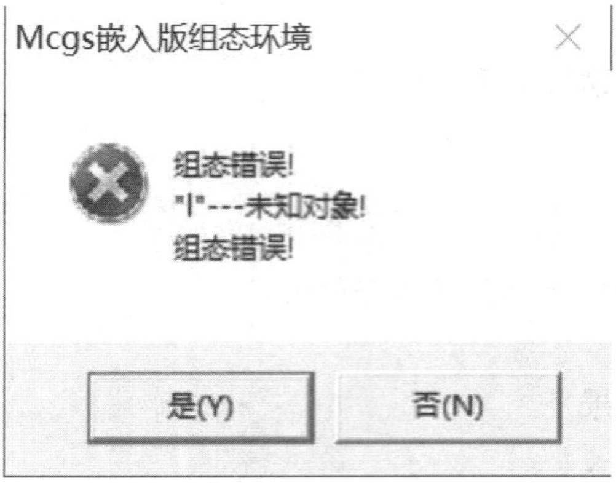

图 2.7　组态错误

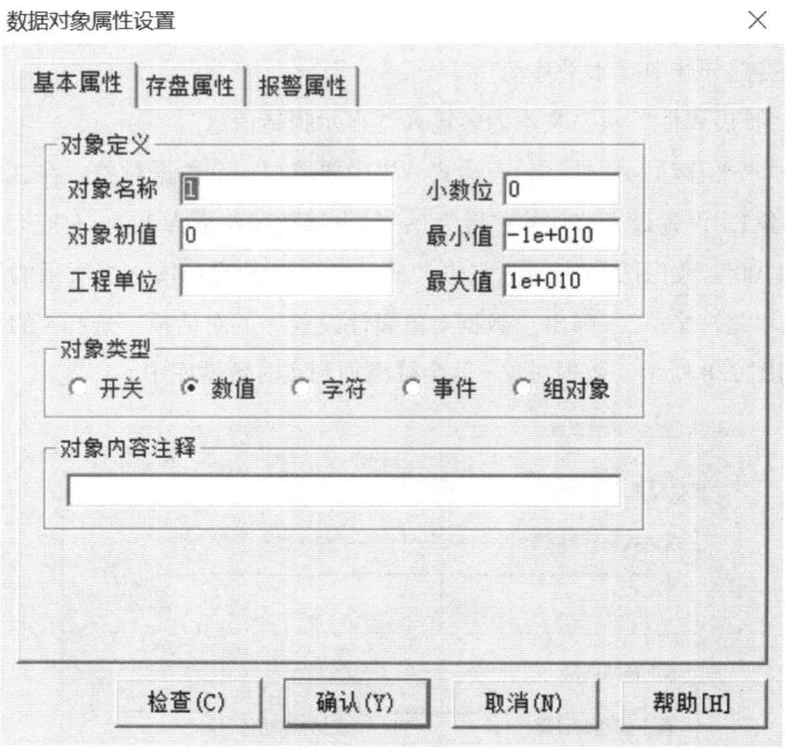

图 2.8　数据对象属性设置

6. 双击窗口空白处，进入“用户窗口属性设置”对话框，在循环脚本页添加标签水平移动的脚本，循环时间改为 100，如图 2.9 所示。

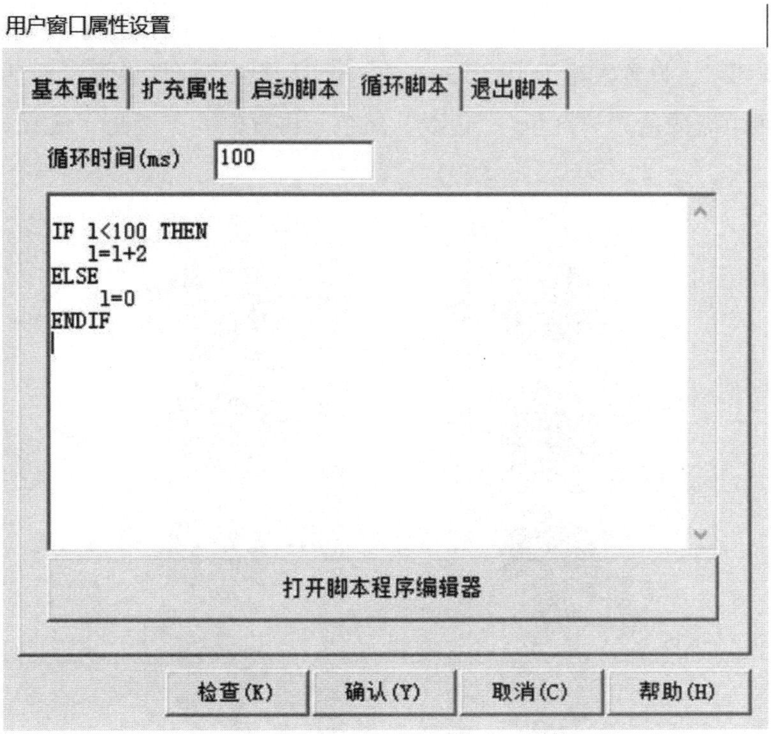

图 2.9 水平移动循环脚本设置

二、垂直移动效果

用电机切割玻璃来表现垂直移动效果，设置玻璃的“垂直移动”属性即可。

1. 电机

选中“插入元件”，在对象元件库管理中，添加“马达 13”和“马达 14”到窗口，设置其大小为 70 * 40，再复制 3 组马达摆放如图 2.10 所示。

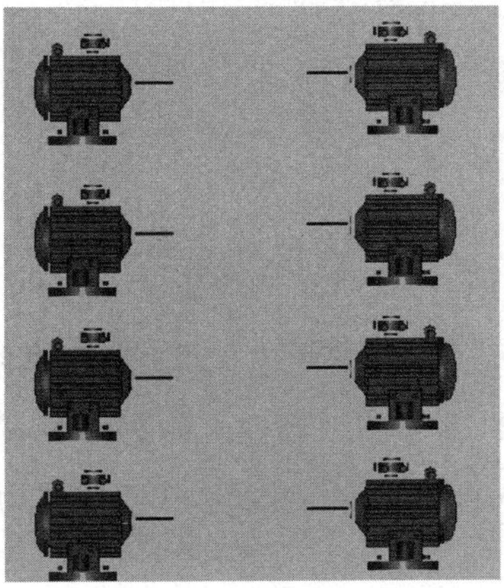

图 2.10 电机样图

2. 滑带

添加“矩形”，设置大小为 10 * 230，进入“动画组态属性设置”对话框，在属性设置页，设置填充颜色为“红色”，边线为黑色。再复制一个矩形，放在如图 2.11 所示的位置上。

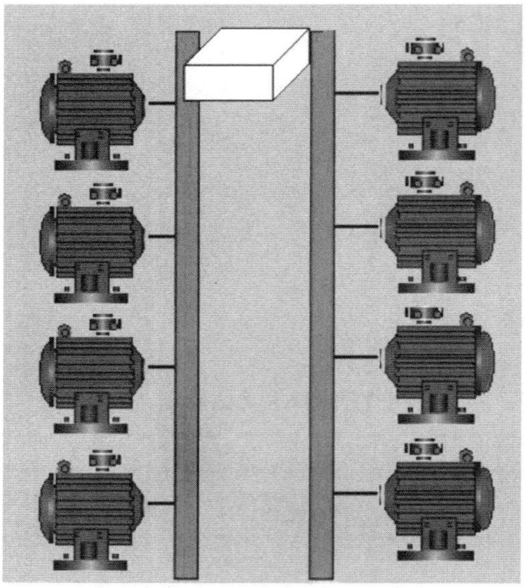

图 2.11 滑带样图

3. 轿厢

选中工具箱中的“常用符号”，打开常用图符工具箱，选择“立方体”，添加到窗口。进入“动画组态属性设置”对话框，设置填充颜色为“白色”，选中“垂直移动”。

在垂直移动属性页，定义表达式关联数值型对象 b，最小移动偏移量为 0，最大移动偏移量为 200，对应的表达式的值分别为“0”“100”，如图 2.12 所示。点击“确认”，提示组态错误时，选择“是”，再添加数据对象 b。

打开“用户窗口属性设置”对话框，在循环脚本页添加玻璃垂直移动的脚本，如图 2.13 方框标注部分所示。

注：偏移量是以组态时图形对象所在的位置为基准（初始位置），单位为像素点，向左为负方向，向右为正方向（对垂直移动，向下为正方向，向上为负方向）。表达式和偏移量之间的关系：以图 2.12 中的组态设置为例，当表达式 b 的值为 0 时，图形对象的位置向右移动 0 个像素（即不动）；当表达式 b 的值为 100 时，图形对象的位置向右移动 200 个像素。

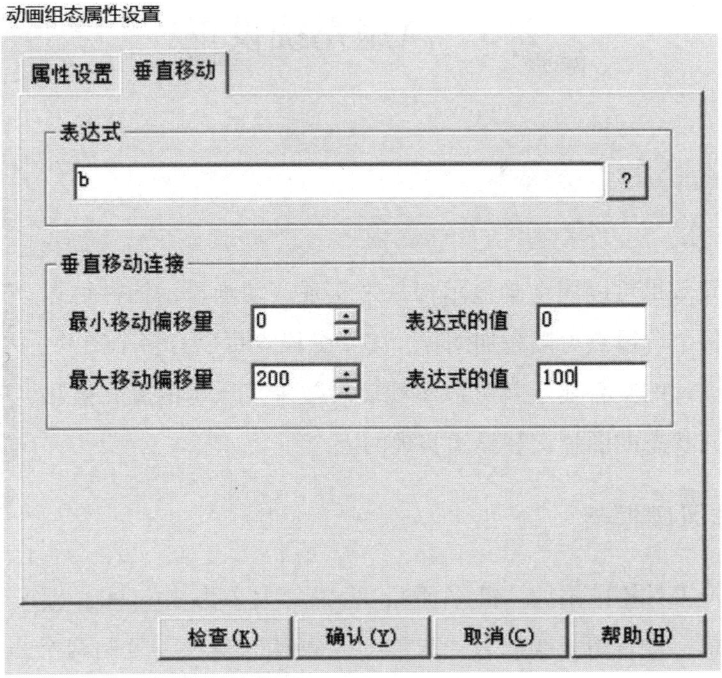

图 2.12　垂直移动属性设置

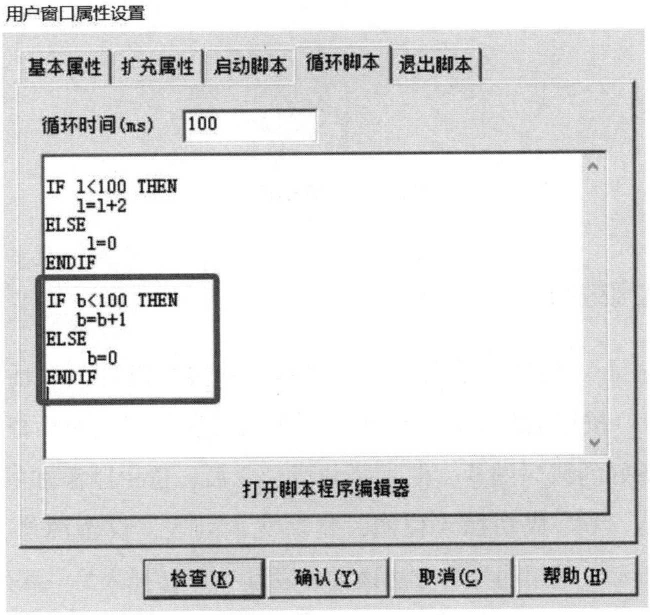

图 2.13　垂直移动脚本设置

2.3 风扇系统设置

重点：

掌握 MCGS 动画显示功能。

风扇的旋转效果可以用动画显示构件来实现。动画显示构件可以添加分段点，每个分段点可以添加图片，多个分段点可以有多个图片。多个不同状态图片的交替显示就可以实现旋转效果。风扇的旋转效果就是用两个不同状态的图片交替显示实现的。

教学视频和课件

一、制作风扇框架

从常见图符工具箱中添加“凸平面”，设置其大小为 30 * 90，进入“动画组态属性设置”对话框，设置填充颜色为“灰色”，“确认”保存。复制两个凸平面，调整大小为 70 * 30，分别摆放在原凸平面的上下方，如图 2.14 所示。风扇的框架就制作完成了。

图 2.14　风扇框架

二、设置风扇效果

添加“动画显示”构件，进入“动画显示构件属性设置”对话框，选择分段点“0”，点击“位图”按钮加载图像，弹出“对象元件库管理”对话框。单击“装入”，添加事先已经准备好的风扇图片。图片装载成功之后，选中刚添加的风扇位图，“确认”保存。分段点“0”成功插入位图，删除文本列表，设置图像大小为“充满按钮”，如图 2.15 所示。采用同样的方法设置分段点“1”，插入另一张风扇位图。

在显示属性页，选择显示变量“开关，数值型”，关联数值型变量定义为“旋转可见度”，动画显示方式选择“根据显示变量的值切换显示各幅图像”，如图 2.16 所示。点击“确认”，提示组态错误时，选择添加数据对象“旋转可见度”。

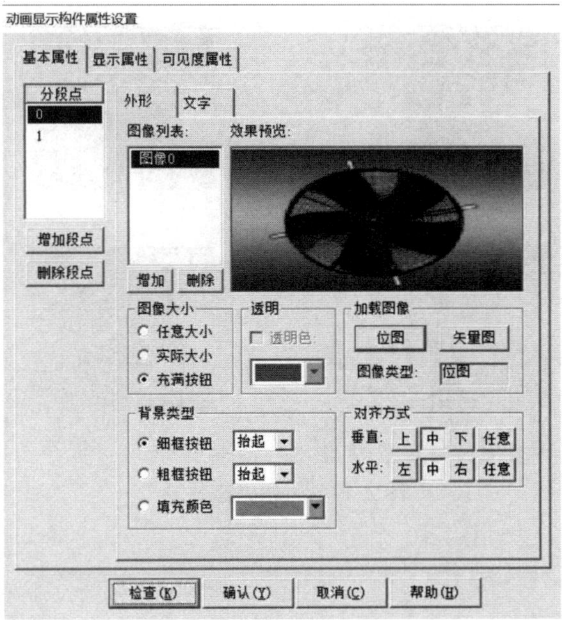

图 2.15　风扇设置

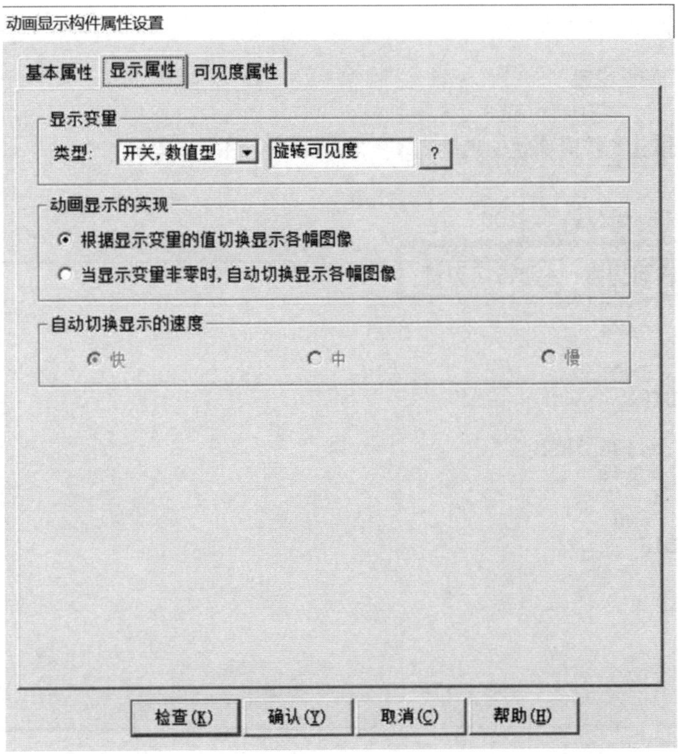

图 2.16　显示属性设置

设置好之后，调整动画显示构件大小为 60 * 50，拖到风扇框架的左上方。再复制出 3 个风扇。分别放置在框架的右上、左下、右下方，如图 2.17 所示。

图 2. 17　风扇组态效果

三、添加脚本

打开“用户窗口属性设置”对话框，在循环脚本页添加使风扇旋转的脚本，如图 2. 18 中方框标注部分所示。

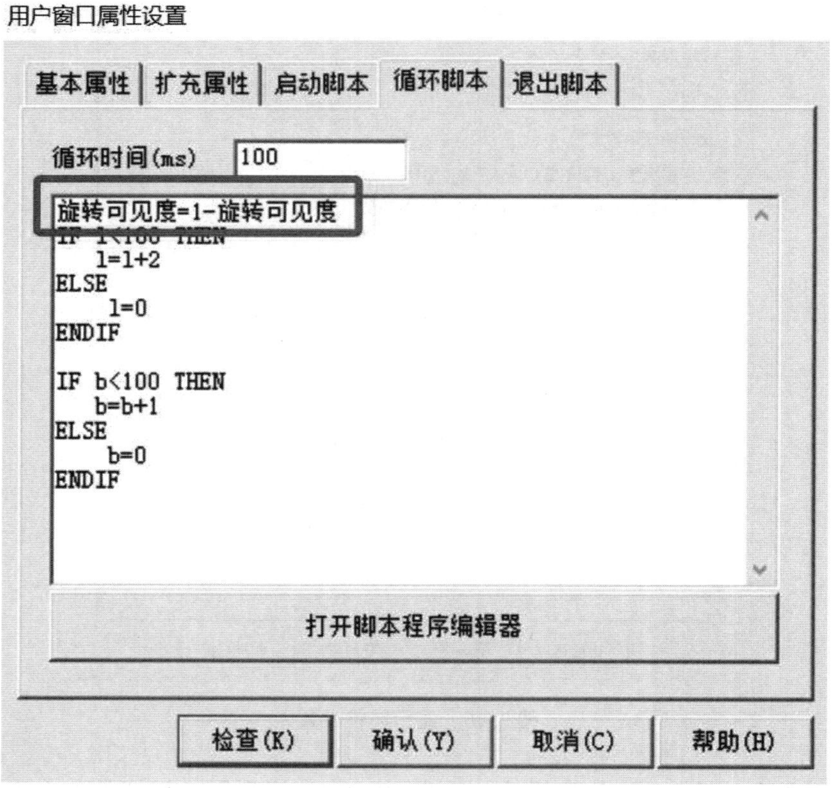

图 2. 18　风扇旋转脚本

四、风扇的按钮控制

1. 启动

进入“启动”按钮的属性设置对话框，在操作属性页，设置“抬起功能”：数据对象值操作“置 1”，定义数值型变量“旋转循环”，如图 2.19 所示。“旋转循环”控制风扇旋转，当“旋转循环”为 1 时，风扇开始旋转。

在用户窗口属性设置对话框中，添加循环脚本“IF 旋转循环=1 THEN 旋转可见度=1-旋转可见度”，如图 2.20 中方框标注部分所示。

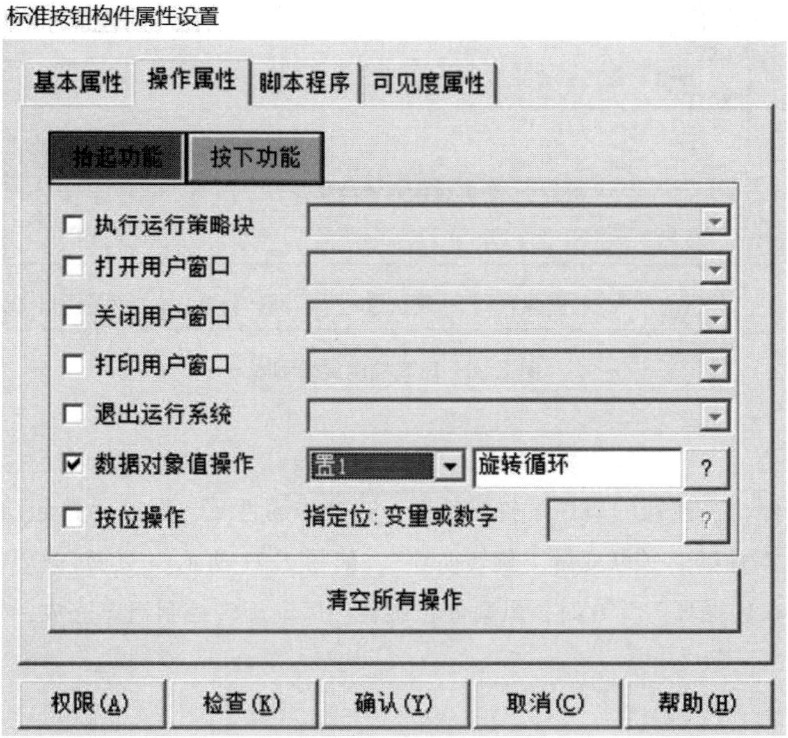

图 2.19 风扇启动控制

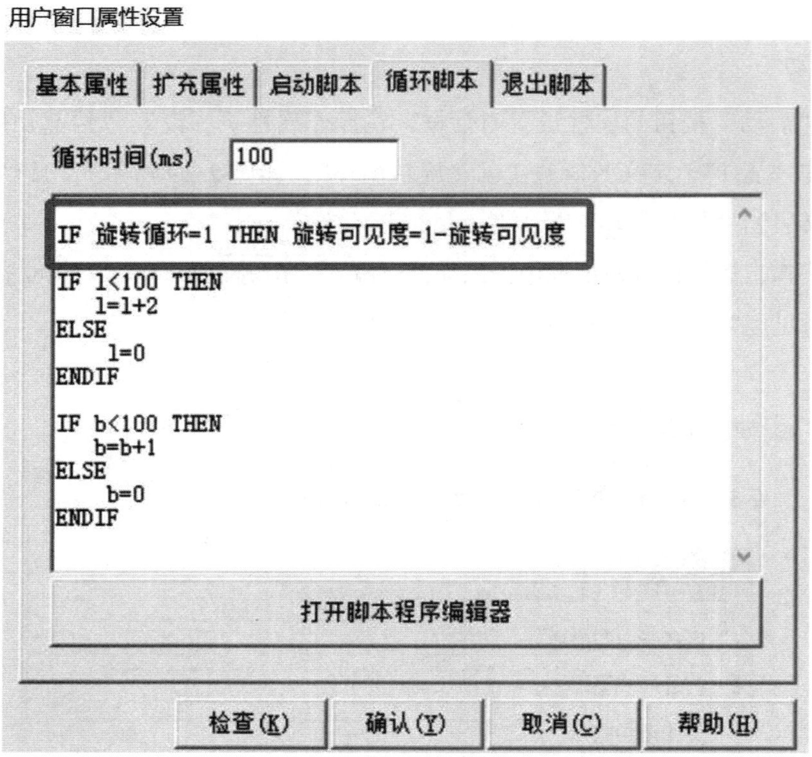

图 2. 20　风扇控制旋转脚本

2. 停止

进入“停止”按钮的属性设置对话框。在操作属性页，设置“抬起功能”：数据对象值操作“清 0”，关联变量“旋转循环”，如图 2. 21 所示。“旋转循环”控制风扇旋转，当“旋转循环”为 0 时，风扇停止旋转。风扇旋转控制组态完成，效果图如图 2. 22 所示。

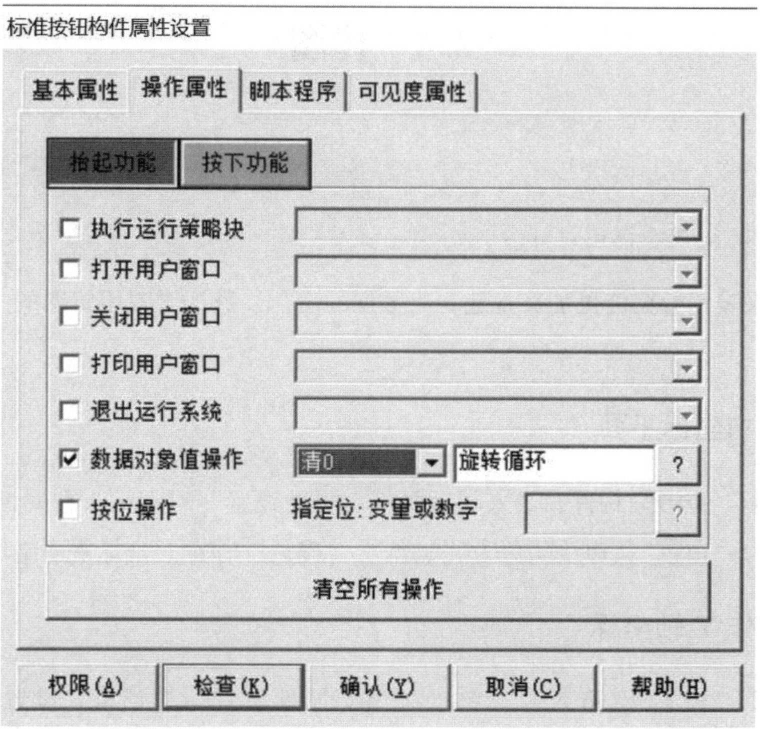

图 2.21 风扇停止控制

图 2.22 风扇控制效果图

2.4 棒图

重点：

掌握 MCGS 棒图设计。

用棒图来表示数据能更加直观地看出数据的变化。数据增减用棒图的“大小变化”就可以实现。

一、添加坐标平面

添加一个“矩形”构件，进入“动画组态属性设置”对话框，在属性设置页，设置填充颜色为“白色”，边线颜色为“黑色”，“确认”保存。坐标平面制作完成。

二、制作 Y 轴坐标

添加一个“标签”，进入“标签动画组态属性设置”对话框，设置填充颜色为“没有填充”，边线颜色为“没有边线”，字符颜色为“黑色”。

在扩展属性页的“文本内容输入”中添加：120，90，60，30，0（每个数字字符间隔 2 行输入），如图 2.23 所示。Y 轴坐标制作完成。

图 2.23　Y 轴坐标设置

三、制作棒图

从常用图符工具箱中，添加“竖管道”作为“棒图”。进入其“动画组态属性设置”对话框。在属性设置页，设置填充颜色为“红色”，选中“大小变化”。

在大小变化页，关联表达式定义为数值型数据对象 c，点击“变化方向”右侧图标按钮，选择大小变化方向为单向向上变化，变化方式为“缩放”，如图 2. 24 所示。

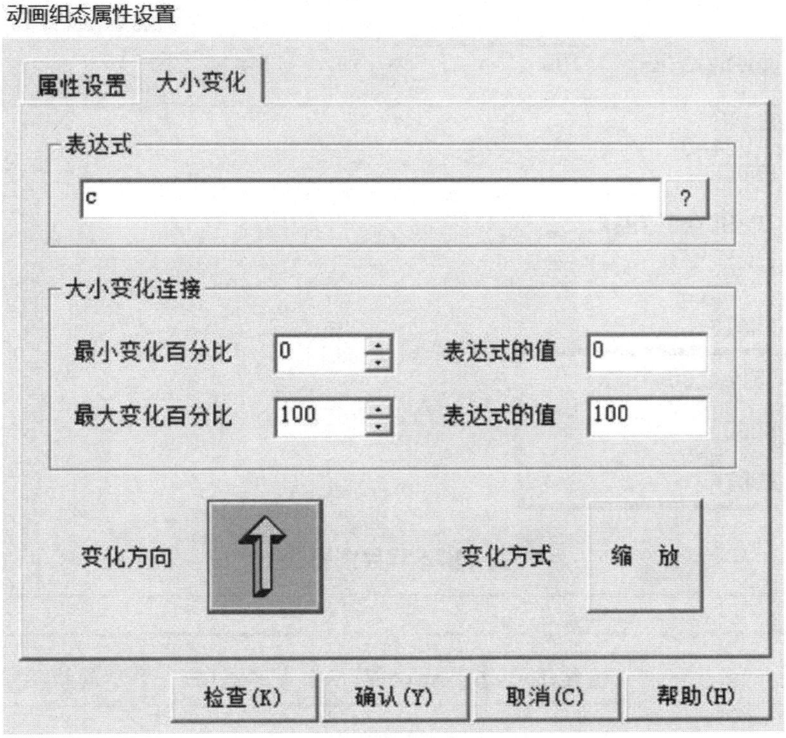

图 2. 24 **棒图大小变化设置**

复制出另外两个棒图，分别设置填充颜色为“浅绿色”和“藏青色”。在大小变化页，设置“最大变化百分比”分别为 80 和 50，其他设置同第一个棒图。

注：当表达式的值大于等于 100 时，最大变化百分比设为 100%，则图形对象的大小与初始大小相同。不管表达式的值如何变化，图形对象的大小都在最小变化百分比与最大变化百分比之间变化。

四、添加脚本

在用户窗口属性设置对话框中，循环脚本页添加棒图变化的脚本，如图 2. 25 中方框标注部分所示。

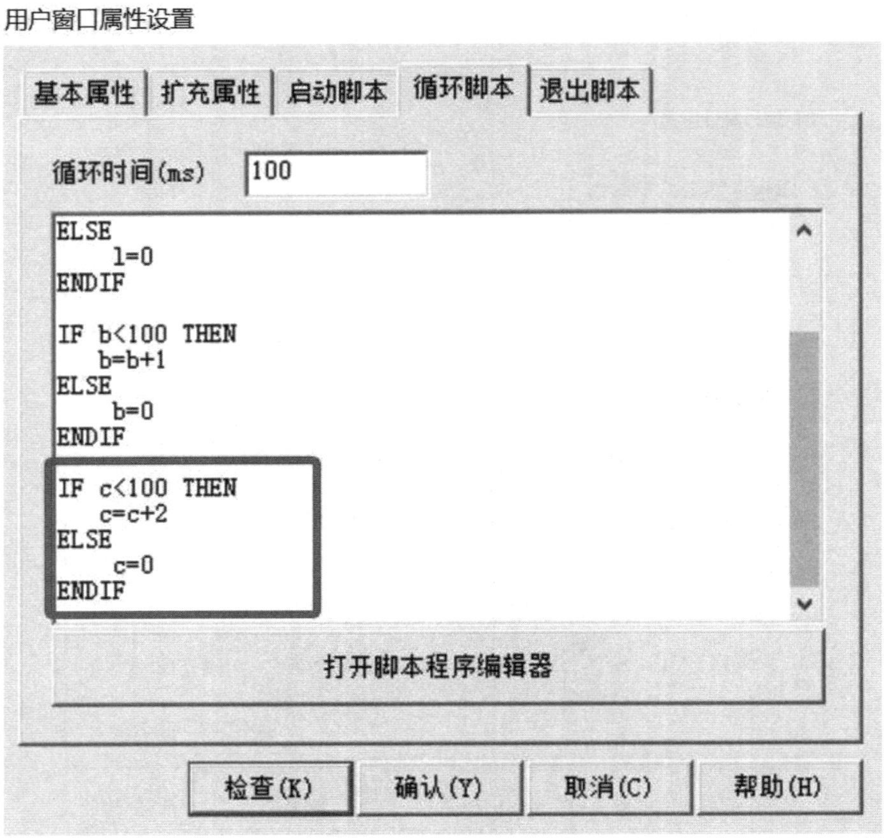

图 2.25　棒图脚本设置

四个简单的动画效果组态完成了。完成后可以下载到 TPC 中看一下运行效果，检查其是否跟样例中的一致。

2.5　三角形运行系统

重点：

掌握对角线运行系统设置。

1. 新建工程→进入窗口→添加背景。

2. 通过流程，工具箱→常用符号→选择三角形，设置三角形大小为 300＊200，如图 2.26 所示。

教学视频和课件

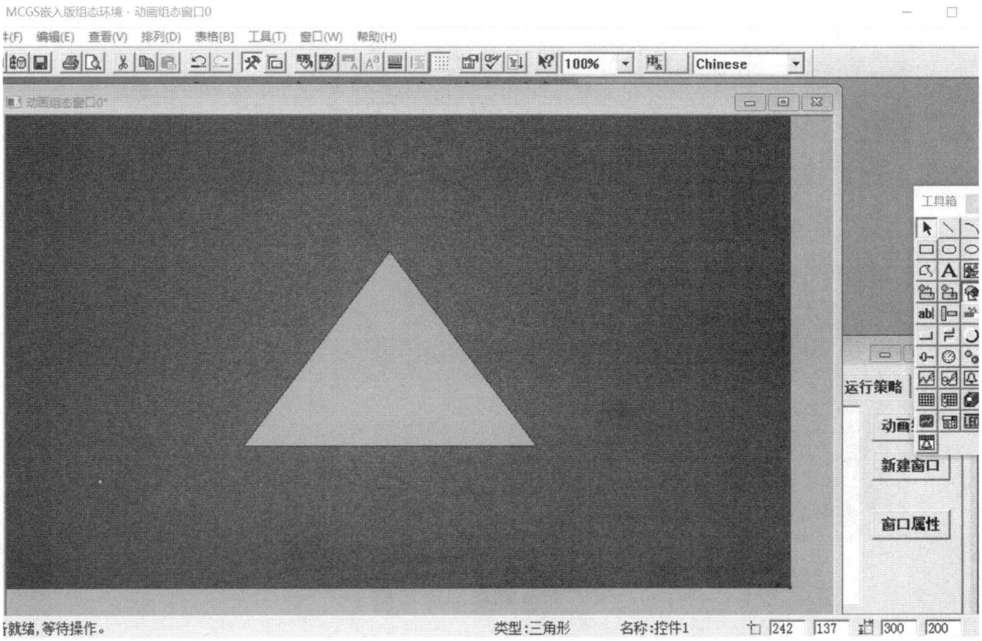

图 2.26 三角形背景设置

3. 通过流程，工具箱→常用符号→三维圆球，找到圆球，设置大小为 50 * 50，并将小球放置到三角形三个顶点处，如图 2.27 所示。

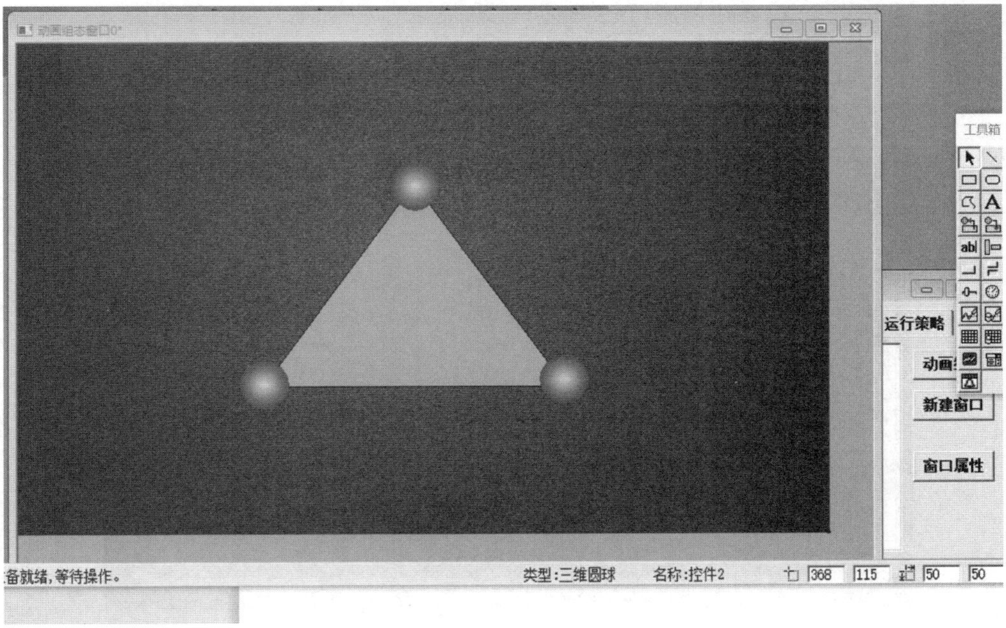

图 2.27 小球布局

4. 在实时数据库中添加 6 个对象，分别进行属性更改：移动 1、移动 2、移动 3 为开关型对象，x、z、c 为数值型对象，如图 2.28 所示。

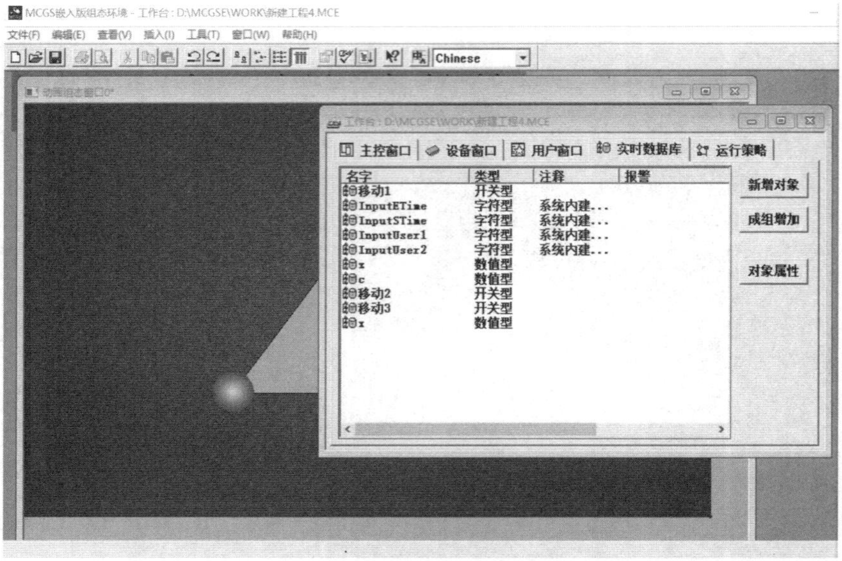

图 2. 28　新增数据对象

5. 对左下角小球进行属性设置，设置颜色为红色，勾选“水平移动”“可见度”，如图 2. 29 所示。点击“确认”后会在标题栏处弹出两个对应对话框。

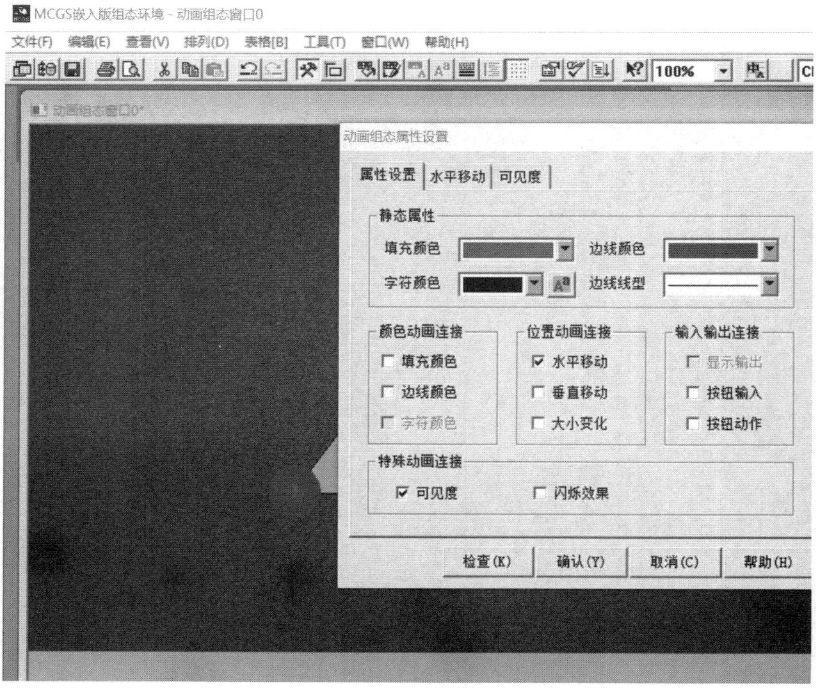

图 2. 29　红球基本属性设置

如果希望小球逆时针移动，即左下角球移动到右下角、右下角球移动到顶角、顶角球移动到左下角形成一个闭环，那么对水平移动设置表达式为 z（在问号按钮内选中)，最大移动偏移量设为 300（从左下角走到右下角距离)，表达式值设为 300，如图 2. 30 所示。

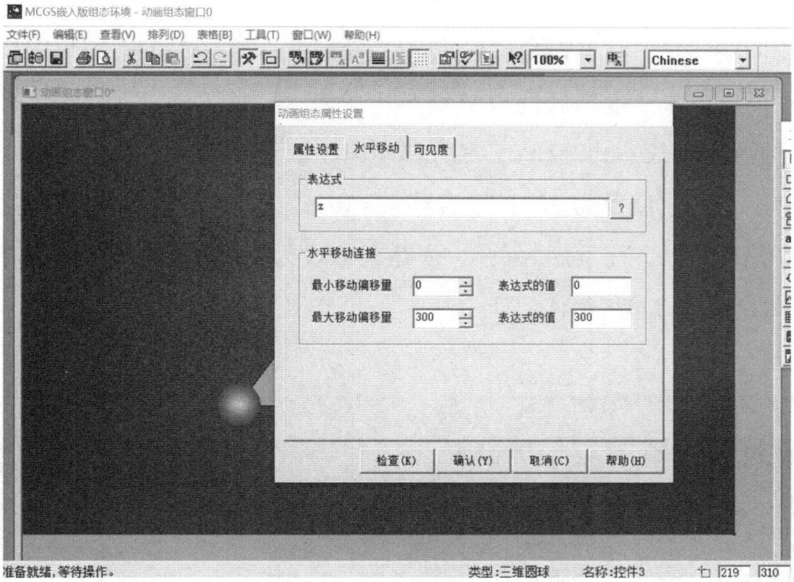

图 2. 30 **红球水平移动设置**

可见度设置表达式我们选择移动 1（前面我们设置移动 1 为开关量，在这个设置中我们认为移动 1 为 1 时，左下角小球可见)，如图 2. 31 所示。

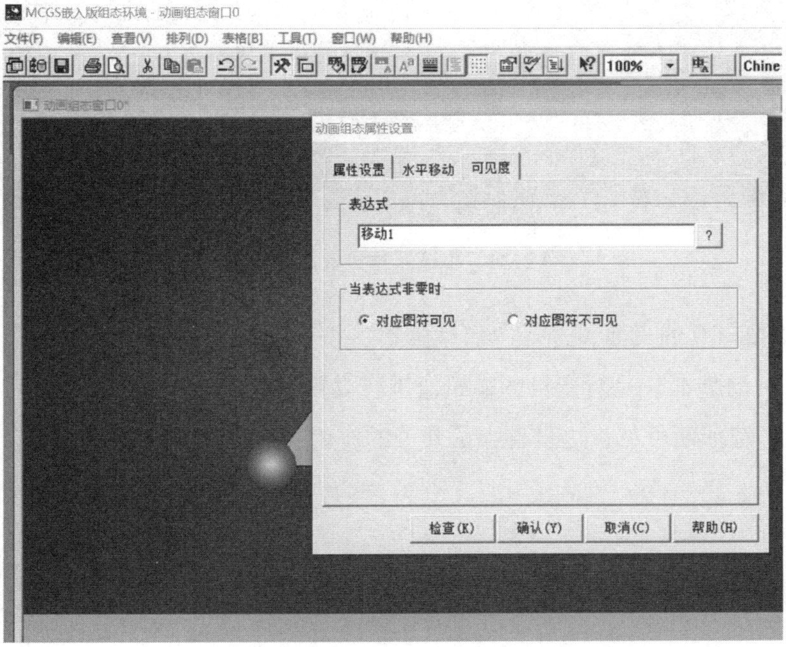

图 2. 31 **红球可见度设置**

6. 设置右下角小球，选择属性设置颜色为蓝色，勾选“水平移动”“垂直移动”“可见度”，水平移动表达式选择 x，最大移动偏移量设为-150（从右侧到中间的路径，往回走为负），表达式值设为 300；垂直移动表达式选择 x，最大移动偏移量设为-200（从右侧到中间的路径，往上走为负），表达式值设为 300；可见度表达式选择移动 2。

7. 设置顶角小球，选择属性设置颜色为黄色，勾选“水平移动”“垂直移动”“可见度”，水平移动表达式选择 c，最大移动偏移量设为-150（从中间到左侧的路径，往回走为负），表达式值设为 300；垂直移动表达式选择 c，最大移动偏移量设为 200（从中间到左侧的路径，往下走为负），表达式值设为 300；可见度表达式选择移动 3。设置后的效果图如图 2. 32 所示。

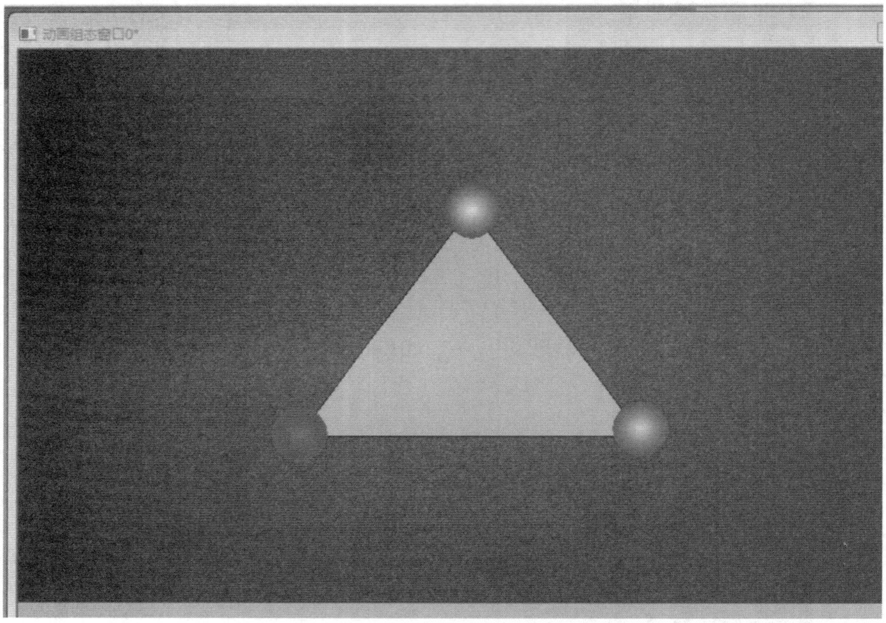

图 2. 32　**小球属性设置后效果图**

8. 双击窗口 0 的桌面，选择“启动脚本”编辑：移动 1=1。

这里“启动脚本”是对变量的初始值进行设置，“移动 1=1”表示移动 1 在启动的时候就为真，红球便可见，这里省去了开关的作用，如图 2. 33 所示。

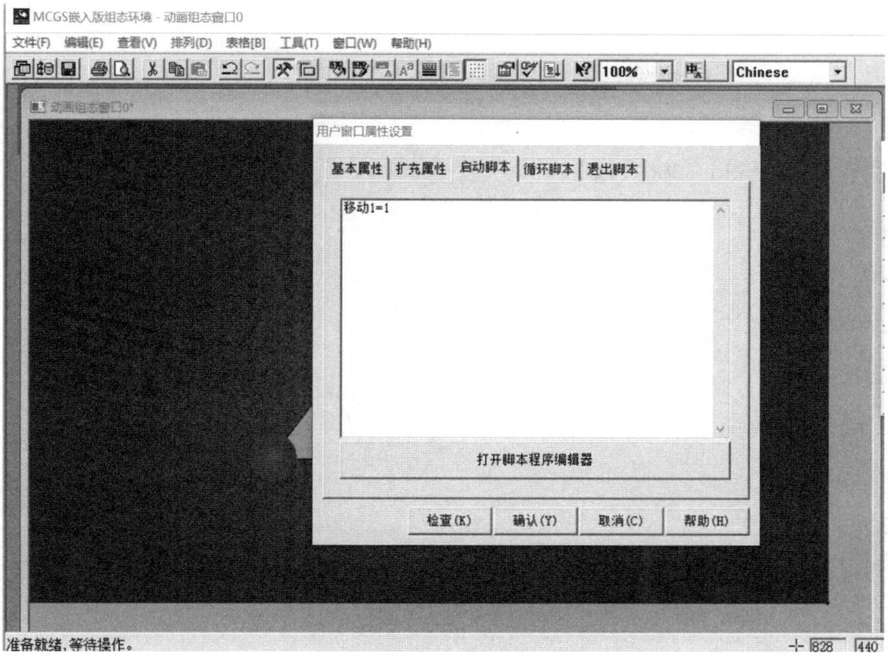

图 2.33 **启动脚本设置**

9. 编写循环脚本，循环时间设置 100 ms，循环脚本如下：

```
IF 移动 1=1 AND z<300 THEN
z=z+5
else
z=0
endif
IF z=300 THEN
移动 1=0
移动 2=1
移动 3=0
endif
IF 移动 2=1 and x<300 THEN
  x=x+5
ELSE
  x=0
ENDIF
IF x=300 THEN
移动 1=0
```

```
移动 2=0
移动 3=1
endif
IF 移动 3=1 and c<300 THEN
  c=c+5
ELSE
  c=0
ENDIF
IF c=300 THEN
移动 1=1
移动 2=0
移动 3=0
Endif
```

上面循环脚本作用：（1）设置可见度，当满足条件时进行可见度的改变；（2）让球动起来。循环脚本设置如图 2.34 所示。

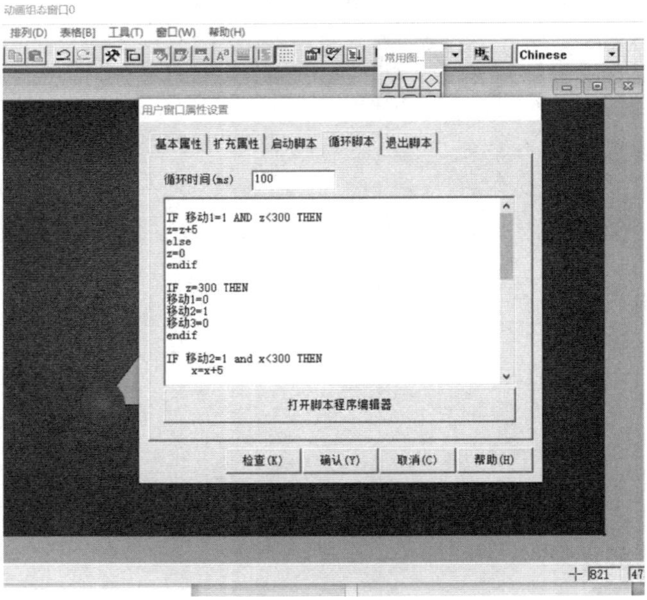

图 2.34　循环脚本设置

10. 系统时间设置。在背景处添加五个标签，分别设置属性名称为日期、星期、时间、运行时间和一个为空，如图 2.35 所示。

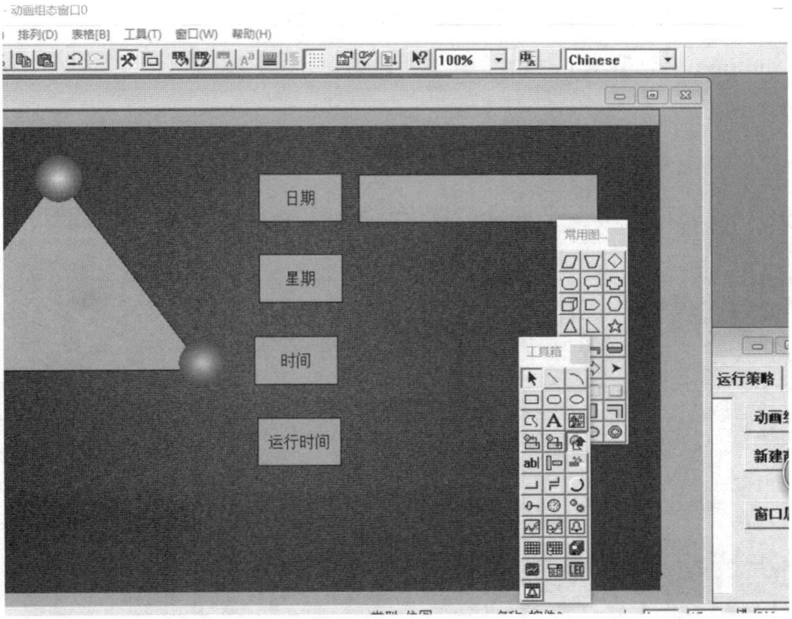

图 2.35　系统时间布局

11. 双击空白标签，进入属性，在输入输出连接处勾选“显示输出”。在弹出显示输出处，表达式从“?”处选择系统对象 date，在输出值类型处勾选“字符串输出”(这里勾选什么样的类型是根据组态原始对象数据类型设置勾选，需要一致)，如图 2.36 所示。

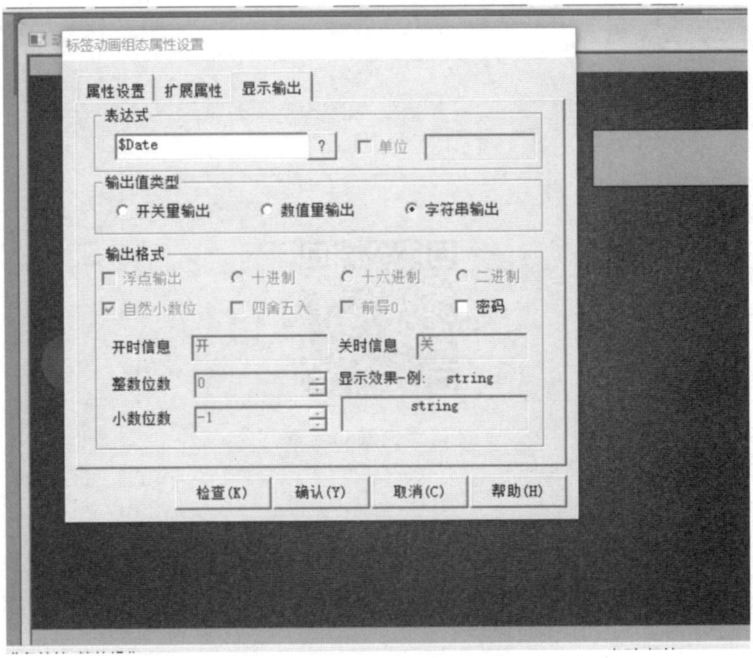

图 2.36　日期对象关联

12. 同理，设置星期、时间、运营时间对应的输出对象为：week（数值型）、time（字符型）、runtime（数值型），如图 2. 37 所示。

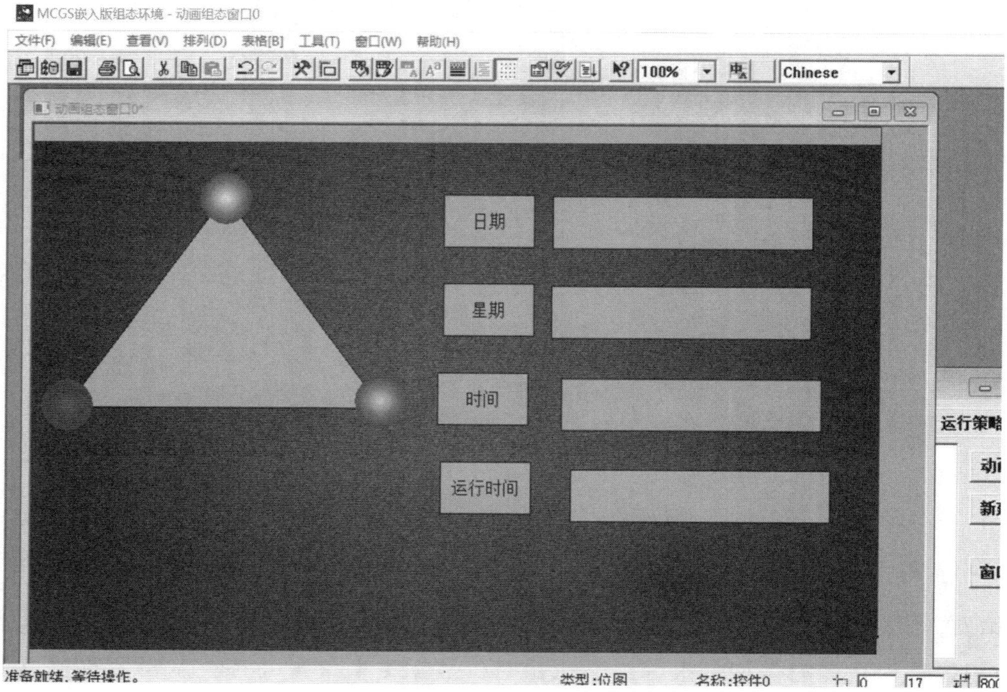

图 2. 37　对象关联

13. 下载运行。

项目二习题和答案

项目三　系统报警及安全机制

在工作过程中，我们迫切需要在设备运行出现故障时能及时通知工作人员，以便故障能够迅速得到处理；通过查看报警历史记录，能够清晰掌握设备的运行状况。不同现场作业对报警形式的需求各异，报警已成为工业现场必备条件。MCGS 组态软件基于客户需求，综合分析工业现场多样化的报警需求，致力于提供适配的报警解决方案。本项目由昆仑通态根据众多客户实际需求分析，列举了字报警、位报警、多状态报警、弹窗报警等形式的实现方案。

3.1　系统报警

教学视频和课件

在学习报警之前，我们先来了解在 MCGS 组态软件中实现报警的流程。在项目一的学习中大家已经了解到从 PLC 等外部设备读取的数据是传送给实时数据库中对应的数据对象，判断数据对象的值是否满足报警的条件，如果满足即产生报警；保存数据对象的值即保存了报警的历史记录；在用户窗口显示对应数据对象（以下简称“变量”）的值，也就是显示了当前 PLC 中值。运行时的数据流程如图 3.1 所示。

图 3.2 是实现报警的组态流程，首先要确定所用的硬件设备，例如 PLC 型号，在设备窗口添加正确的驱动构件，添加 PLC 中所用到地址（在 MCGS 组态软件中叫作通道），并且关联上变量；到实时数据库中设置报警属性，在用户窗口用报警构件显示。MCGS 提供了报警条、报警显示构件、报警浏览构件等多个报警构件。

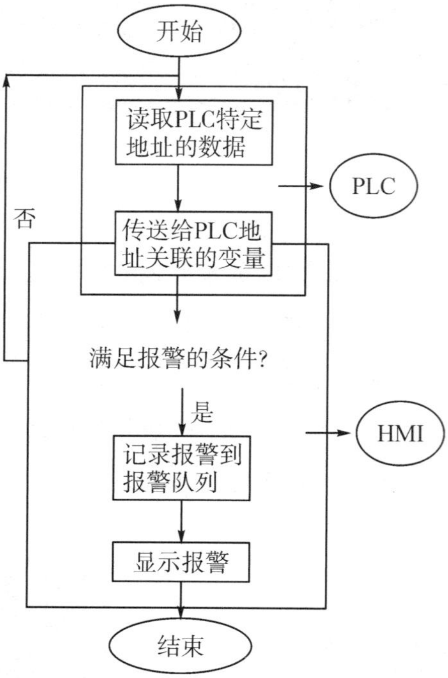

图 3.1　运行时数据流程

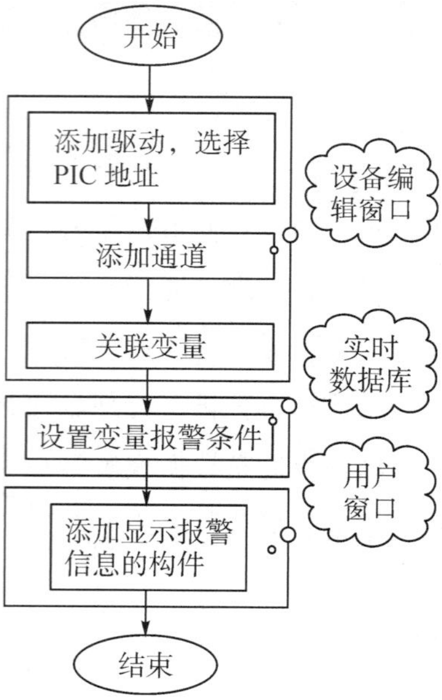

图 3.2　组态配置流程

3.1.1　报警需求

重点：

了解系统报警需求及报警功能种类。

我们通过一个样例来学习报警的各种表现形式。图 3.3 是该样例的运行效果。

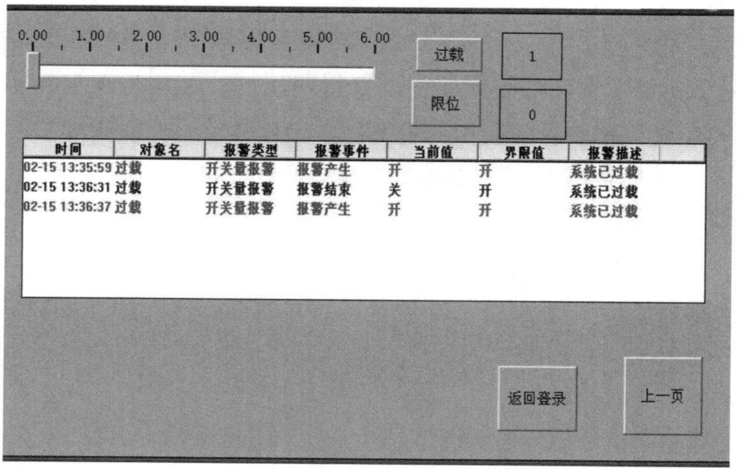

图 3.3　报警样式

报警样例列举了常用的四种基本报警形式。下面分析每种形式的报警需求。以西门子 S7-200PLC 为例，先在 PLC 及 MCGS 设置一些点位。

1. 当 PLC“M 寄存器”的地址 12.3 状态为 1 时提示水满了，此报警信息在屏幕上滚动显示。

2. 当 PLC“V 寄存器”的字地址 49 的值超出 10～30 的范围时，提示温度太高或温度太低，以列表显示。

3. 当 PLC 的“V 寄存器”字地址 200 值非 0 时表示不同的故障，在画面上进行对应的异常报警信息显示。

4. 当“M 寄存器”的地址 12.3 发生报警后立即弹出一个小窗口，显示当前报警信息。

报警需求了解清楚后，下面就开始逐一分析并组态。如何添加设备前面已详细地介绍过，此处不再赘述。新建工程，在设备窗口添加通用串口父设备和西门子_S7200PPI 驱动。

3.1.2 位报警

重点：

掌握位报警操作。

第一个报警需求：当 PLC 中“M 寄存器”地址 12.3 的值为 1 时提示“水满了”，并且滚动显示。

方案：地址 M12.3 报警内容固定，直接设置对应变量的报警属性即可；然后在用户窗口用报警条构件显示。

1. 添加位通道

在设备窗口，双击西门_ S7200PPI 驱动进入“设备编辑窗口”，如图 3.4 所示。单击“增加设备通道”按钮，弹出“添加设备通道”对话框，选择通道类型“M 寄存器”，数据类型“通道的第 03 位”，通道地址为“12”，通道个数为“1”，读写方式选择“读写”，如图 3.5 所示。设置完成点击“确认”。

图 3.4　设备编辑窗口

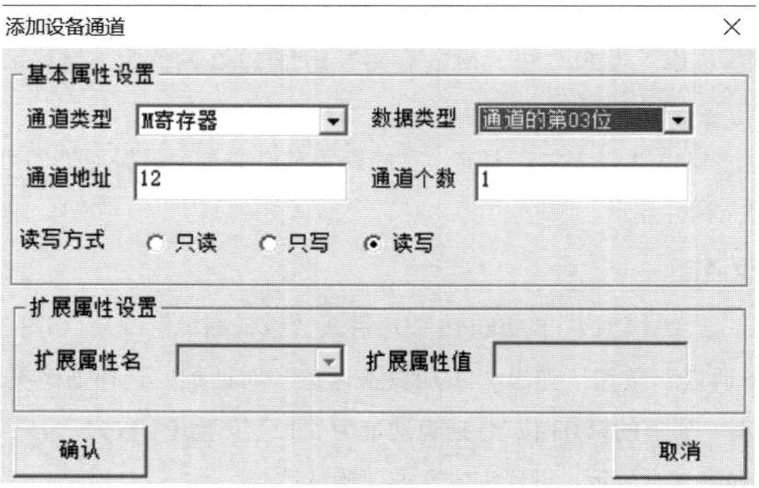

图 3.5　添加设备通道

2. 通道关联变量

在设备编辑窗口选择“快速连接变量”按钮，进入“快速连接”对话框，选择“默认设备变量连接”，点击“确认”回到设备编辑窗口，自动生成变量名“设备 0_

读写 M012_ 3”。在设备编辑窗口点击“确认”，系统弹出“添加数据对象”的提示框，选择“全部添加”，所建立的变量会自动添加到实时数据库。

3. 设置变量的报警属性

切换到“实时数据库”，打开变量“设备 0_ 读写 M012_ 3”的属性设置对话框，在报警属性页，选择“允许进行报警处理”，报警设置选择“开关量报警”，报警值为 1，报警注释为“水满了”，如图 3.6 所示。设置完成点击“确认”。

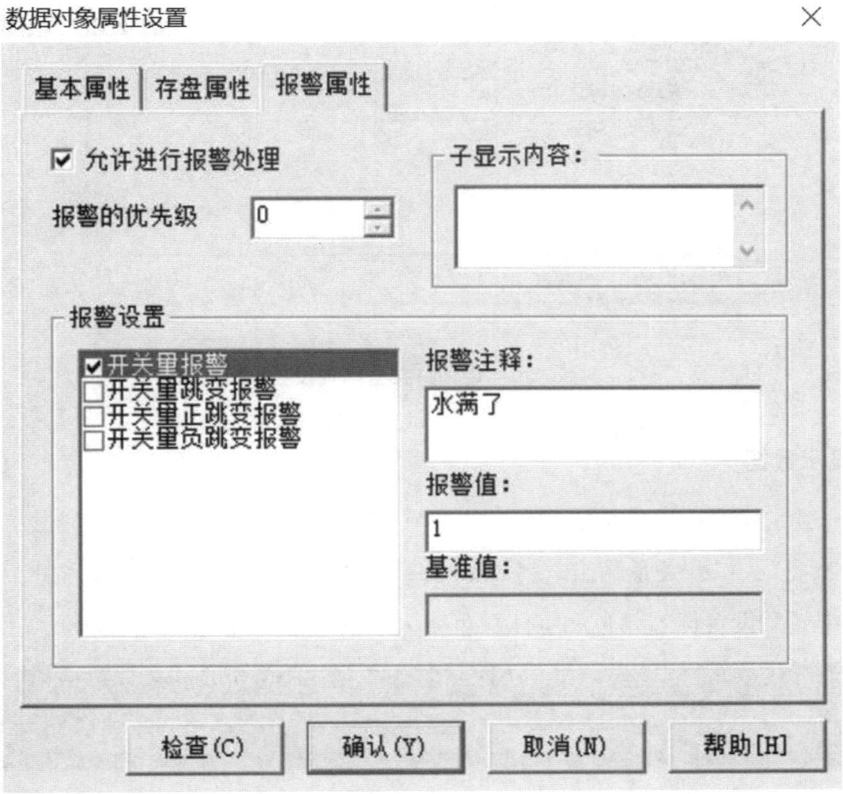

图 3.6 设置开关量报警

4. 设置报警条构件

新建“窗口 0”，并添加一个“报警条”画构件，进入“走马灯报警属性设置”对话框，点击选择我们在设备窗口建立的变量“设备 0_ 读写 M012_ 3”，设置前景色为“黑色”，背景色为“浅粉色”，滚动字符数为 3，滚动速度为 200，支持闪烁，如图 3.7 所示。

注：报警条构件不关联任何变量时，显示当前所有的实时报警信息。

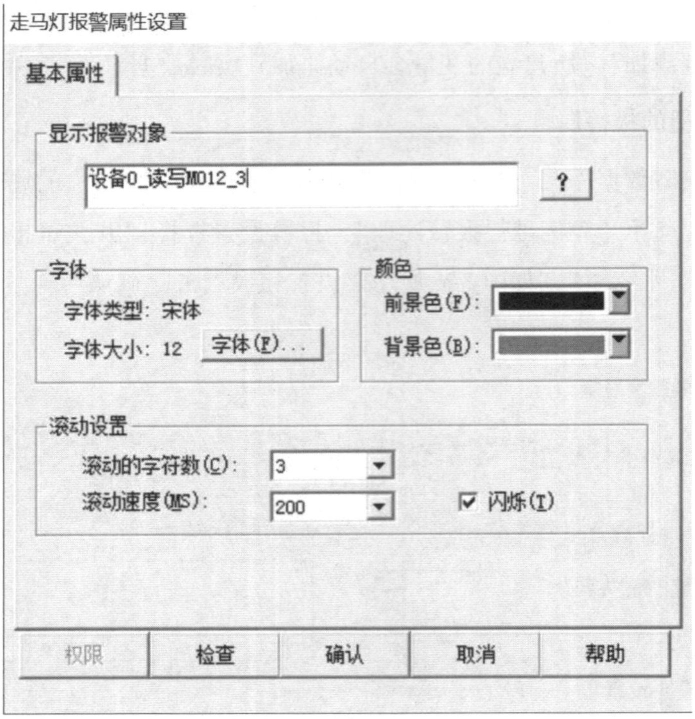

图 3.7　走马灯报警属性设置

5. 显示数据

添加一个“标签”，选择显示输出。在显示输出属性页，点击选择变量“设备 0_读写 M012_ 3”，以开关量输出。另外添加一个“标签”，输入“显示注水状态”。参照图 3.8 中效果设置标签颜色和字体颜色。

图 3.8　位报警运行效果

6. 查看效果

组态完成后，连接 PLC，下载运行查看效果：当 PLC 有报警产生时，报警信息显示。

3.1.3　字报警

重点：

掌握字报警操作。

第二个报警需求：当 PLC 中“V 寄存器”地址 49 的值超出 10～30 的范围时，以列表形式显示温度太高或温度太低。

方案：设置“V 寄存器”地址 49 对应变量的报警属性，在用户窗口用报警浏览构件显示。

1. 添加字通道

在设备窗口，双击西门子_ S7200PPI 驱动进入“设备编辑窗口”，单击“增加设备通道”按钮，进入“添加设备通道”对话框，选择通道类型“V 寄存器”，数据类型为“16 位无符号二进制”，通道地址为“49”，通道个数为“1”，读写方式为“读写”，如图 3.9 所示。设置完成点击“确认”。

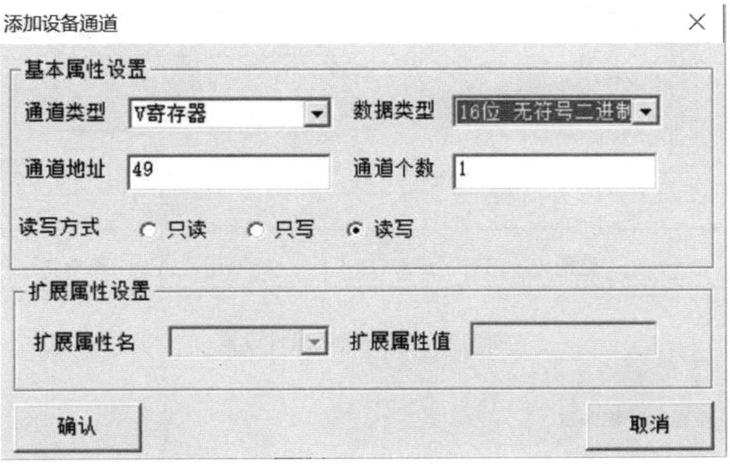

图 3.9　添加字通道

2. 通道关联变量

在设备编辑窗口选择“快速连接变量”按钮，进入“快速连接”对话框，选择“默认设备变量连接”，点击“确认”回到设备编辑窗口，自动生成变量名“设备 0_读写 VWUB049”，在设备编辑窗口点击“确认”，系统提示添加变量，选择“全部添加”，所建立的变量会自动添加到实时数据库。

3. 设置变量的报警属性

切换到实时数据库，打开变量“设备 0_ 读写 VWUB049”属性设置对话框，在报警属性页，选择“允许进行报警处理”，设置“上限报警”值为 30，报警注释为“温度太高了”，如图 3.10 所示。设置“下限报警”，值为 10，报警注释为“温度太低了”，如图 3.11 所示。设置完成点击“确认”。

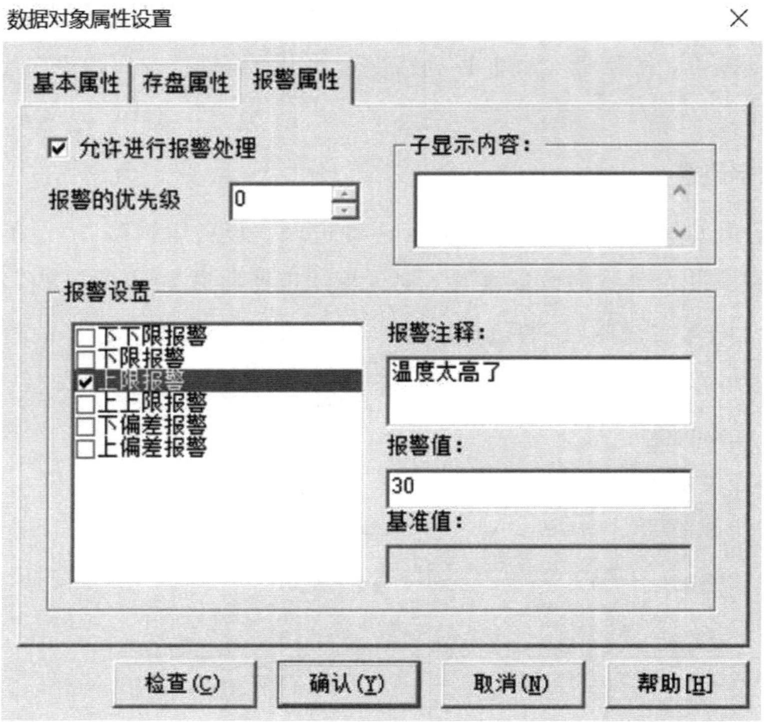

图 3.10　报警上限属性设置

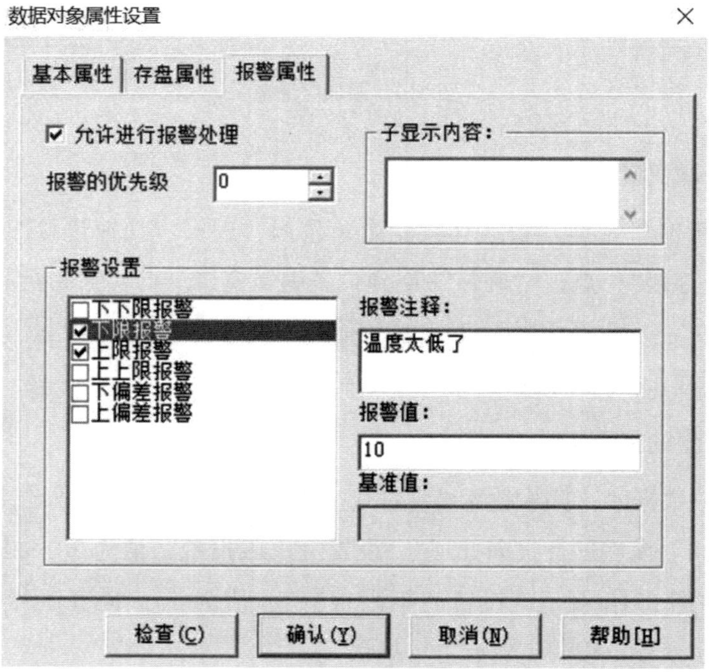

图 3.11　报警下限属性设置

4. 设置报警显示构件

在“窗口 0”添加一个“报警浏览”构件，进入“报警浏览构件属性设置”对话框。在基本属性页，显示模式选择“实时报警数据（R）”，点击选择变量“设备 0_读写 VWUB049”“确认”保存。（注：报警浏览构件不关联任何变量时，显示当前所有的实时报警信息）

5. 显示数据

添加一个“标签”，选择显示输出。在显示输出属性页，点击选择变量“设备 0_读写 VWUB049”，以数值量输出。再添加一个“标签”，在扩展属性页输入“显示当前温度”，设置标签填充颜色和字体颜色。

6. 查看效果

组态完成后，连接 PLC，下载运行查看效果：当 PLC 有报警产生时，报警信息显示，如图 3. 12 所示。

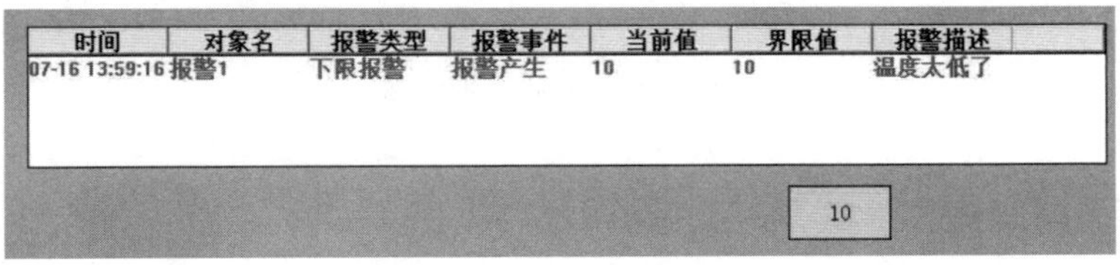

图 3. 12 字报警运行效果

3. 1. 4 多状态报警

重点：

掌握多状态报警操作。

第三个报警需求：PLC 中“V 寄存器”地址 200 输出的值不同时，提示不同的故障信息。

方案：用动画显示构件可以设置多个分段点的特点来实现，每个非 0 分段点代表一个故障信息。

1. 添加字通道

在设备窗口，双击西门子_ S7200PPI 驱动进入“设备编辑窗口”，单击“增加设备通道”按钮，弹出“添加设备通道”对话框，选择通道类型“V 寄存器”，数据类型“16 位无符号二进制”，通道地址为“200”，通道个数为“1”，读写方式选择“读写”，如图 3. 13 所示。设置完成后点击“确认”。

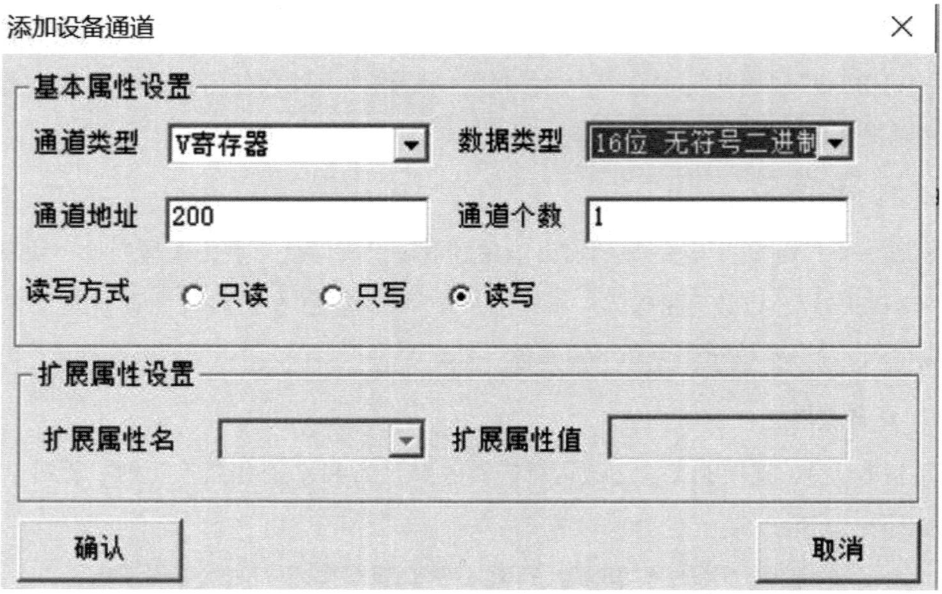

图 3. 13　添加 V 寄存器

2. 通道关联变量

在设备编辑窗口选择“快速连接变量”按钮，进入“快速连接”对话框，选择“默认设备变量连接”，点击“确认”回到设备编辑窗口，自动生成变量名“设备 0_读写 VWUB200”，在设备编辑窗口点击“确认”，系统提示添加变量，选择“全部添加”，所建立的变量会自动添加到实时数据库。

3. 动画构件设置

在“窗口 0”添加一个“动画显示”构件，进入“动画显示构件属性设置”对话框。在基本属性页，设置分段点“0，1，2，3，4”。清空每个分段点的图像列表，背景类型均设为“粗框按钮：按下”，文字设置按段点顺序依次为：“正常”“故障信息 1”“故障信息 2”“故障信息 3”“故障信息 4”，设置前景色、背景色、3D 效果，字体选择“宋体、加粗、小二”，如图 3. 14 所示。

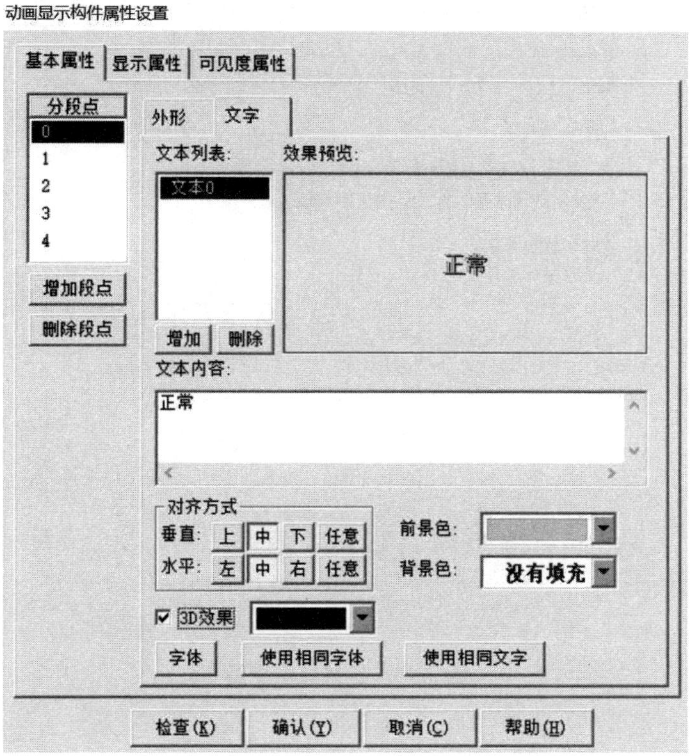

图 3.14　设置断点及属性

在显示属性页，显示变量选择“开关，数值型”，点击“?”选择变量“设备 0_读写 VWUB200”，动画显示的实现选择“根据显示变量的值切换显示各幅图像”，如图 3.15 所示，“确认”保存。

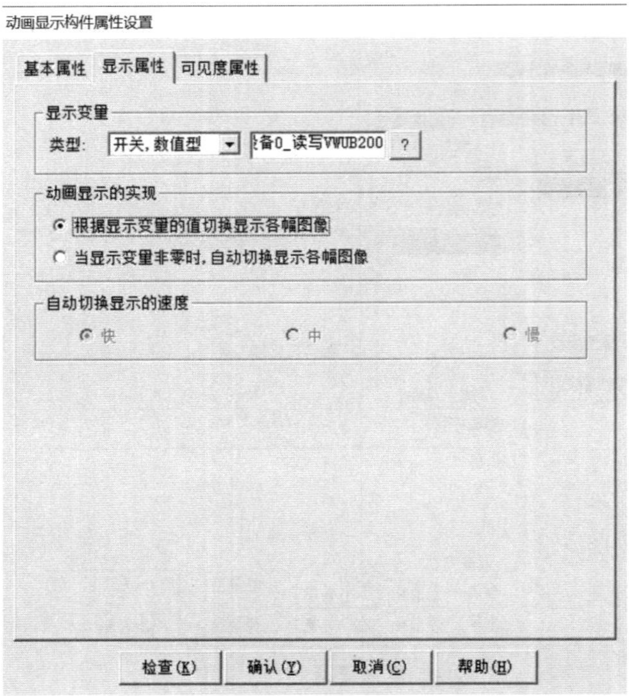

图 3.15　选择显示变量

4. 数据显示

添加一个“标签”，选择显示输出。在显示输出页，点击选择变量“设备 0_ 读写 VWUB200”，选择“数值量输出”。再添加一个“标签”到窗口，在扩展属性页输入“多状态报警”。

5. 查看效果

组态完成后，连接 PLC，当 PLC 对应的通道值发生变化时，动画显示构件显示不同信息，如图 3.16 所示。

图 3.16　运行结果

3.1.5 弹出窗口方式报警

重点：

掌握弹框报警操作。

第四个报警需求：当 M12.3 状态为 1 时，弹出一个小窗口提示“水满了”。

方案：用子窗口弹出来实现，运用报警策略来及时判断报警是否发生，并设置子窗口显示的大小和坐标。

1. 添加子窗口

在工作台界面切换到用户窗口，新建“窗口 1”。

2. 设置显示信息

打开“窗口 1”，选中工具箱中的“常用符号”，打开常用图符工具箱。添加“凸平面”，设置坐标为（0，0），大小为 310 * 140，填充色为“银色”，没有边线。然后添加一个“矩形”，设置坐标为（5，5），大小为 300 * 130。从对象元件库插入“标志 24”，再添加一个“标签”，文本内容为“水满了！”然后把这两个构件放到矩形上合适的位置，如图 3.17 所示。

图 3.17 选择显示变量

3. 设置窗口弹出效果

在工作台界面切换到运行策略窗口，点击“新建策略”按钮，在“选择策略的类型”对话框中选择“报警策略”，确定后回到运行策略窗口，双击新建的策略进入策略组态窗口，从工具条点击“新增策略行”，然后打开策略工具箱，选择“脚本程序”，如图 3.18 所示。双击进入“策略属性设置”对话框，设置策略名称为“注水状态显示策略”，点击选择变量“设备 0_ 读写 M012_ 3”，对应的报警状态选择“报警产生时，执行一次”，确认保存，如图 3.19 所示。双击此策略的脚本程序图标，进入脚本程序窗口，输入“！OpenSubWnd（窗口 1，450，300，310，140，

0）”，“确认”保存。

采用同样的方式新建“注水状态报警结束策略”，对应的报警状态选择“报警结束时，执行一次”，脚本程序为“！CloseSubWnd（窗口 1）”。

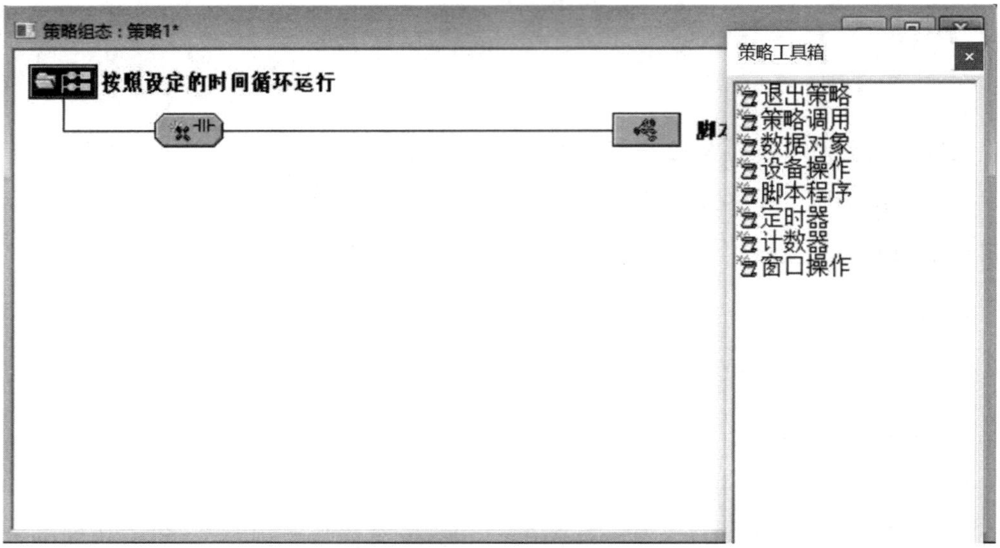

图 3.18　添加报警策略

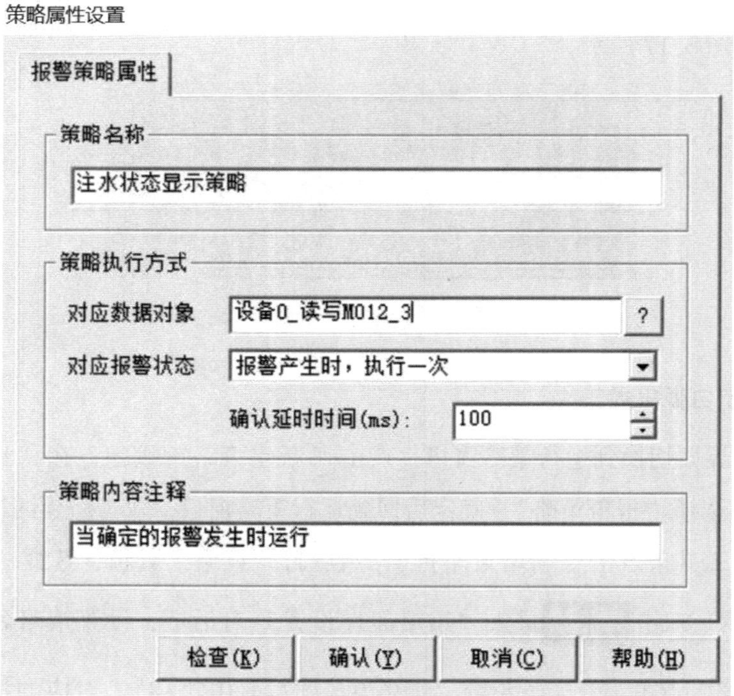

图 3.19　位报警策略属性

4. 查看效果

组态完成后，连接 PLC，当“M 寄存器”的地址 12.3 发生报警时，在窗口 0 就会弹出窗口显示报警信息。

注：如果工程启动时有报警产生，报警窗口不会弹出。

报警实例的功能完成，然后为“窗口 0”添加一个“标签”作为标题，文本内容为“报警”，背景色为“白色”。

3.1.6　多个报警信号处理

重点：

掌握组对象设置。

如果想显示多个报警怎么办？比如有过载、限位报警，一个报警条只能关联一个数据对象，那我们可以把这些数据对象打成一个包，作为一个整体处理。

1. 先设置一个限位报警变量，如图 3.20 所示。

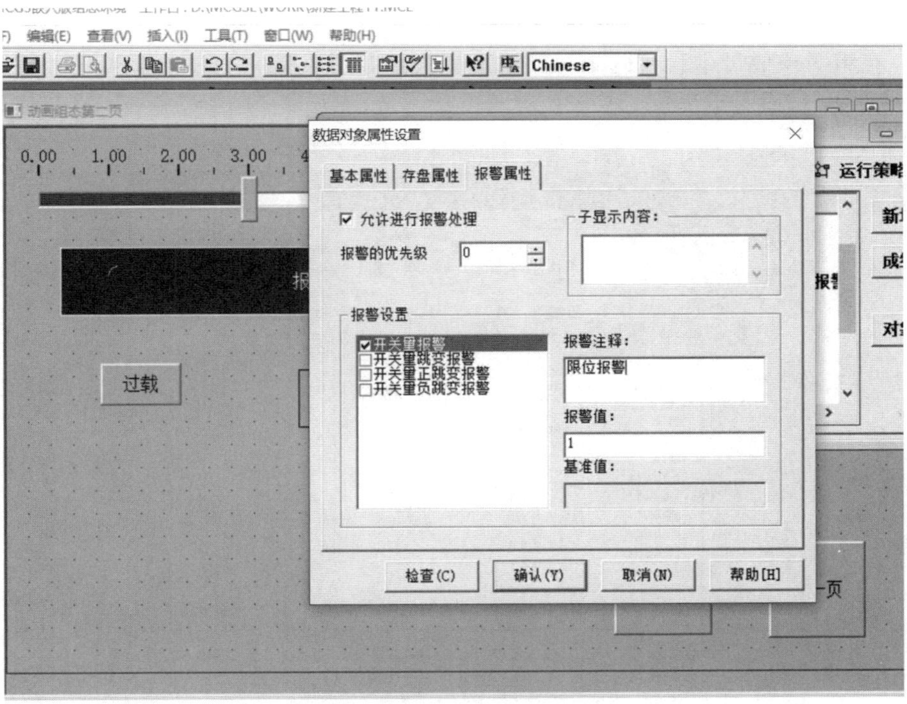

图 3.20　限位报警设置

2. 在实时数据库中，选择新增对象→属性中对象类型设为组对象，如图 3.21 所示。

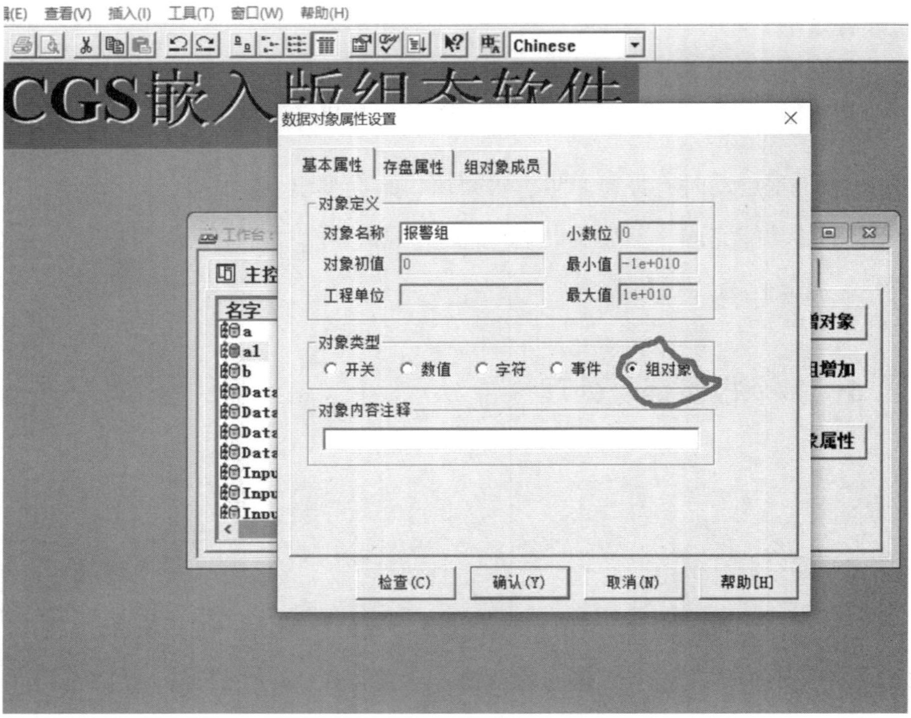

图 3.21　组对象设置

3. 在组对象成员中，将两个对象添加进去，如图 3.22 所示。

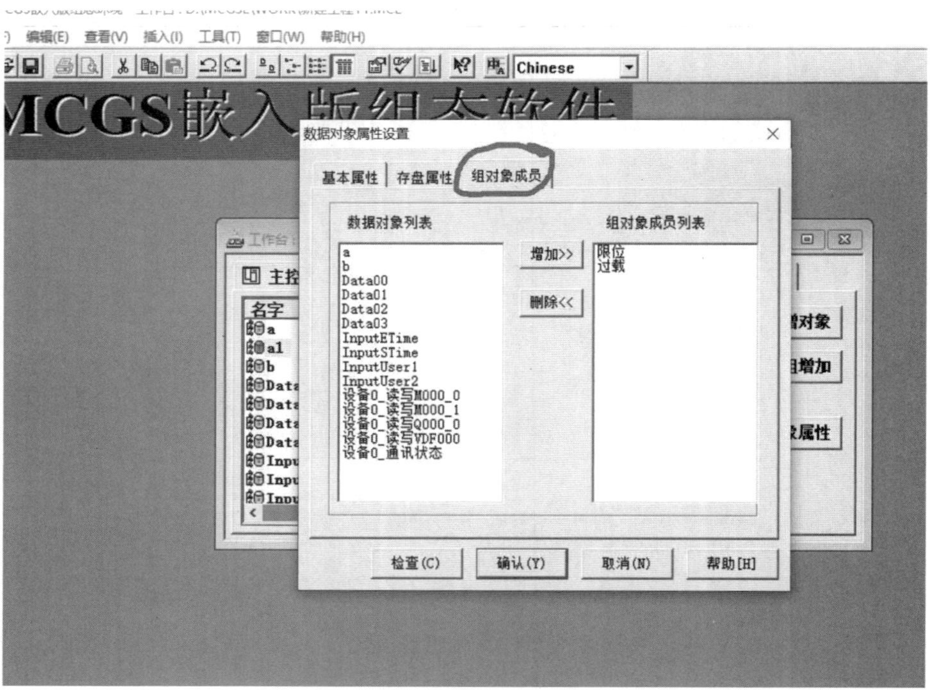

图 3.22　限位报警设置

4. 这时，报警条关联对象就应该是报警组这个变量了，如图 3. 23 所示。

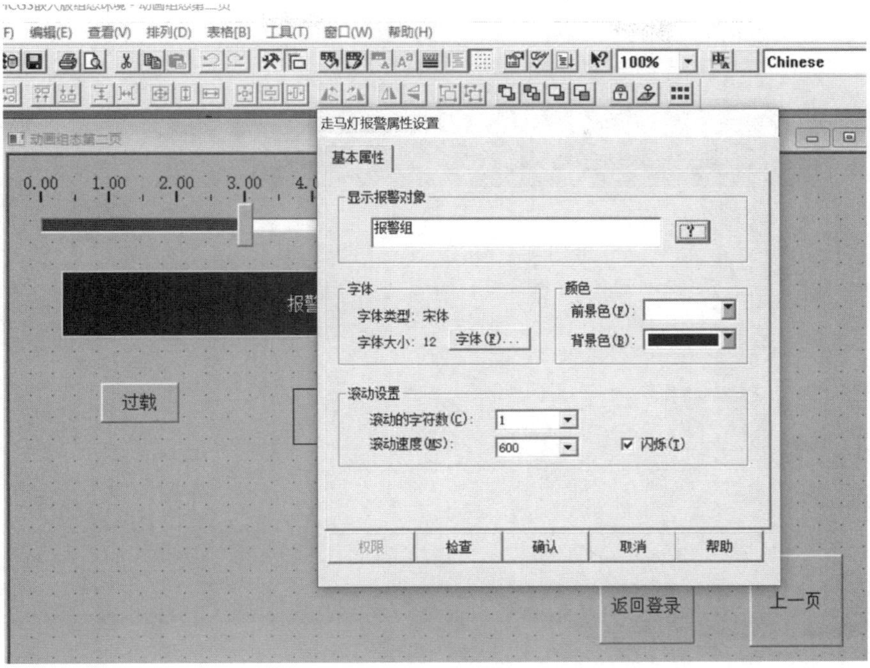

图 3. 23　报警条添加报警组对象

5. 添加一个限位按钮，下载运行。运行结果如图 3. 24、3. 25 所示。

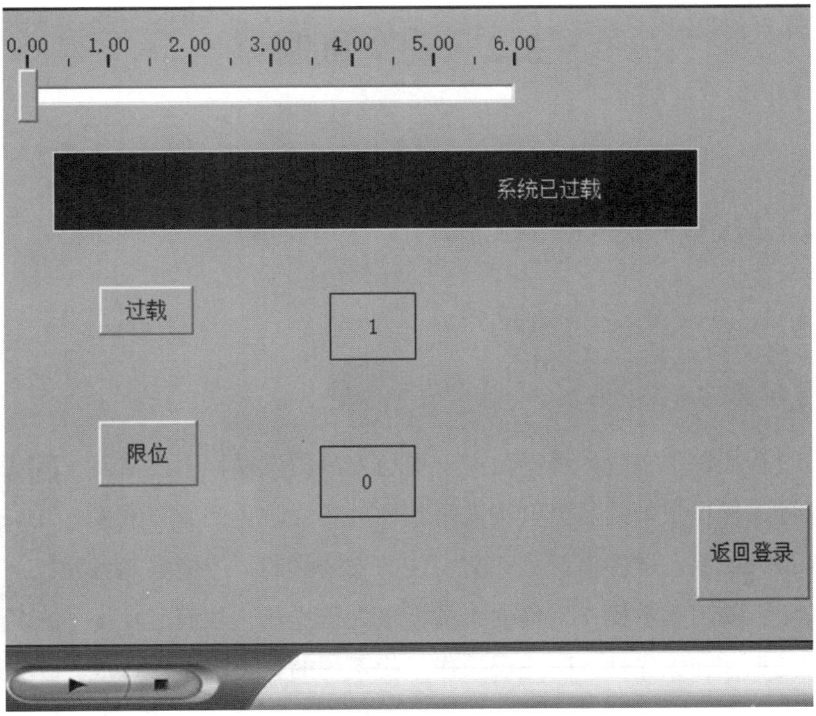

图 3. 24　过载报警

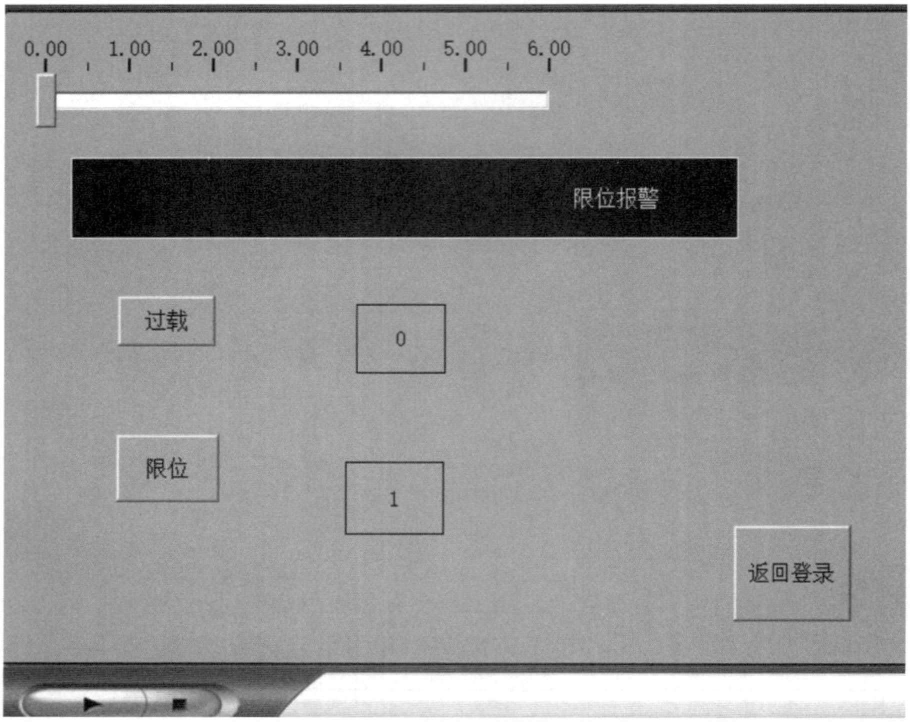

图 3.25　限位报警

3.2　安全机制

3.2.1　MCGS 嵌入版安全机制

重点：

了解 MCGS 安全机制。

在工业过程控制中，应尽量避免由于现场人员的误操作引发故障或事故，某些误操作带来的后果有可能是致命的。为防止此类事故发生，MCGS 嵌入版组态软件提供了一套完善的安全机制，严格限制各类操作的权限，使不具备操作资格的人员无法进行操作，从而避免了现场操作的随意性和无序性，防止误操作干扰系统的正常运行，造成不必要的损失。

教学视频和课件

MCGS 嵌入版组态软件的安全管理机制和 Windows NT 类似，引入用户组和用户的概念来进行权限的控制。在 MCGS 嵌入版中：

（1）可以定义无限多个用户组；

（2）每个用户组中可以包含无限多个用户；

（3）同一个用户可以隶属于多个用户组。

3.2.2 如何建立安全机制

重点：

掌握系统登录界面使用。

MCGS 嵌入版建立安全机制的要点是：严格规定操作权限，不同类别的操作由不同权限的人员负责，只有获得相应操作权限的人员，才能进行某些功能的操作。

一、系统登录设置

1. 系统登录界面，通过菜单栏→工具→用户权限管理路径中找到用户权限管理，如图 3.26 所示。

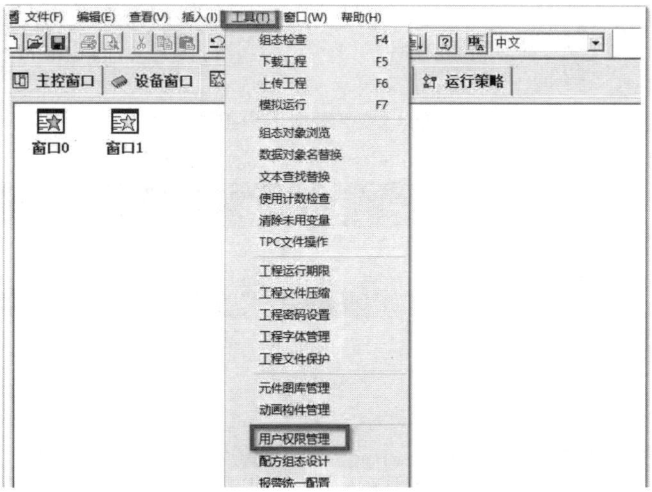

图 3.26 调用用户权限管理器

2. 这里分为用户名和用户组名，最开始用户名和用户组名只有负责人和管理员组，可以根据需要分别添加，我们采取先添加用户组名，后添加用户名（先添加用户和用户组均可），如图 3.27、3.28 所示。

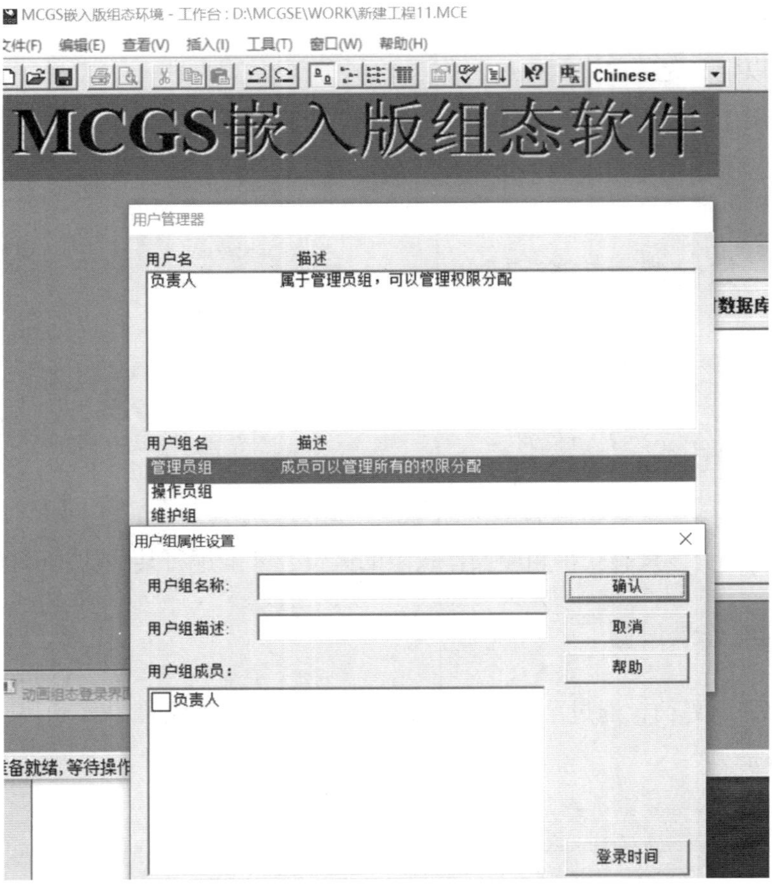

图 3.27 添加用户组

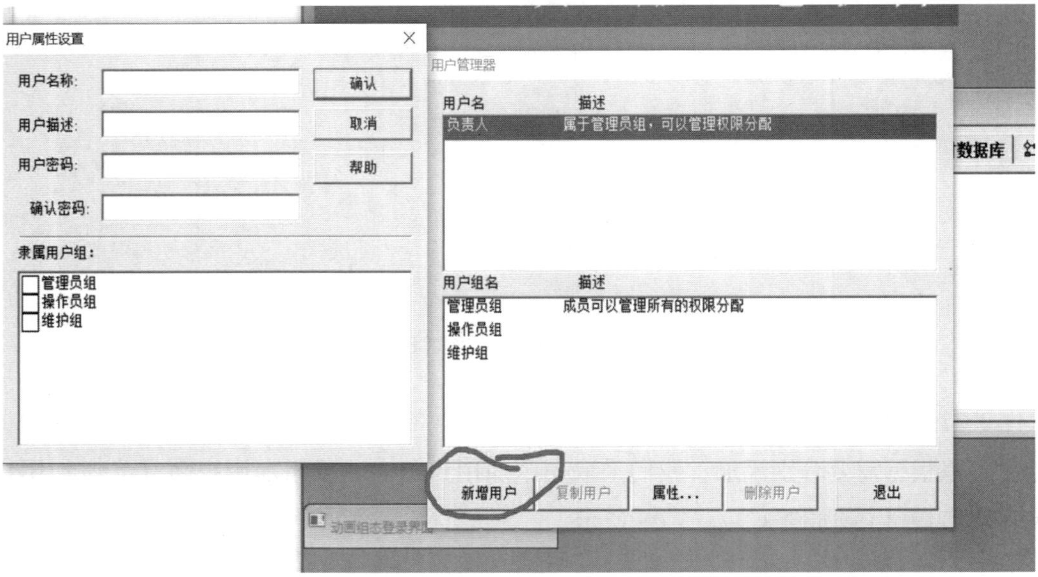

图 3.28 添加用户

3. 在新建用户时，就可以为用户分组、为其设定密码，如图 3.29 所示。

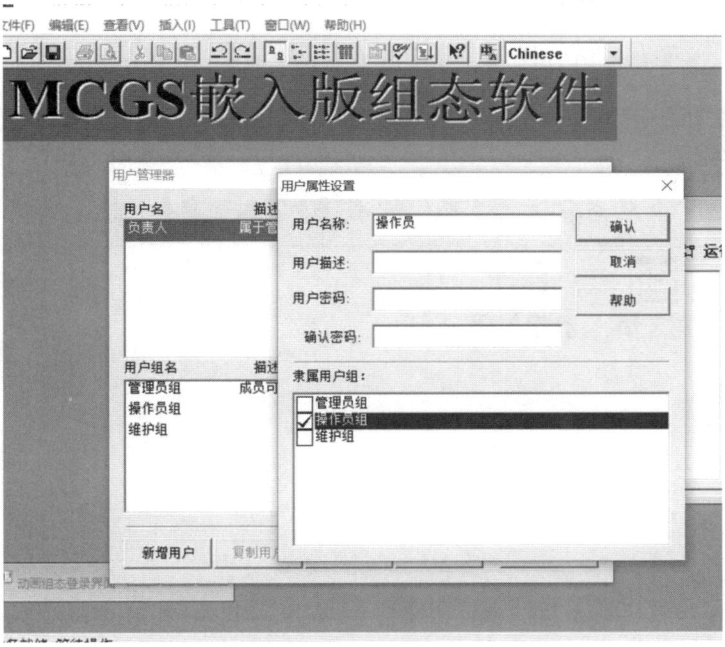

图 3.29 用户分组

这里要注意，负责人已分到管理组，但为使其权力最大，可以将其分到所有组中，如图 3.30 所示。

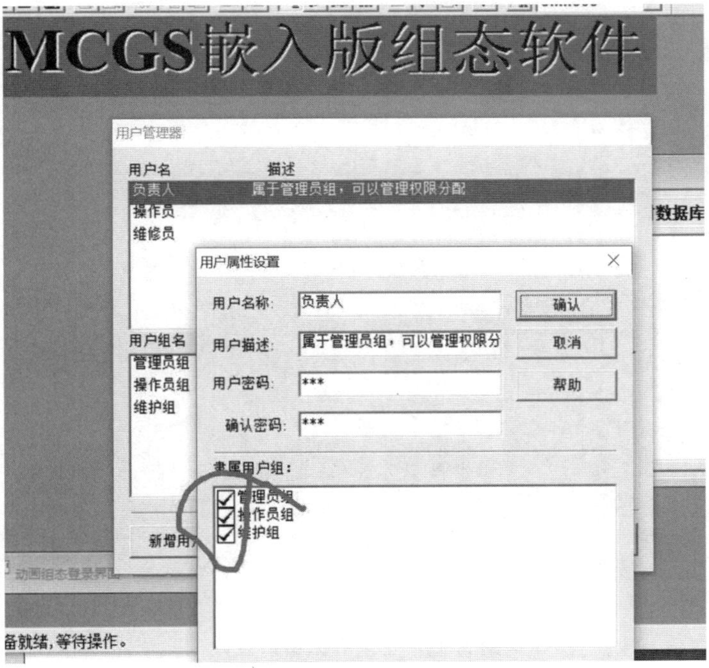

图 3.30 负责人进入所有组

二、用户窗口设置

1. 新建一个登录窗口（图 3. 31），单击右键，选择“设为启动窗口”。

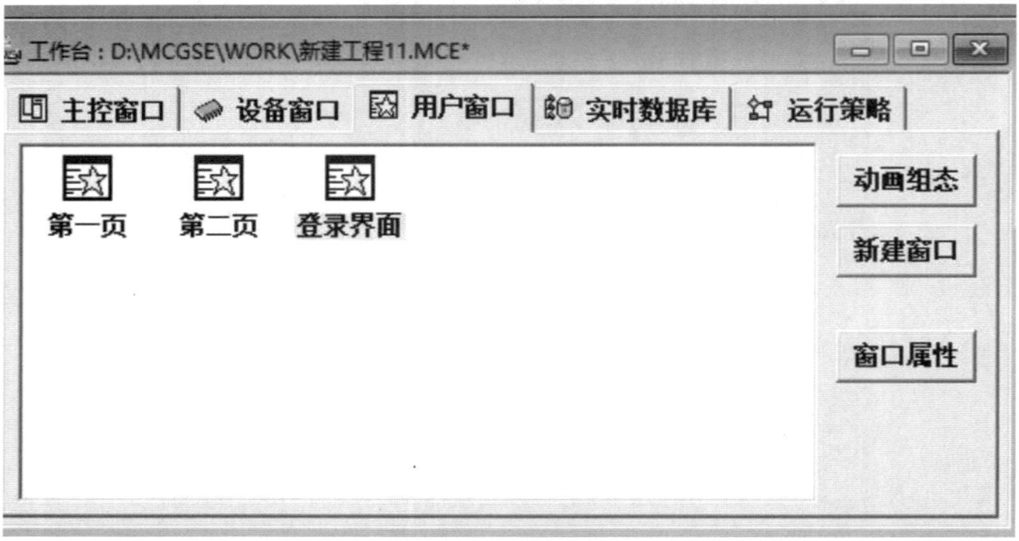

图 3. 31　新建登录界面窗口

2. 双击启动窗口，进入窗口分别画 6 个按钮和一个标签，如图 3. 32 所示。

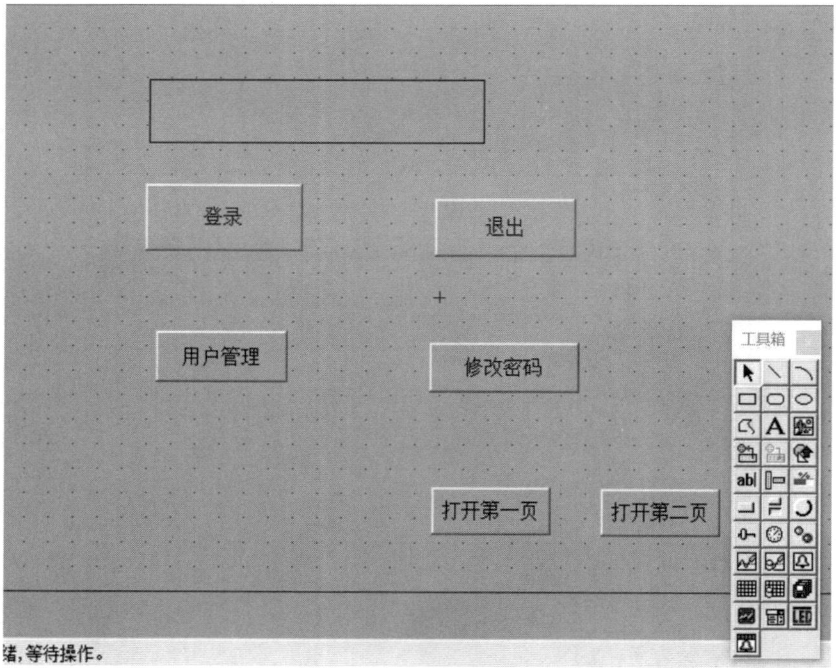

图 3. 32　登录界面窗口设计

3. 双击“登录”按钮，进入属性设置。这里系统自带用户管理功能，它也配备了相应的脚本。我们选择脚本程序中“按下脚本”选项，打开脚本程序编辑器进入脚本程序编辑界面，如图 3.33 所示。

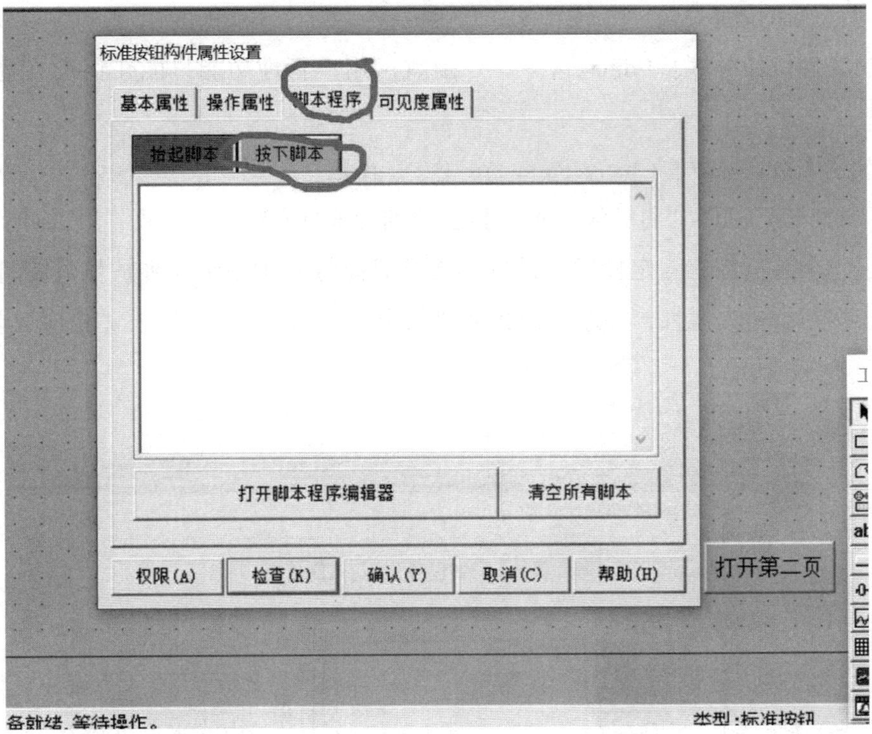

图 3.33 登录按钮脚本程序选择

4. 为了让这个按钮有相应功能，需要双击按钮属性，选中脚本程序。按钮按下时有一定响应，所以选择“按下脚本”，打开脚本程序编辑器，如图 3.34 所示。

图 3.34 登录按钮脚本界面

在右侧设置中，找到系统函数→用户登录操作→！LogOn（ ）函数，双击。编写完脚本后点击确定。这个函数是打开登录的操作。

同理，退出按钮关联！LogOff（ ）函数；

用户管理按钮关联！Editusers（ ）函数（用户管理功能只能在负责人登录时使用）；

修改密码按钮关联！ChangePassword（ ）函数。

5. “打开第一页”“打开第二页”按钮分别设置打开窗口第一页、第二页。

为了每个人员都有一定权限，设置操作员只能打开第一页，维护员只能打开第二页，双击按钮，进入属性，在左下角找到“权限”，点击进入，勾选“相应权限”，如图 3.35、3.36 所示。

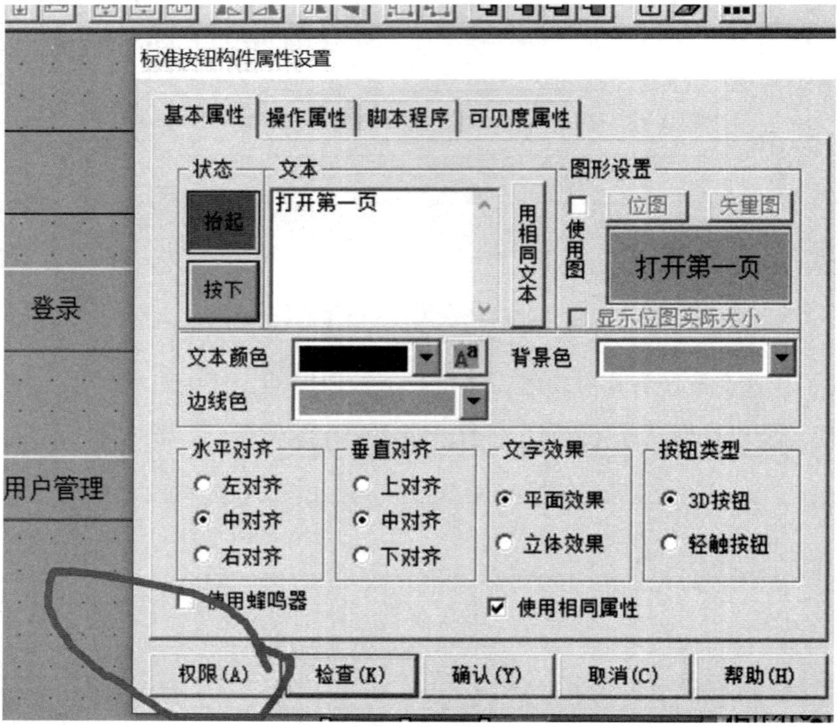

图 3.35　进入按钮权限

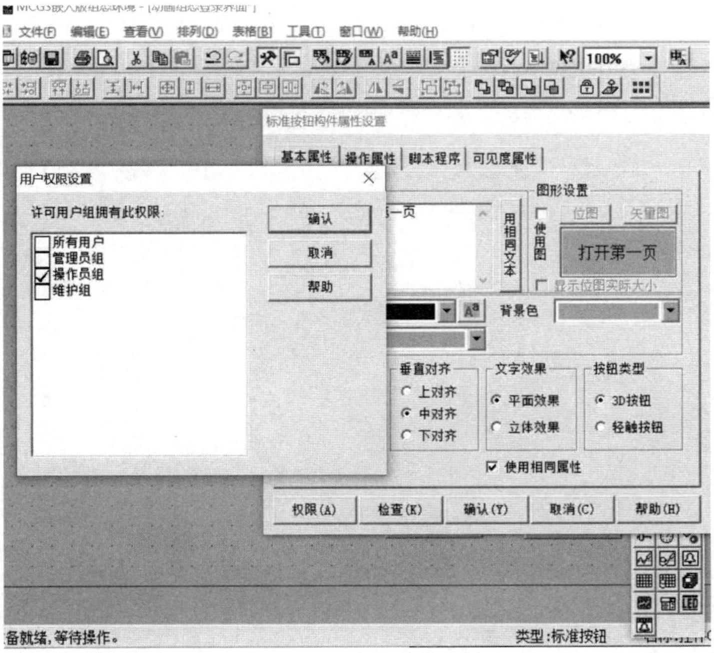

图 3.36　用户权限设置

6. 对于标签，为了显示当前操作的人员是哪一个，所以选择“显示输出”功能。系统也自动配置了用户对象，在对象中找到用户变量 $ UserName，因为操作员这一类字样都是字符串，所以输出值类型勾选字符串输出，如图 3.37 所示。

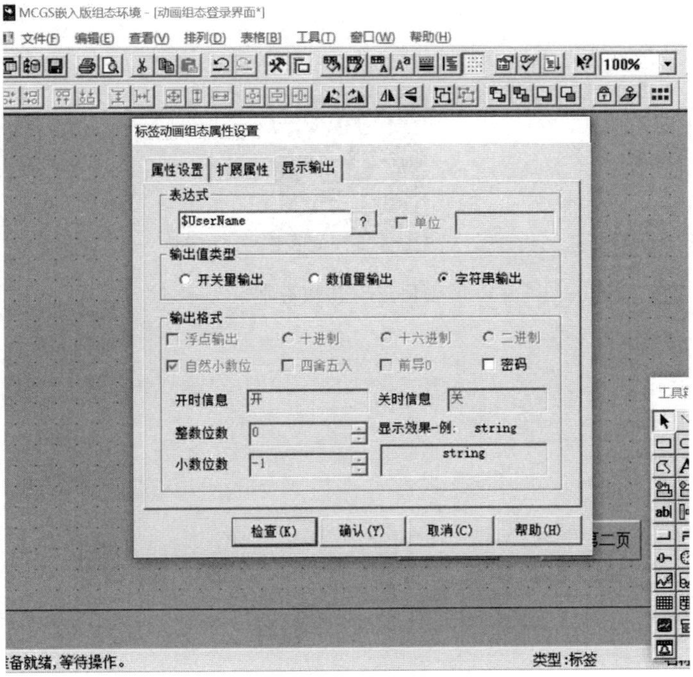

图 3.37　登录标签设置

7. 登录运行。负责人登录，登录标签显示为负责人，如图 3.38 所示。

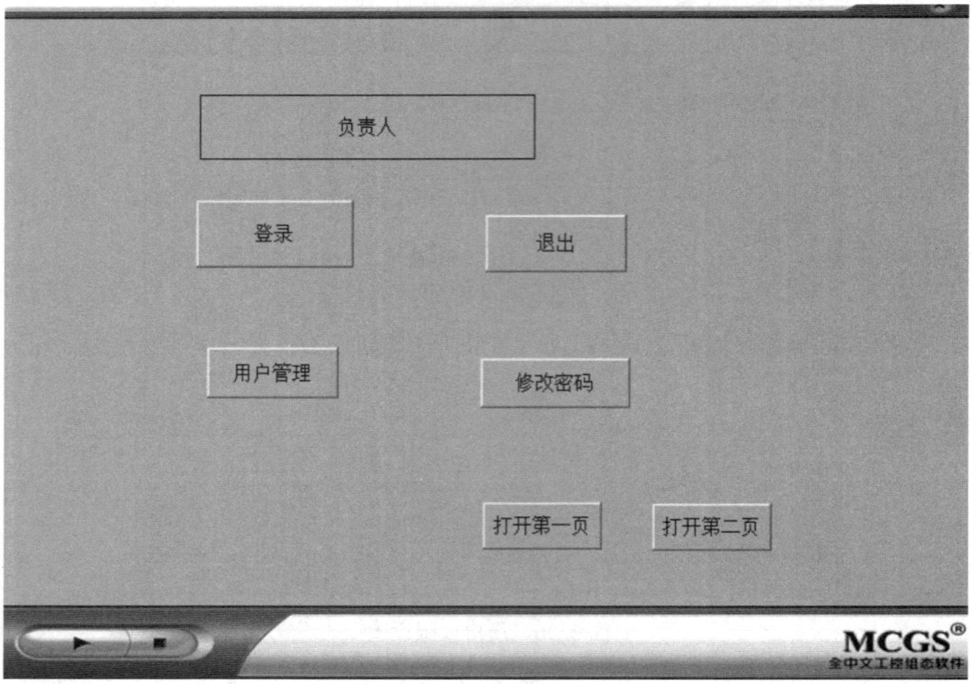

图 3.38　登录运行

项目三习题和答案

提高篇

项目四　水位控制系统

4.1　工程简介

重点：

介绍水位控制系统基本情况。

本项目通过介绍一个水位控制系统的组态过程，详细讲解如何应用 MCGS 嵌入版组态软件完成一个工程。本样例工程中涉及动画制作、控制流程的编写、模拟设备的连接、报警输出、报表曲线显示等多项组态操作。

在组态工程开始之前，先对该工程进行剖析，以便从整体上把握工程的结构、流程、需实现的功能及如何实现这些功能。

一、工程框架

2 个用户窗口：水位控制、数据显示；

5 个策略：启动策略、退出策略、循环策略、报警数据、历史数据。

二、数据对象

水泵、调节阀、出水阀、液位 1、液位 2、液位 1 上限、液位 1 下限、液位 2 上限、液位 2 下限、液位组。

三、图形制作

1. 水位控制窗口

（1）水泵、调节阀、出水阀、水罐、报警指示灯：由对象元件库引入；

（2）管道：通过流动块构件实现；

（3）水罐水量控制：通过滑动输入器实现；

（4）水量的显示：通过旋转仪表、标签构件实现；

（5）报警实时显示：通过报警显示构件实现；

（6）动态修改报警限值：通过输入框构件实现。

2. 数据显示窗口

（1）实时数据：通过自由表格构件实现；

（2）历史数据：通过历史表格构件实现；

（3）实时曲线：通过实时曲线构件实现；

（4）历史曲线：通过历史曲线构件实现。

3. 流程控制

通过循环策略中的脚本程序策略块实现。

4. 安全机制

通过用户权限管理、工程安全管理、脚本程序实现。

4.2 工程绘制

4.2.1 工程建立

重点：

回顾工程建立方式。

（1）鼠标单击文件菜单中“新建工程”选项，如果 MCGS 嵌入版安装在 D 盘根目录下，则会在 D：\\ MCGSE \\ WORK \\ 下自动生成新建工程，默认的工程名为“新建工程 X. MCE”（X 表示新建工程的顺序号，如：0、1、2 等）。

教学视频和课件

（2）选择文件菜单中的“工程另存为”菜单项，弹出文件保存窗口。

（3）在文件名一栏内输入“水位控制系统”，点击“保存”按钮，工程创建完毕。

4.2.2 制作工程画面

重点：

掌握元件库的应用。

一、建立用户窗口

1. 在“用户窗口”中单击“新建窗口”按钮，建立“窗口 0”。

2. 选中“窗口 0”，单击“窗口属性”，进入“用户窗口属性设置”。

3. 将窗口名称改为：水位控制；窗口标题改为：水位控制；其他不变，单击“确认”。

4. 在“用户窗口”中，选中“水位控制”，点击右键，选择下拉菜单中的“设置为启动窗口”选项，将该窗口设置为运行时自动加载的窗口，如图 4.1 所示。

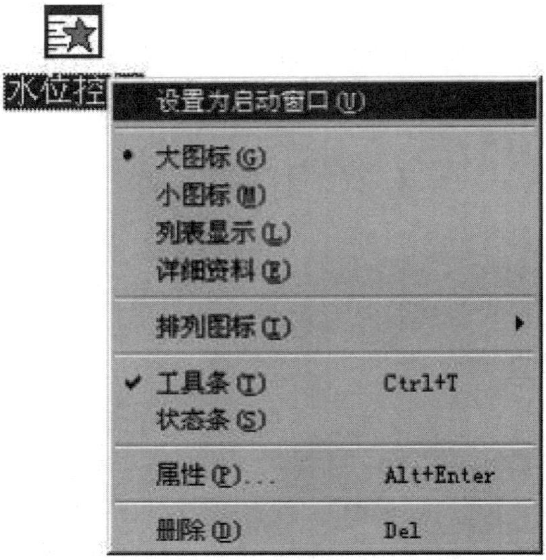

图 4.1 用户窗口建立

二、编辑画面

选中“水位控制”窗口图标，单击“动画组态”，进入动画组态窗口，开始编辑画面。

1. 制作文字框图

(1) 单击工具条中的“工具箱”按钮，打开绘图工具箱。

(2) 选择“工具箱”内的“标签”按钮，鼠标的光标呈“十字”形，在窗口顶端中心位置拖拽鼠标，根据需要拉出一个一定大小的矩形。

(3) 在光标闪烁位置输入文字“水位控制系统演示工程”，按回车键或在窗口任意位置用鼠标点击一下，文字输入完毕。

(4) 选中文字框，作如下设置：

①点击（填充色）按钮，设定文字框的背景颜色为：没有填充；

②点击（线色）按钮，设置文字框的边线颜色为：没有边线；

③点击（字符字体）按钮，设置文字字体为：宋体，字型为：粗体，大小为：26；

④点击（字符颜色）按钮，将文字颜色设为：蓝色。

2. 制作水箱

（1）单击绘图工具箱中的插入元件图标，弹出对象元件管理对话框，如图 4.2 所示。

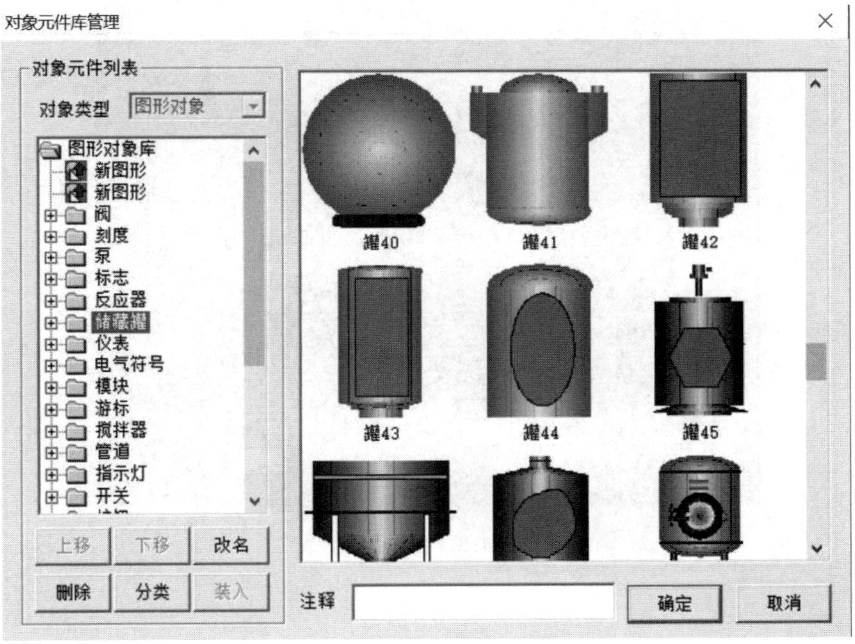

图 4.2 插入元件

（2）从“储藏罐”类中选取罐 14、罐 20。

（3）从“阀”和“泵”类中分别选取 2 个阀（阀 6、阀 33）、1 个泵（泵 12）。

（4）将储藏罐、阀、泵调整为适当大小，放到适当位置，参照效果图。

（5）选中工具箱内的流动块动画构件图标，鼠标的光标呈“十”字形，移动鼠标至窗口的预定位置，点击一下鼠标左键，移动鼠标，在鼠标光标后形成一道虚线，拖动一定距离后，点击鼠标左键，生成一段流动块。再拖动鼠标（可沿原来方向，也可垂直于原来方向），生成下一段流动块。

（6）当用户想结束绘制时，双击鼠标左键即可。

（7）当用户想修改流动块时，选中流动块（流动块周围出现选中标志：白色小方块)，鼠标指针指向小方块，按住左键不放，拖动鼠标，即可调整流动块的形状。

（8）使用工具箱中的A图标，分别对阀，罐进行文字注释。依次为：水泵、水罐1、调节阀、水罐2、出水阀。

（9）选择“文件”菜单中的“保存窗口”选项，保存画面。

3. 整体画面

最后生成的画面如图4.3所示。

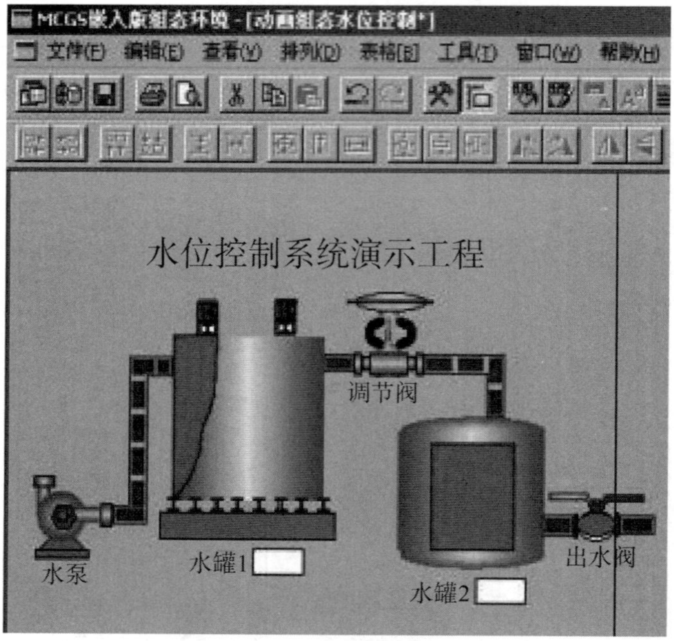

图4.3　生成画面

4.3　定义数据对象

重点：

掌握不同对象类型定义。

实时数据库是MCGS嵌入版工程的数据交换和数据处理中心。数据对象是构成实时数据库的基本单元，建立实时数据库的过程也就是定义数据对象的过程。

一、定义数据对象的内容

1. 指定数据变量的名称、类型、初始值和数值范围。

2. 确定与数据变量存盘相关的参数，如存盘的周期、存盘的时间范围和保存期限等。

在开始定义之前，先对所有数据对象进行分析。在本样例工程中需要用到表 4.1 所列的数据对象。

表 4.1 数据对象表

对象名称	类型	注释
水泵	开关型	控制水泵“启动”“停止”的变量
调节阀	开关型	控制调节阀“打开”“关闭”的变量
出水阀	开关型	控制出水阀“打开”“关闭”的变量
液位 1	数值型	水罐 1 的水位高度，用来控制 1#水罐水位的变化
液位 2	数值型	水罐 2 的水位高度，用来控制 2#水罐水位的变化
液位 1 上限	数值型	用来在运行环境下设定水罐 1 的上限报警值
液位 1 下限	数值型	用来在运行环境下设定水罐 1 的下限报警值
液位 2 上限	数值型	用来在运行环境下设定水罐 2 的上限报警值
液位 2 下限	数值型	用来在运行环境下设定水罐 2 的下限报警值
液位组	组对象	用于历史数据、历史曲线、报表输出等功能构件

二、定义数据对象的步骤

下面以数据对象“水泵”为例，介绍定义数据对象的步骤。

1. 单击工作台中的“实时数据库”窗口标签，进入实时数据库窗口页。

2. 单击“新增对象”按钮，在窗口的数据对象列表中，增加新的数据对象，系统缺省定义的名称为“Data1”“Data2”“Data3”等（多次点击该按钮，则可增加多个数据对象）。

3. 选中对象，单击“对象属性”按钮，或双击选中对象，则打开“数据对象属性设置”窗口。

4. 将对象名称改为：水泵；对象类型选择：开关型；在对象内容注释输入框内输入：“控制水泵启动、停止的变量”，单击“确认”。

按照此步骤，根据表 4.1，设置其他 9 个数据对象。

三、定义组对象的步骤

定义组对象与定义其他数据对象略有不同，需要对组对象成员进行选择。具体步骤如下：

1. 在数据对象列表中，双击“液位组”，打开“数据对象属性设置”窗口。

2. 选择“组对象成员”标签，在左边数据对象列表中选择“液位 1”，点击“增加”按钮，数据对象“液位 1”被添加到右边的“组对象成员列表”中。按照同样的方法将“液位 2”添加到组对象成员中。

3. 单击“存盘属性”标签，在“数据对象值的存盘”选择框中，选择：定时存盘，并将存盘周期设为：5 秒。

4. 单击“确认”，组对象设置完毕。

4.4 动画连接

重点：

掌握动画连接设置。

由图形对象搭制而成的图形画面是静止不动的，需要对这些图形对象进行动画设计，真实地描述外界对象的状态变化，达到过程实时监控的目的。MCGS 嵌入版实现图形动画设计的主要方法是将用户窗口中图形对象与实时数据库中的数据对象建立相关性连接，并设置相应的动画属性。在系统运行过程中，图形对象的外观和状态特征，由数据对象的实时采集值驱动，从而实现了图形的动画效果。

本样例中需要制作动画效果的部分包括：

（1）水箱中水位的升降；

（2）水泵、阀门的启停；

（3）水流效果；

（4）水位升降效果。

下面通过设置分别实现。

一、水位升降效果

水位升降效果是通过设置数据对象“大小变化”连接类型实现的。具体设置步骤如下：

1. 在用户窗口中，双击“水罐 1”，弹出“单元属性设置”窗口。

2. 单击“动画连接”标签，如图 4.4 所示。

图 4.4　动画连接设置

3. 选中“折线”，在右端出现。

4. 单击进入“动画组态属性设置”窗口。如图 4.5 所示，按照下面的要求设置各个参数；

（1）表达式：液位 1；

（2）最大变化百分比对应的表达式的值：10；

（3）其他参数不变。

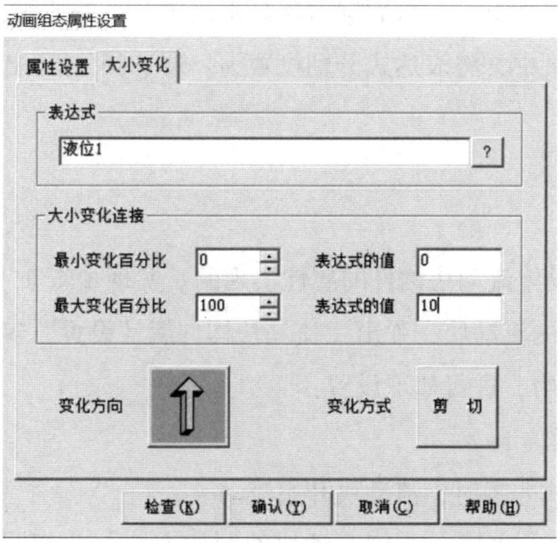

图 4.5　动画组态属性设置

5. 单击“确认”，水罐 1 水位升降效果制作完毕。

水罐 2 水位升降效果的制作同理。单击进入动画组态属性设置窗口后，按照下面的值进行参数设置。

（1）表达式：液位 2；

（2）最大变化百分比对应的表达式的值：6；

（3）其他参数不变。

二、水泵、阀门的启停

水泵、阀门的启停动画效果是通过设置数据对象“按钮动作”连接类型实现的。设置步骤如下：

1. 双击水泵，弹出“单元属性设置”窗口。

2. 选择“动画连接”标签。

3. 选中矩形，出现。

4. 单击进入动画组态属性设置窗口。

5. 在按钮对应的功能域中，选择数据对象值操作，操作方式为：取反，数据对象为：水泵。

6. 单击“可见度”标签，将表达式设置为：水泵 = 1。当表达式非零时，对应的图符可见。

7. 单击“确认”，水泵的启停效果设置完毕。

阀门的启停效果同理。只需做如下设置即可：

（1）在按钮动作属性页中，将数据对象分别设置为：调节阀、出水阀；

（2）可见度属性页中，将表达式分别设置为：调节阀 = 1、出水阀 = 1；

（3）其他不变。

三、水流效果

水流效果是通过设置流动块构件的属性实现的。实现步骤如下：

1. 双击水泵右侧的流动块，弹出“流动块构件属性设置”窗口。

2. 在流动属性页中，进行如下设置：

（1）表达式：水泵 = 1；

（2）选择当表达式非零时，流动块开始流动。

水罐 1 右侧流动块及水罐 2 右侧流动块的制作方法与此相同，只需将表达式相应改为：调节阀 = 1，出水阀 = 1 即可。

至此动画连接已完成，按 F5 或点击工具条中画图标，进入运行环境，看一下组态后的结果。这时我们看见的画面仍是静止的。移动鼠标到“水泵”“调节阀”“出水阀”上面的红色部分，鼠标指针会呈手形。单击一下，红色部分变为绿色，同时流动块相应地运动起来，但水罐仍没有变化。这是由于我们没有信号输入，也没有人为地改变水量。我们可以用如下方法改变其值，使水罐动起来。

四、利用滑动输入器控制水位

以水罐 1 的水位控制为例。

1. 进入“水位控制”窗口。

2. 选中“工具箱”中的“滑动输入器”图标，当鼠标呈“十”后，拖动鼠标到适当大小。

3. 调整滑动块到适当的位置。

4. 双击滑动输入器构件，进入属性设置窗口。按照下面的值设置各个参数。

（1）“基本属性”页中，滑块指向：指向左（上）；

（2）“刻度与标注属性”页中，主划线数目：5，即能被 10 整除；

（3）“操作属性”页中，对应数据对象名称：液位 1，滑块在最右（下）边时对应的值：10，其他不变。

5. 在制作好的滑块下面适当的位置，制作一文字标签，按下面的要求进行设置。

（1）输入文字：水罐 1 输入；

（2）文字颜色：黑色；

（3）框图填充颜色：没有填充；

（4）框图边线颜色：没有边线。

6. 按照上述方法设置水罐 2 水位控制滑块，参数设置为：

（1）“基本属性”页中，滑块指向：指向左（上）；

（2）“操作属性”页中，对应数据对象名称：液位 2；滑块在最右（下）边时对应的值：6，其他不变。

7. 将水罐 2 水位控制滑块对应的文字标签设置为：

（1）输入文字：水罐 2 输入；

（2）文字颜色：黑色；

（3）框图填充颜色：没有填充；

（4）框图边线颜色：没有边线。

8. 点击工具箱中的常用图符按钮，打开常用图符工具箱。

9. 选择其中的凹槽平面按钮，拖动鼠标绘制一个凹槽平面，恰好将两个滑动

块及标签全部覆盖。

10. 选中该平面，点击编辑条中“置于最后面”按钮，最终效果如图 4.6 所示。

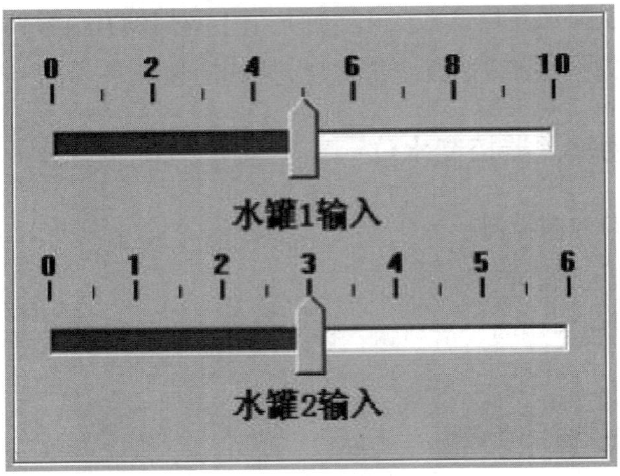

图 4.6　滑动输入器设置

此时按“F5”，进入运行环境后，可以通过拉动滑动输入器而使水罐中的液面动起来。

五、利用旋转仪表控制水位

在工业现场一般都会大量地使用仪表进行数据显示。MCGS 嵌入版组态软件满足这一要求，提供了旋转仪表构件。用户可以利用此构件在动画界面中模拟现场的仪表运行状态。具体制作步骤如下：

1. 选取“工具箱”中的“旋转仪表” 图标，调整大小，放在水罐 1 下面适当位置。

2. 双击该构件进行属性设置。各参数设置如下：

(1)“刻度与标注属性”页中，主划线数目：5；

(2)“操作属性”页中，表达式：液位 1，最大逆时钟角度：90，对应的值：0；

(3) 最大顺时钟角度：90，对应的值：10。其他不变。

3. 按照此方法设置水罐 2 数据显示对应的旋转仪表。参数设置如下：

(1)“操作属性”页中，表达式：液位 2，最大逆时钟角度：90，对应的值：0；

(2) 最大顺时钟角度：90，对应的值：6。其他不变。

进入运行环境后，可以通过拉动旋转仪表的指针使整个画面动起来。

六、水量显示

为了能够准确地了解水罐 1、水罐 2 的水量，我们可以通过设置标签的“显示输出”属性显示其值，具体操作如下：

1. 单击“工具箱”中的“标签”图标，绘制两个标签，调整大小和位置，将其并列放在水罐 1 下面。

（1）第一个标签用于标注，显示文字为：水罐 1；

（2）第二个标签用于显示水罐水量。

2. 双击第一个标签进行属性设置，参数设置如下：

（1）输入文字：水罐 1；

（2）文字颜色：黑色；

（3）框图填充颜色：没有填充；

（4）框图边线颜色：没有边线。

3. 双击第二个标签，进入动画组态属性设置窗口。

（1）填充颜色设置为：白色；

（2）边线颜色设置为：黑色。

4. 在输入输出连接域中，选中“显示输出”选项，如图 4.7 所示，在组态属性设置窗口中则会出现“显示输出”标签。

图 4.7 显示输出设置

5. 单击“显示输出”标签，设置显示输出属性。参数设置如下：

（1）表达式：液位 1；

（2）输出值类型：数值量输出；

（3）输出格式：向中对齐；

（4）整数位数：0；

（5）小数位数：1。

6. 单击“确认”，水罐 1 水量显示标签制作完毕。

水罐 2 水量显示标签与此相同，需做的改动如下。

（1）第一个用于标注的标签，显示文字为：水罐 2；

（2）第二个用于显示水罐水量的标签，表达式改为：液位 2。

4.5 设备连接

重点：

掌握模拟设备设置。

MCGS 嵌入版组态软件提供了大量的工控领域常用的设备驱动程序。在本样例中，仅以模拟设备为例，简单地介绍 MCGS 嵌入版组态软件的设备连接，使用户对该部分有一个概念性的了解。本书将在后面对设备构件进行详细介绍。

模拟设备是供用户调试工程的虚拟的设备。该构件可以产生标准的正弦波、方波、三角波、锯齿波信号，其幅值和周期都可以任意设置。

通过模拟设备的连接，可以使动画不需要手动操作，就可以自动运行起来。

一、模拟设备装载步骤

通常情况下，在启动 MCGS 嵌入版组态软件时，模拟设备都会自动装载到设备工具箱中。如果未被装载，就可按照以下步骤将其选入。

1. 在“设备窗口”中双击“设备窗口”图标进入。

2. 点击工具条中的“工具箱” 图标，打开“设备工具箱”。

3. 单击“设备工具箱”中的“设备管理”按钮，弹出如图 4.8 所示窗口。

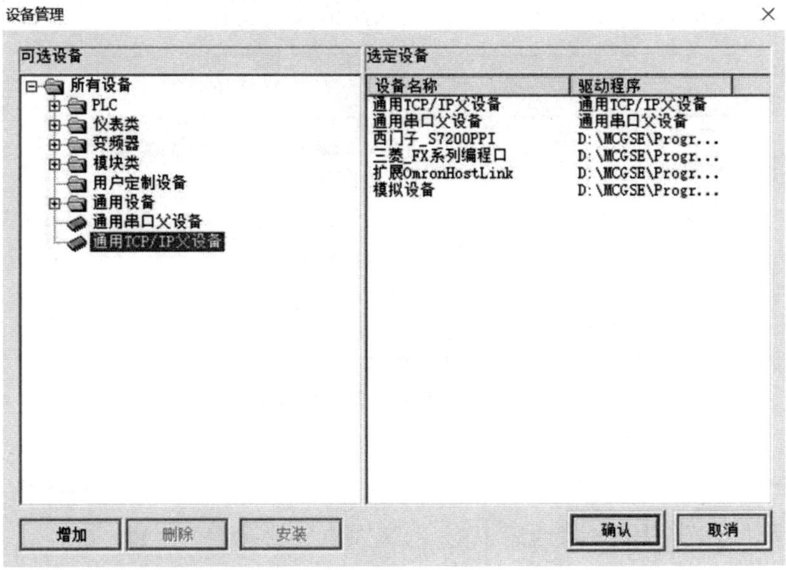

图 4.8 设备管理窗口

4. 在可选设备列表中，双击“通用设备”。

5. 双击“模拟数据设备”，在下方出现模拟设备图标。

6. 双击模拟设备图标，即可将“模拟设备”添加到右侧选定设备列表中。

7. 选中选定设备列表中的“模拟设备”，单击“确认”，“模拟设备”即被添加到“设备工具箱”中。

二、模拟设备的添加及属性设置

1. 双击“设备工具箱”中的“模拟设备”，模拟设备被添加到设备组态窗口中，如图 4.9 所示。

图 4.9 模拟设备窗口

2. 双击“设备 0-［模拟设备］”，进入模拟设备属性设置窗口，如图 4.10 所示。

设备属性名	设备属性值
[内部属性]	设置设备内部属性 ...
采集优化	1-优化
设备名称	设备1
设备注释	模拟设备
初始工作状态	1 - 启动
最小采集周期(ms)	100

图 4.10　模拟设备属性设置

3. 点击基本属性页中的“内部属性”选项，该项右侧会出现...图标，单击此按钮进入“内部属性”设置。将通道 1、2 的最大值分别设置为：10、6。

4. 单击“确认”，完成“内部属性”设置。

5. 点击通道连接标签，进入通道连接设置。

（1）选中通道 0 对应数据对象输入框，输入“液位 1”；

（2）选中通道 1 对应数据对象输入框，输入“液位 2”，如图 4.11 所示。

图 4.11　通道连接设置

6. 进入“启动设备调试”属性页，即可看到通道值中数据在变化。

7. 按“确认”按钮，完成设备属性设置。

4.6 编写控制流程

重点：

掌握运行策略设置。

用户脚本程序是由用户编制的、用来完成特定操作和处理的程序，脚本程序的编程语法非常类似于普通的 Basic 语言，但在概念和使用上更简单直观，力求做到使大多数普通用户都能正确、快速地掌握和使用。

教学视频和课件

对于大多数简单的应用系统，MCGS 嵌入版的简单组态就可完成。只有比较复杂的系统，才需要使用脚本程序。正确地编写脚本程序，可简化组态过程，大大提高工作效率，优化控制过程。

下面先对控制流程进行分析。

1. 当“水罐 1”的液位达到 9 米时，就要把“水泵”关闭，否则就要自动启动“水泵”；

2. 当“水罐 2”的液位不足 1 米时，就要自动关闭“出水阀”，否则自动开启“出水阀”；

3. 当“水罐 1”的液位大于 1 米，同时“水罐 2”的液位小于 6 米就要自动开启“调节阀”，否则自动关闭“调节阀”。

具体操作如下：

1. 在“运行策略”中，双击“循环策略”进入策略组态窗口。

2. 双击图标进入“策略属性设置”，将循环时间设为：200 ms，点击“确认”。

3. 在策略组态窗口中，单击工具条中的“新增策略行”图标，增加一策略行，如图 4.12 所示。

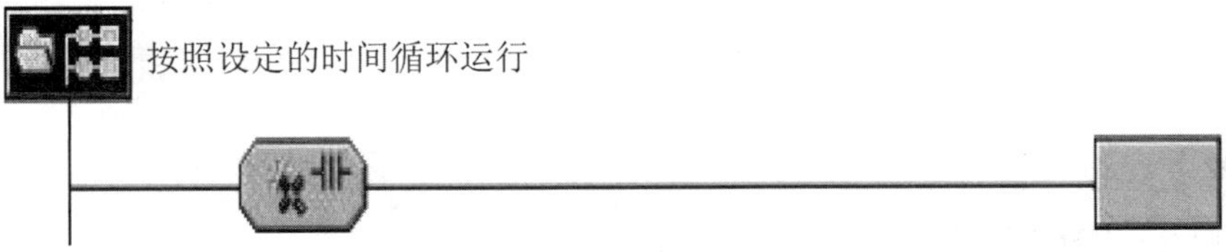

图 4.12 新增策略行

如果策略组态窗口中，没有策略工具箱，请单击工具条中的“工具箱”图标，弹出“策略工具箱”，如图 4. 13 所示。

图 4. 13　**调用策略工具箱**

4. 单击“策略工具箱”中的“脚本程序”，将鼠标指针移到策略块图标上，单击鼠标左键，添加脚本程序构件，如图 4. 14 所示。

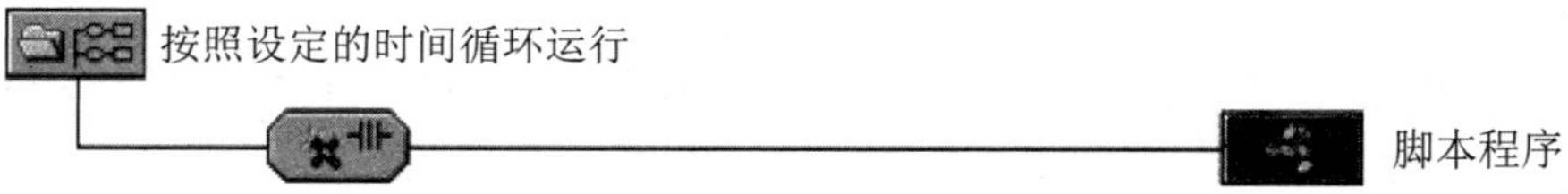

图 4. 14　**通道连接设置**

5. 双击进入脚本程序编辑环境，输入下面的程序：

```
IF 液位 1<9THEN
水泵 = 1
ELSE
水泵 = 0
ENDIF
IF 液位 2<1THEN
出水阀 = 0
```

ELSE

出水阀 = 1

ENDIF

IF 液位 1>1and 液位 2<9THEN

调节阀 = 1

ELSE

调节阀 = 0

ENDIF

如图 4. 15 所示。

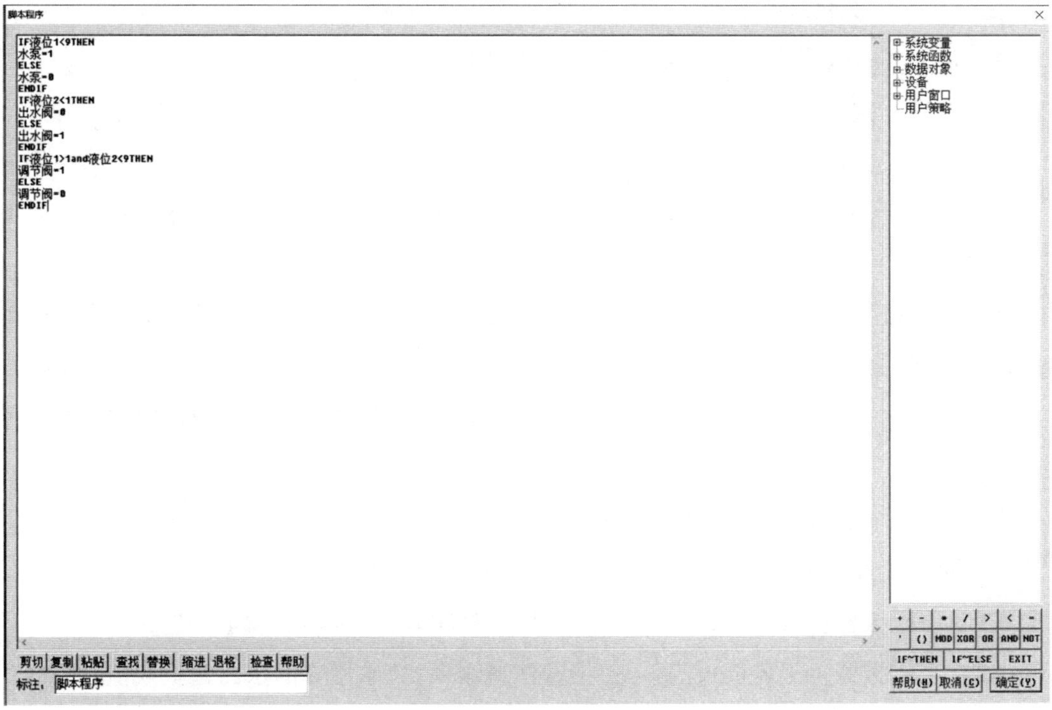

图 4. 15　脚本程序

6. 单击“确认”，脚本程序编写完毕。

4. 7　报警显示

MCGS 嵌入版把报警处理作为数据对象的属性，封装在数据对象内，由实时数据库来自动处理。当数据对象的值或状态发生改变时，实时数据库判断对应的数据对象是否发生了报警或已产生的报警是否已经结束，并把所产生的报警信息通知给系统的其他部分，同时，实时数据库根据用户的组态设定，把报警信息存入指定的存盘数据库文件中。

4.7.1 定义报警

重点：

掌握报警对象设置。

本样例中需设置报警的数据对象包括：（1）液位1；（2）液位2。

定义报警的具体操作如下：

1. 进入实时数据库，双击数据对象“液位1”。
2. 选中“报警属性”标签。
3. 选中“允许进行报警处理”，报警设置域被激活。
4. 选中报警设置域中的“下限报警”，报警值设为：2；报警注释输入：“水罐1没水了！”
5. 选中报警设置域中的“上限报警”，报警值设为：9；报警注释输入：“水罐1的水已达上限值！”
6. 单击“存盘属性”标签，选中报警数据的存盘域中的“自动保存产生的报警信息”。
7. 按“确认”按钮，“液位1”报警设置完毕。
8. 同理设置“液位2”的报警属性。需要改动的设置为：

（1）下限报警：报警值设为：1.5；报警注释输入：“水罐2没水了！”

（2）上限报警：报警值设为：4；报警注释输入：“水罐2的水已达上限值！”

4.7.2 制作报警显示画面

重点：

掌握报警显示设置。

实时数据库只负责报警的判断、通知和存储三项工作，而报警产生后所要进行的其他处理操作（即对报警动作的响应），则需要在组态时实现。

具体操作如下：

1. 双击“用户窗口”中的“水位控制”窗口，进入组态画面。选取“工具箱”

中的“报警显示”画构件。鼠标指针呈“十”后，在适当的位置，拖动鼠标至适当大小，如图 4. 16 所示。

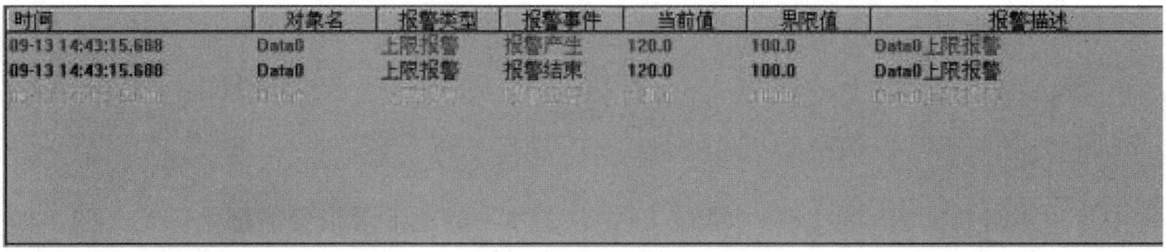

图 4. 16 报警显示

2. 选中该图形，双击，再双击弹出的“报警显示构件属性设置”窗口，如图 4. 17 所示。

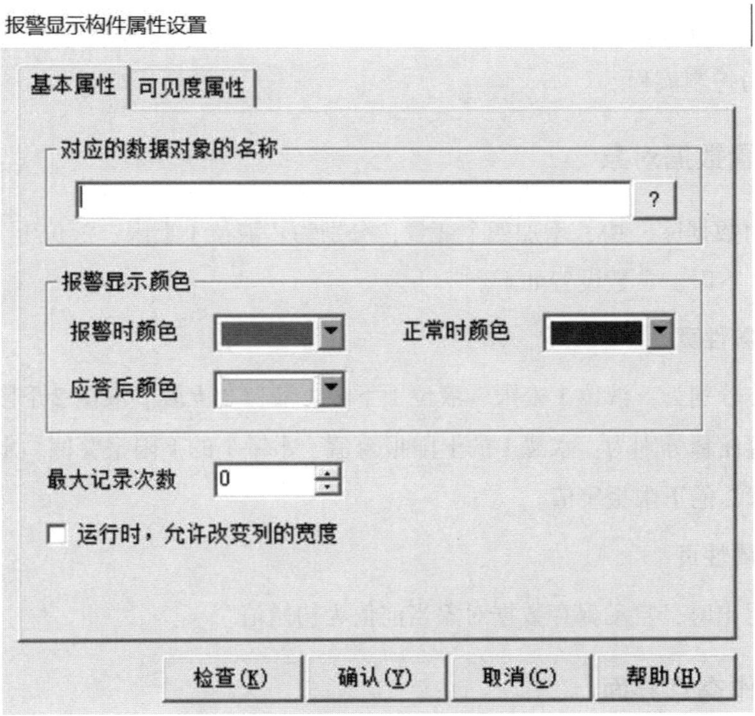

图 4. 17 报警属性设置

3. 在基本属性页中，将对应的数据对象的名称设为：液位组；最大记录次数设为：6。

4. 单击“确认”即可。

4.7.3 修改报警限值

重点：

掌握可变报警限值设置。

在“实时数据库”中，对“液位 1”“液位 2”的上下限报警值都是已定义的。如果用户想在运行环境下根据实际情况随时改变报警上下限值，又如何实现呢？MCGS 组态软件提供了大量的函数，可以根据需要灵活地运用。

操作步骤包括以下几个部分。

（1）设置数据对象；

（2）制作交互界面；

（3）编写控制流程。

一、设置数据对象

在“实时数据库”中，增加四个变量，分别为：液位 1 上限、液位 1 下限、液位 2 上限、液位 2 下限，参数设置如下。

1. 基本属性页

对象名称分别为：液位 1 上限、液位 1 下限、液位 2 上限、液位 2 下限；

对象内容注释分别为：水罐 1 的上限报警值、水罐 1 的下限报警值、水罐 2 的上限报警值、水罐 2 的下限报警值。

2. 存盘属性页

选中“退出时，自动保存数据对象当前值为初始值”。

二、制作交互界面

通过对四个输入框设置，实现用户与数据库的交互。

需要用到的构件包括：

1. 4 个标签：用于标注；

2. 4 个输入框：用于输入修改值。

最终效果，如图 4. 18 所示。

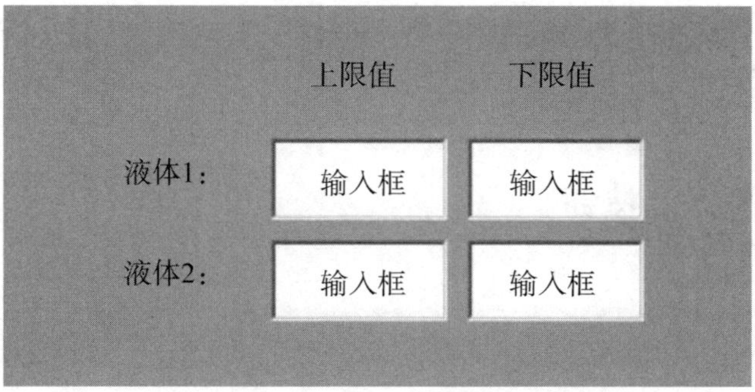

图 4.18 限位值画面

具体制作步骤如下：

1. 在“水位控制”窗口中，按照上图制作 4 个标签。

2. 选中“工具箱”中的“输入框”画构件，拖动鼠标，绘制 4 个输入框。

3. 双击 

图标，进行属性设置。这里只需设置操作属性即可。4 个输入框具体设置如下：

对应数据对象的名称分别为：液位 1 上限值、液位 1 下限值、液位 2 上限值、液位 2 下限值；

最小值、最大值见表 4.2 所列。

表 4.2 限位值表

名称	最小值	最大值
液位 1 上限值	5	10
液位 1 下限值	0	5
液位 2 上限值	4	6
液位 2 下限值	0	2

三、编写控制流程

进入“运行策略”窗口，双击“循环策略”，双击  进入脚本程序编辑环境，在脚本程序中增加以下语句：

！SetAlmValue（液位 1，液位 1 上限，3）

！SetAlmValue（液位 1，液位 1 下限，2）

！SetAlmValue（液位 2，液位 2 上限，3）

！SetAlmValue（液位 2，液位 2 下限，2）

如果对函数！SetAlmValue（液位 1，液位 1 上限，3）不太了解，可按 F1 查看

“在线帮助”。在弹出的“MCGS 帮助系统”的“索引”中输入“！SetAlmValue”，即可获得详细的解释。

4.7.4 报警提示按钮

重点：

掌握报警提示按钮设置。

当有报警产生时，可以用指示灯提示。具体操作如下：

1. 在“水位控制”窗口中，单击“工具箱”中的“插入元件”图标，进入“对象元件库管理”。

2. 从“指示灯”类中选取报警灯 2、指示灯 3。

3. 调整大小后放在适当位置。

（1）作为“液位 1”的报警指示；

（2）作为“液位 2”的报警指示。

4. 双击，进入动画连接设置。

5. 单击，进入动画组态属性设置窗口。作如下设置：

（1）表达式：液位 1>=液位 1 上限 or 液位 1<=液位 1 下限；

（2）当表达式非零时，对应图符可见。

6. 按照上面的步骤设置，作如下设置：

（1）表达式：液位 2>=液位 2 上限 or 液位 2<=液位 2 下限；

（2）当表达式非零时，对应图符可见。

4.8 报表输出

教学视频和课件

在工程应用中，大多数监控系统需要对设备采集的数据进行存盘，统计分析，并根据实际情况打印出数据报表。所谓数据报表就是根据实际需要以一定格式将统计分析后的数据记录显示和打印出来，如：实时数据报表、历史数据报表（班报表、日报表、月报表等）。数据报表在工控系统中是必不可少的一部分，是数据显示、查询、分析、统计、打印的最终体现，是整个工控系统的最终结果输出；数据报表是对生产过程中系统监控对象的状态的综合记录和规律总结。

4.8.1　最终效果图

报表输出最终效果如图 4.19 所示。

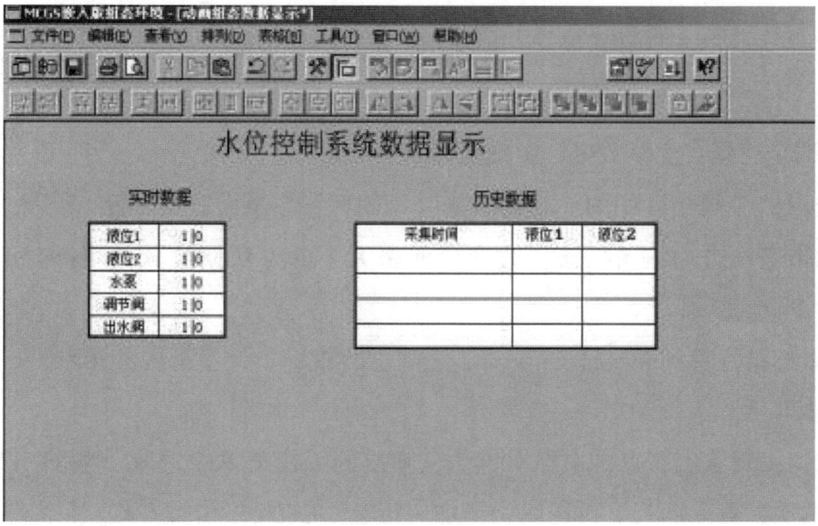

图 4.19　报表效果

一、组成

1 个标题：水位控制系统数据显示；

2 个标签：实时数据、历史数据；

2 个报表：实时报表、历史报表。

二、构件

用到的构件有自由表格；历史表格；存盘数据浏览。

4.8.2　实时报表

重点：

了解如何制作实时报表。

实时报表是对瞬时量的反映，通常用于将当前时间的数据变量按一定报告格式

(用户组态）显示和打印出来。实时报表可以通过 MCGS 嵌入版系统的自由表格构件来组态显示实时数据报表。

具体制作步骤如下：

1. 在“用户窗口”中，新建一个窗口，窗口名称、窗口标题均设置为“数据显示”。

2. 双击“数据显示”窗口，进入动画组态。

3. 按照效果图，使用“标签” ，制作：

（1）一个标题：水位控制系统数据显示；

（2）四个注释：实时数据、历史数据。

4. 选取“工具箱”中的“自由表格”画图标，在桌面适当位置，绘制一个表格。

5. 双击表格进入编辑状态。改变单元格大小的方法同微软的 Excel 表格的编辑方法。

即把鼠标指针移到 A 与 B 或 1 与 2 之间，当鼠标指针呈分隔线形状时，拖动鼠标至所需大小即可。

6. 保持编辑状态，点击鼠标右键，从弹出的下拉菜单中选取“删除一列”选项，连续操作两次，删除两列。再选取“增加一行”，在表格中增加一行。

7. 在 A 列的五个单元格中分别输入：液位 1、液位 2、水泵、调节阀、出水阀；在 B 列的五个单元格中均输入：1|0，表示输出的数据有 1 位小数，无空格。

8. 在 B 列中，选中液位 1 对应的单元格，单击右键。从弹出的下拉菜单中选取“连接”项，如图 4.20 所示。

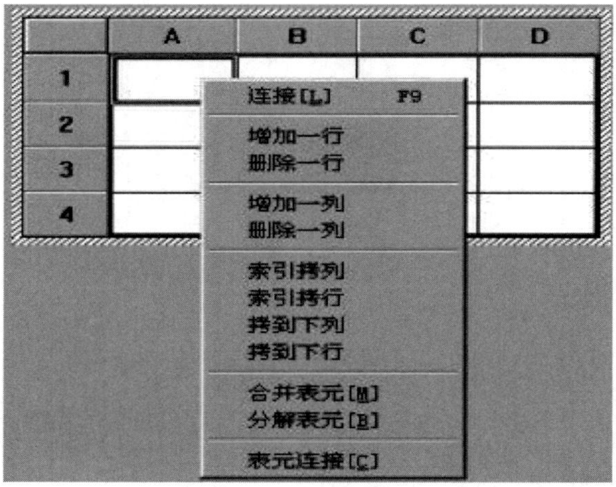

图 4.20　表格连接

9. 再次单击右键，弹出数据对象列表，双击数据对象“液位 1”，B 列 1 行单元格所显示的数值即为“液位 1”的数据。

10. 按照上述操作，将 B 列的 2、3、4、5 行分别与数据对象：液位 2、水泵、调节阀、出水阀建立连接，如图 4.21 所示。

连接	A*	B*
1*		液位1
2*		液位2
3*		水泵
4*		调节阀
5*		出水阀

图 4.21 数据对象连接

11. 进入“水位控制窗口”中，增加一名为“数据显示”的按钮：在操作属性页选中“打开用户窗口”，从下拉菜单中选中“数据显示”。

下载运行，单击“数据显示”按钮，即可打开“数据显示”窗口。

4.8.3 历史报表

重点：

了解如何制作历史报表。

历史报表通常用于从历史数据库中提取数据记录，并以一定的格式显示历史数据。实现历史报表有两种方式：

（1）一种是用动画构件中的“历史表格”构件；

（2）第二种是利用动画构件中的“存盘数据浏览”构件。

在本样例中仅介绍第一种。

利用历史表格动画构件实现历史报表的历史表格构件是基于“Windows 下的窗口”和“所见即所得”机制的，用户可以在窗口上利用历史表格构件强大的格式编辑功能配合 MCGS 嵌入版的画图功能做出各种精美的报表。

1. 在“数据显示”组态窗口中，选取“工具箱”中的“历史表格”构件，在适当位置绘制一历史表格。

2. 双击历史表格进入编辑状态。使用右键菜单中的“增加一行”“删除一行”按钮，或者单击按钮，使用编辑条中的、、、编辑表格，制作一个5行3列的表格。参照实时报表部分相关内容制作。

（1）列表头，分别为：采集时间、液位1、液位2；

（2）数值输出格式，均为：1|0。

3. 选中R2、R3、R4、R5，单击右键，选择“连接”选项。

4. 点击菜单栏中的“表格”菜单，选择“合并表元”项，所选区域会出现反斜杠。

5. 双击该区域，弹出数据库连接设置对话框，具体设置如下。

（1）基本属性页中，连接方式选取：在指定的表格单元内，显示满足条件的数据记录；按照从上到下的方式填充数据行；显示多页记录，如图4.22所示。

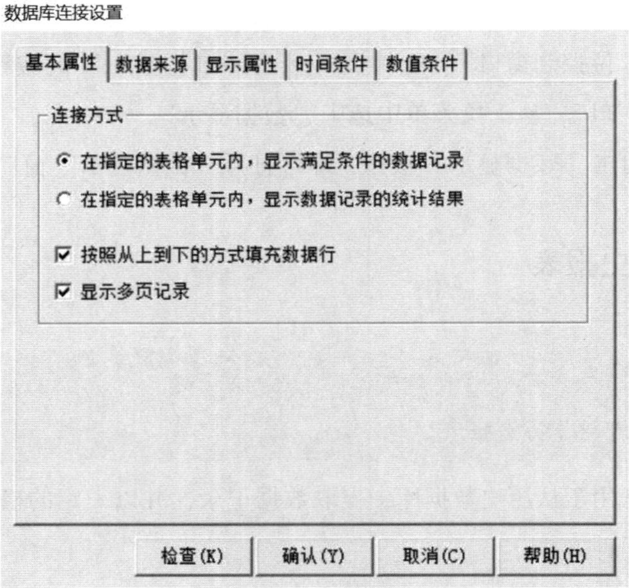

图4.22　基本属性设置

（2）数据来源页中，选取组对象对应的存盘数据；组对象名为：液位组，如图4.23所示。

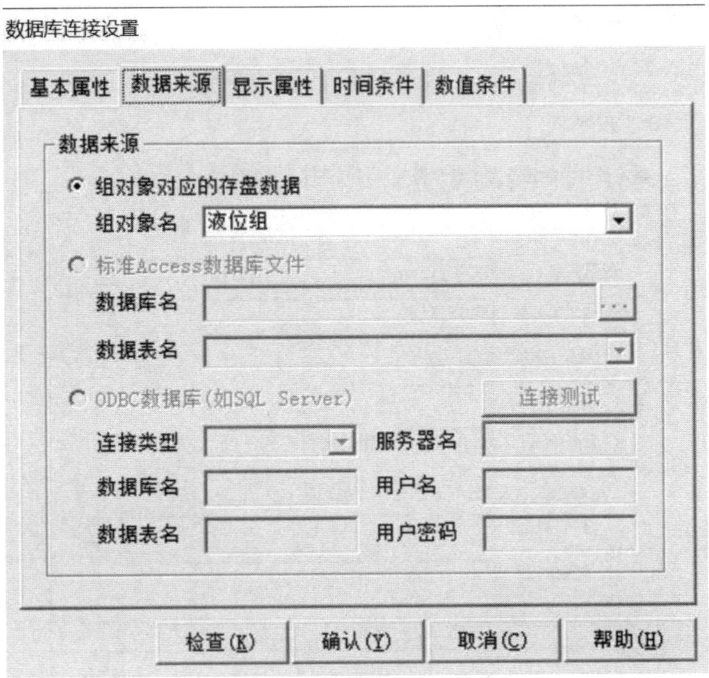

图 4.23　数据来源设置

（3）显示属性页中，点击“复位”按钮，如图 4.24 所示。

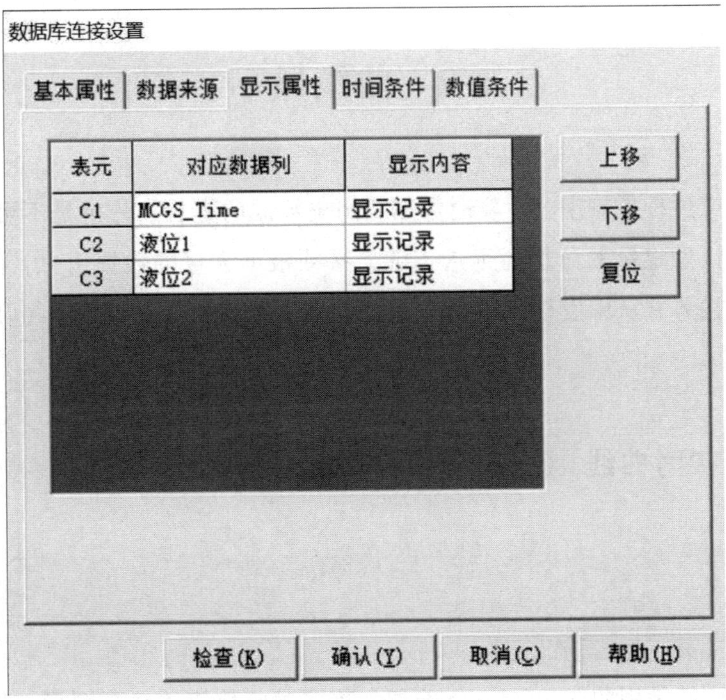

图 4.24　显示属性设置

（4）时间条件页中，排序列名：MCGS_ Time；升序；时间列名：MCGS_ Time；所有存盘数据，如图 4.25 所示。

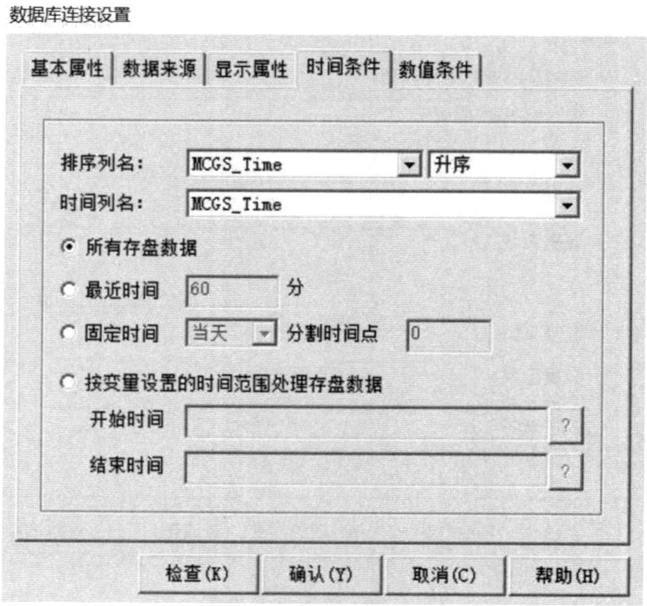

图 4.25　时间条件设置

4.9　曲线显示

在实际生产过程控制中，对实时数据、历史数据的查看、分析是不可缺少的工作。但对大量数据仅做定量的分析还远远不够，必须根据大量的数据信息，画出曲线，分析曲线的变化趋势并从中发现数据变化规律。曲线处理在工控系统中也是一个非常重要的部分。

4.9.1　实时曲线

重点：

学习如何制作实时曲线。

实时曲线构件是用曲线显示一个或多个数据对象数值的动画图形，像笔绘记录仪一样实时记录数据对象值的变化情况。

具体制作步骤如下：

1. 双击进入“数据显示”组态窗口。在实时报表的下方，使用标签构件制作一个标签，输入文字：实时曲线。

2. 单击“工具箱”中的“实时曲线”图标，在标签下方绘制一个实时曲线，并调整大小。

3. 双击曲线，弹出“实时曲线构件属性设置”窗口，设置如下：

（1）在基本属性页中，Y 轴主划线设为：5；其他不变。

（2）在标注属性页中，时间单位设为：秒；小数位数设为：1；最大值设为：10；其他不变。

（3）在画笔属性页中，将：

①曲线 1 对应的表达式设为：液位 1；颜色为：蓝色；

②曲线 2 对应的表达式设为：液位 2；颜色为：红色。

4. 点击“确认”即可。

这时，在运行环境中单击“数据显示”按钮，就可看到实时曲线。双击曲线可以将其放大。

4.9.2 历史曲线

重点：

学习如何制作历史曲线。

历史曲线构件实现了历史数据的曲线浏览功能。运行时，历史曲线构件能够根据需要画出相应历史数据的趋势效果图。历史曲线主要用于事后查看数据和状态变化趋势及总结规律。

制作步骤如下：

1. 在“数据显示”窗口中，使用标签构件在历史报表下方制作一个标签，输入文字：历史曲线。

2. 在标签下方，使用“工具箱”中的“历史曲线”构件，绘制一个一定大小的历史曲线图形。

3. 双击该曲线，弹出“历史曲线构件属性设置”窗口，进行如下设置：

（1）在基本属性页中，将：

①曲线名称设为：液位历史曲线；

②Y 轴主划线设为：5；

③背景颜色设为：白色。

（2）在存盘数据属性页中，存盘数据来源选择组对象对应的存盘数据，并在下拉菜单中选择：液位组；

（3）在曲线标识页中：

①选中曲线 1，曲线内容设为：液位 1；曲线颜色设为：蓝色；工程单位设为：m；小数位数设为：1；最大坐标设为：10；实时刷新设为：液位 1；其他不变，如图 4.26 所示。

图 4.26　曲线标识设置

②选中曲线 2，曲线内容设为：液位 2；曲线颜色设为：红色；小数位数设为：1；最大坐标设为：10；实时刷新设为：液位 2。

（4）在高级属性页中，选中：

①运行时显示曲线翻页操作按钮；

②运行时显示曲线放大操作按钮；

③运行时显示曲线信息显示窗口；

④运行时自动刷新；

⑤将刷新周期设为：1 秒；并选择在 60 秒后自动恢复刷新状态，如图 4.27 所示。

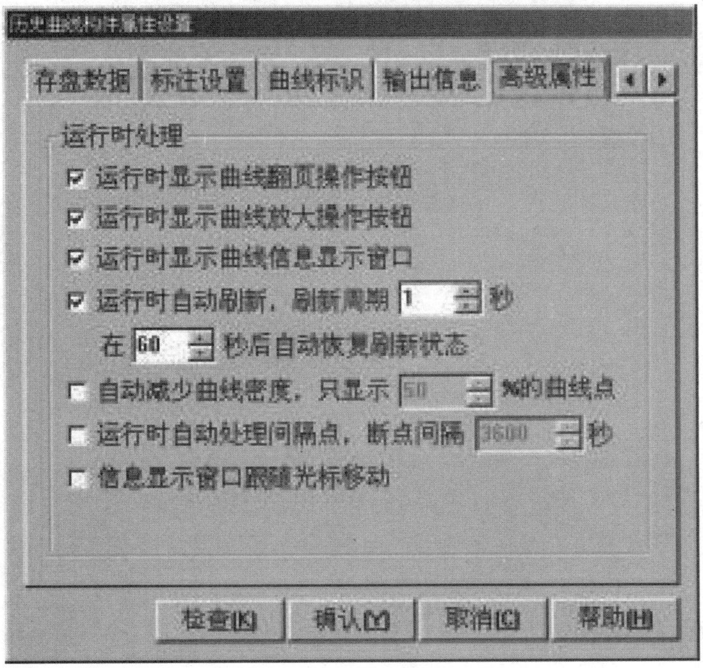

图 4.27　高级属性设置

进入运行环境，单击“数据显示”按钮，打开“数据显示窗口”，就可以看到实时报表、历史报表、实时曲线、历史曲线。

项目四习题和答案

项目五　交通灯

5.1　定时器

教学视频和课件

重点：

学习如何制作定时器。

一、新增运行策略

定时器、计时器可通过应用系统中自带运行策略进行新增实现，如图 5.1 所示。

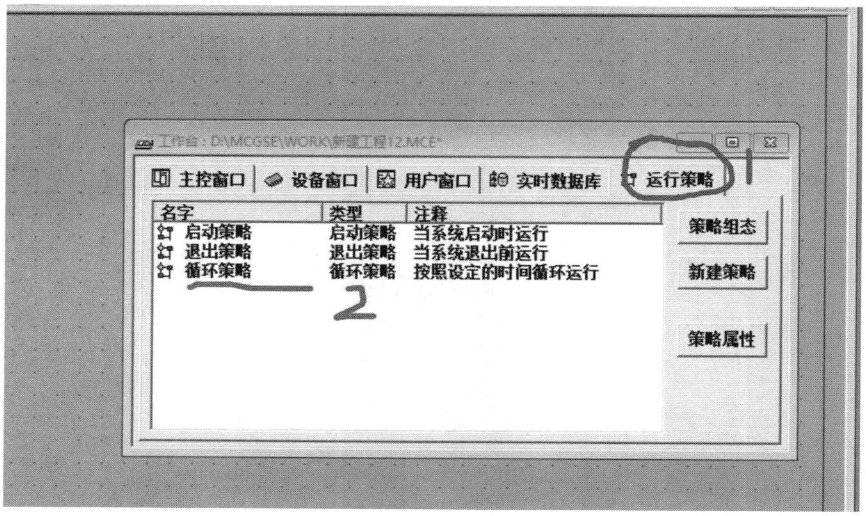

图 5.1　新增运行策略

二、调用定时器策略

进入“运行策略”，点击“循环策略”，单击右键，选择新增策略行，单击右键选择“策略工具箱”，在工具箱中将“定时器”拖拽至方框处，如图 5.2 所示。

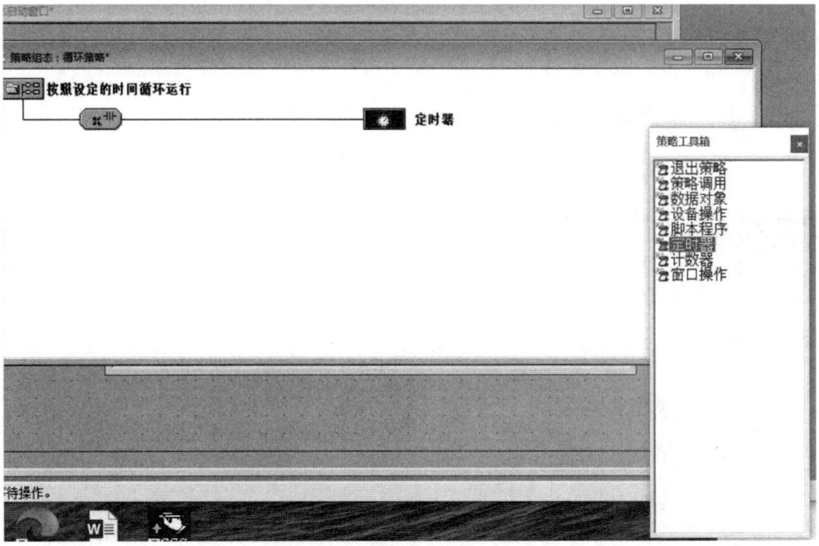

图 5.2 定时器策略调用

三、修改循环策略执行时间

在循环策略图标上单击右键进入“策略属性设置”，将循环时间改小一些，改为 100 ms，这样采集频率就会提高，点击“确认”，如图 5.3 所示。

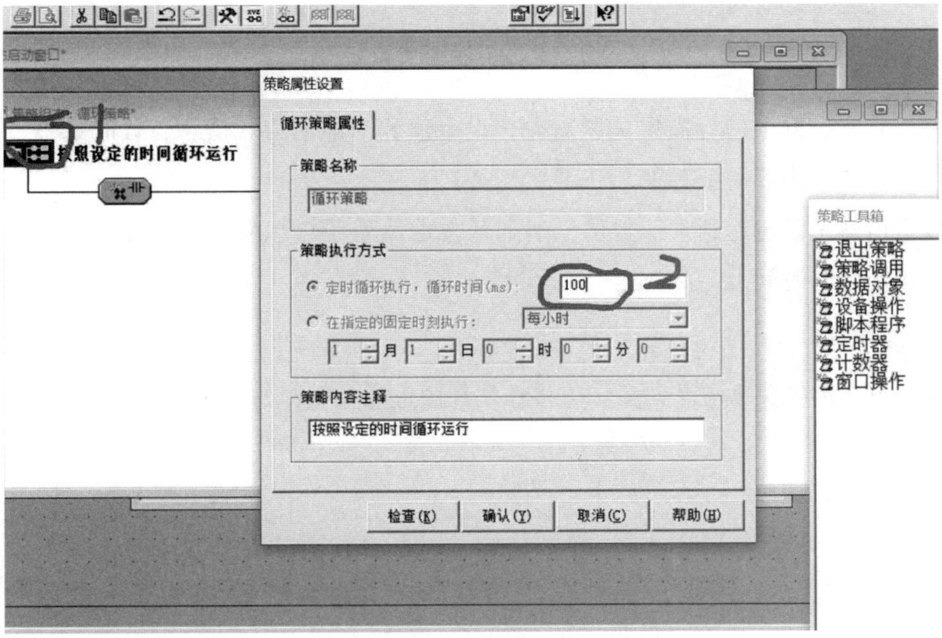

图 5.3 修改循环测量执行时间

四、进入定时器属性设置界面

单击定时器进入定时器属性设置，如图 5.4 所示。

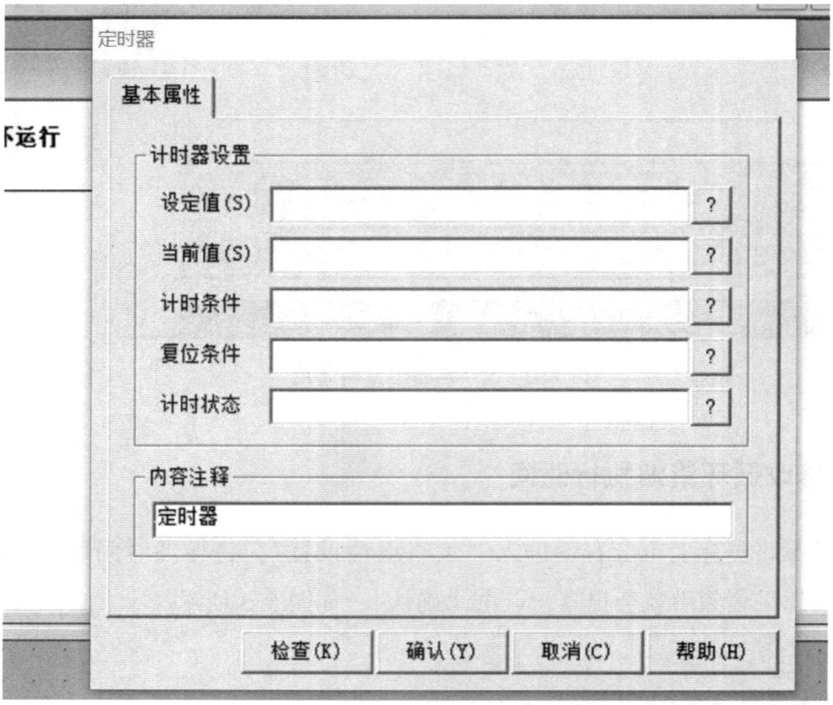

图 5.4 定时器属性设置

可以看到有五个内容需要关联对象，设定值和当前值为数值型，计时条件、复位条件、计时状态为开关型对象。

设定值就是设定达到某一数值，达到某一数值后便会触发计时状态变化。当前值是显示当前计时时间。

1. 对象关联

先对五个内容关联五个对象，直接在属性内进行关联，如图 5.5 所示。

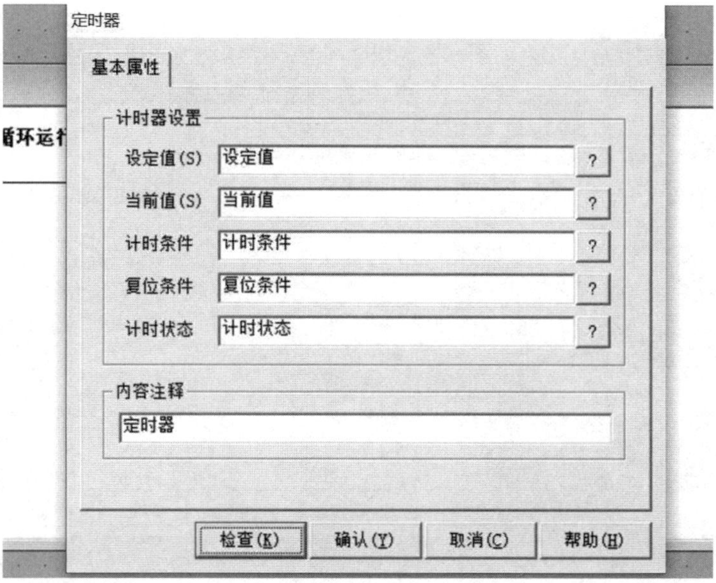

图 5.5 对象关联

2. 设定值设置

在用户窗口内进行组态，绘制一个输入框作为设定值，如图 5.6 所示。

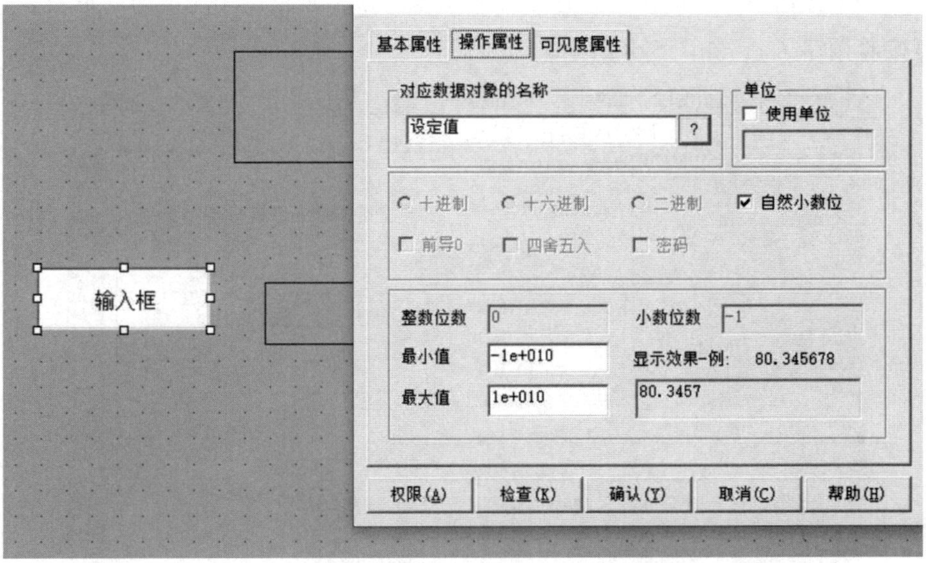

图 5.6 绘制输入框

3. 当前值设置

绘制一个标签作为显示输出，如图 5.7 所示。

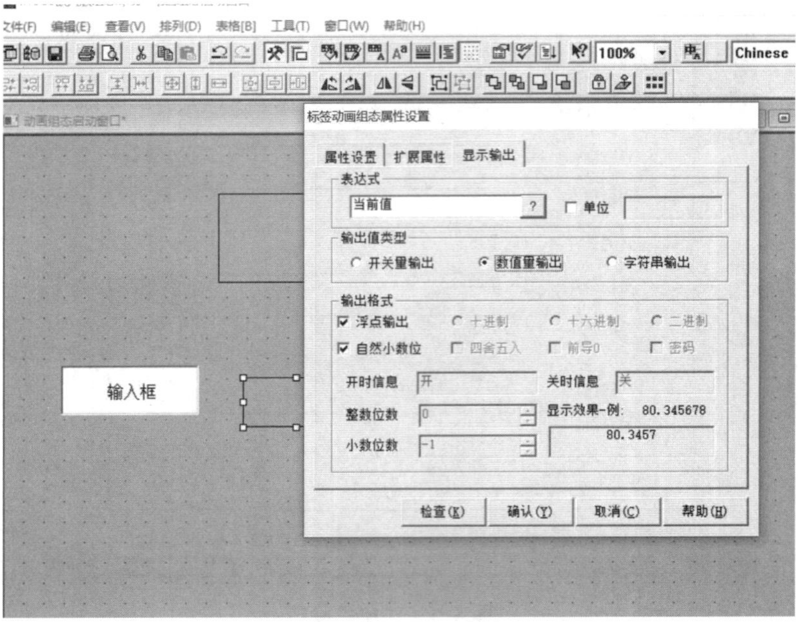

图 5.7　绘制标签

4. 计时条件设置

绘制一个按钮作为计时条件按钮，控制系统启动、停止，功能设为“取反”（就不用一直按着按钮了），如图 5.8 所示。

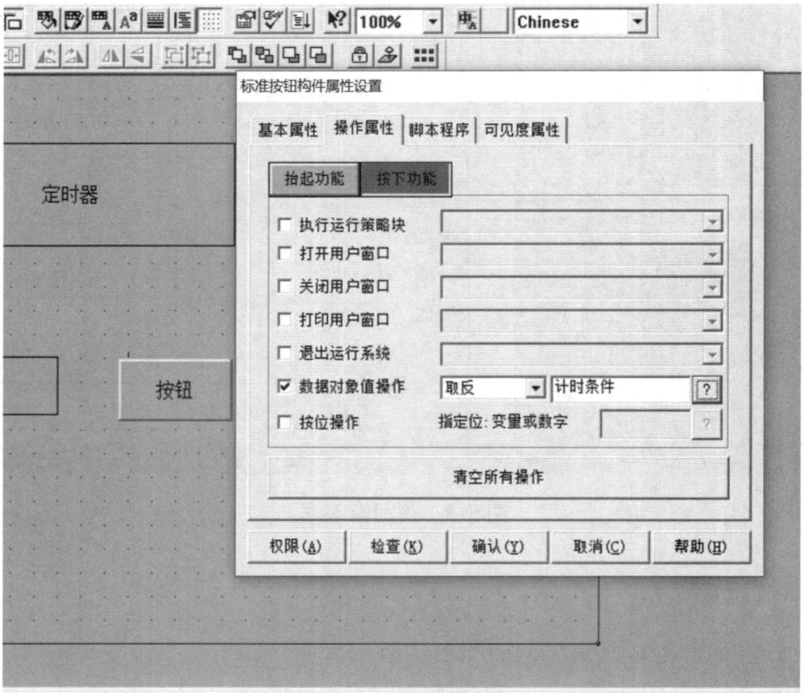

图 5.8　设置计时条件

5. 复位条件设置

设定一个按钮，设定为按 1 松 0，作为复位按钮，如图 5.9 所示。

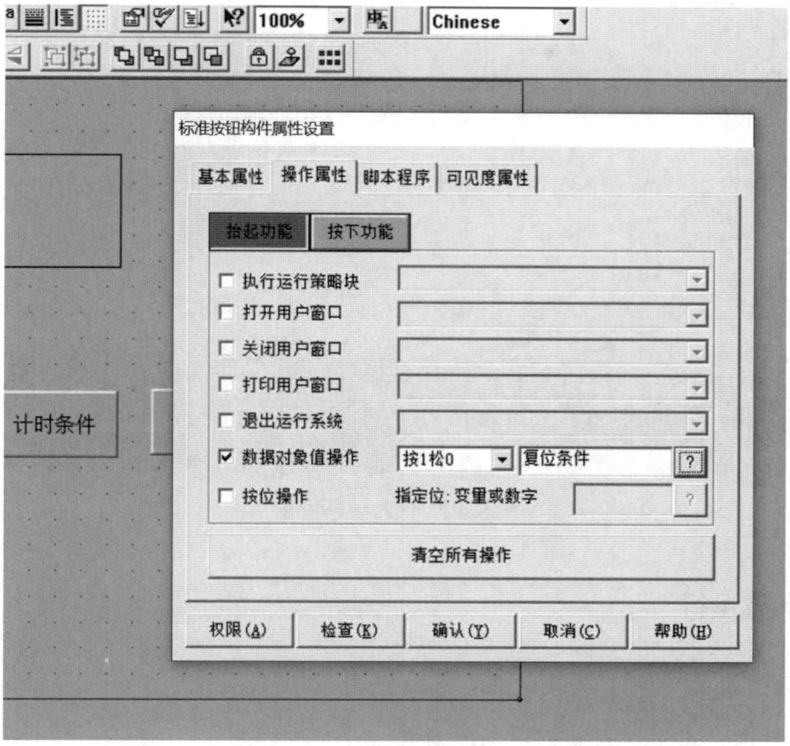

图 5.9 设置复位条件

6. 计时状态设置

绘制一个灯，显示计时状态，如图 5.10 所示。

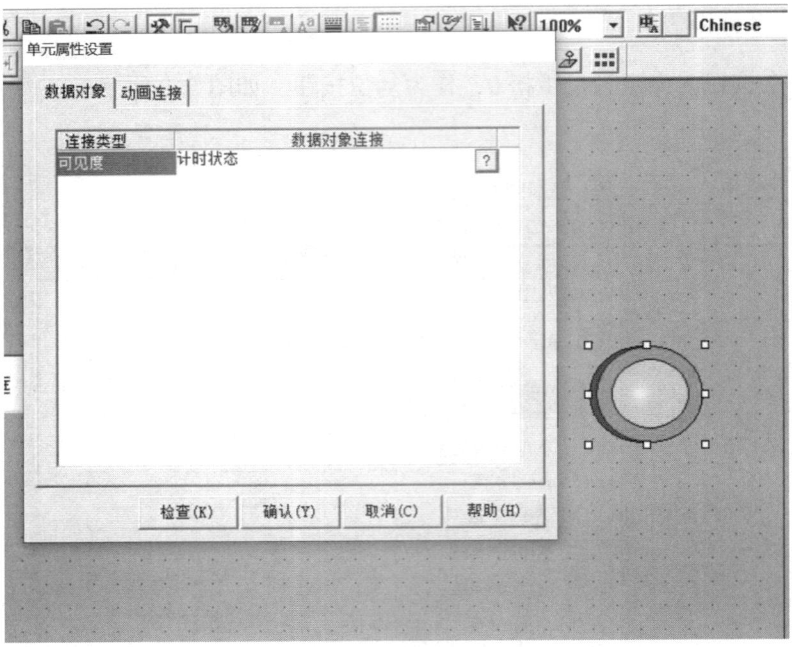

图 5.10　计时状态设置

五、下载运行

1. 当前值显示

输入设定值，点击计时条件。当前值开始计时，如图 5.11 所示。

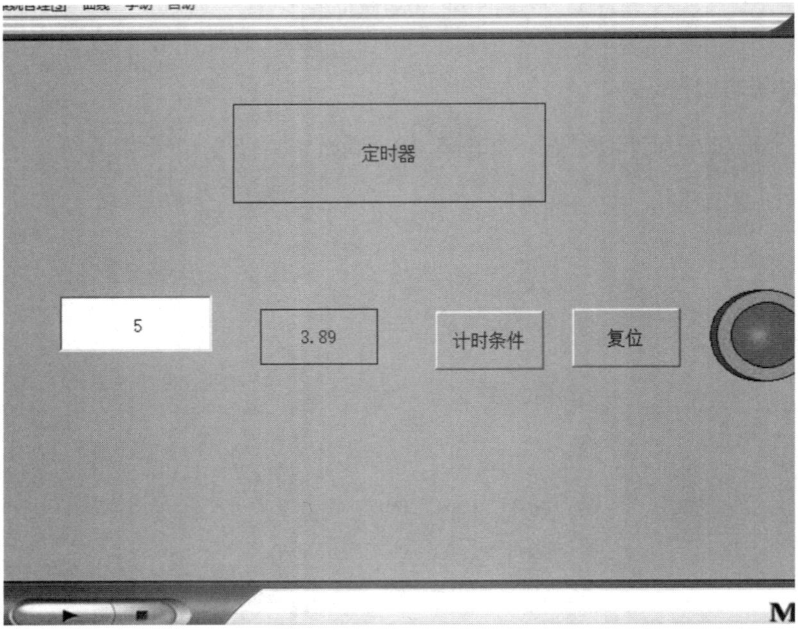

图 5.11　当前值显示

2. 计时状态变化

当前值达到设定值时，计时状态由 0 变 1，灯电量，如图 5.12 所示。

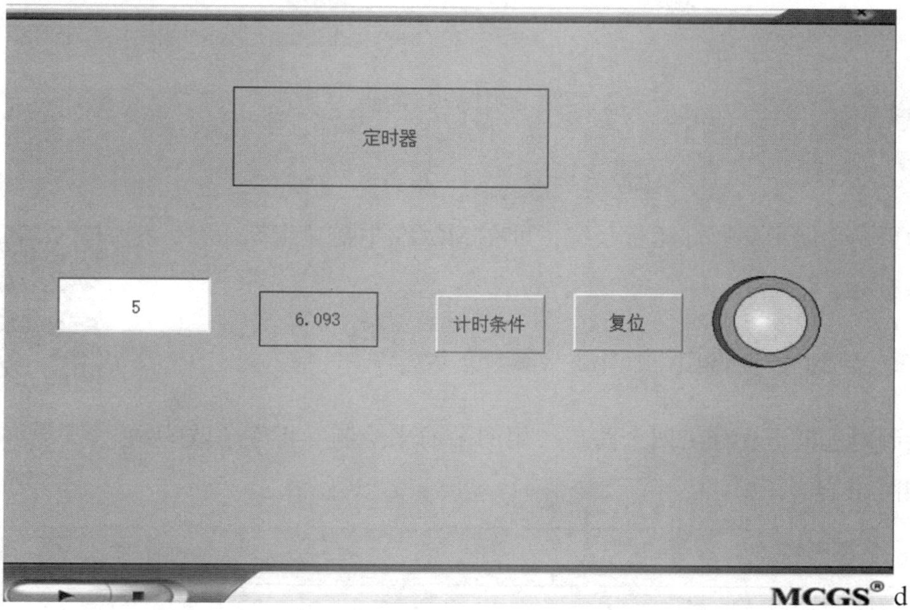

图 5.12 计时状态变化

3. 定时器复位

点击“复位”，定时器复位，如图 5.13 所示。

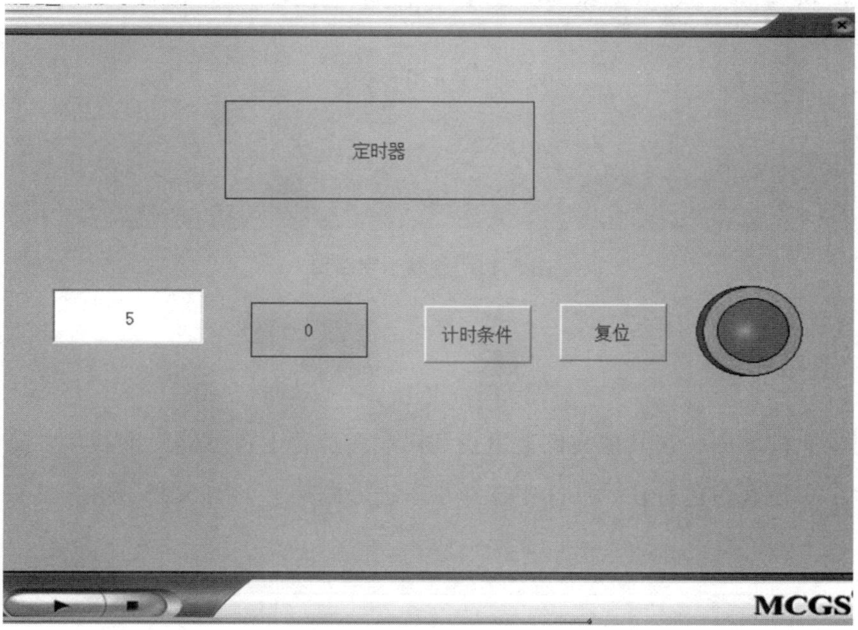

图 5.13 定时器复位

5.2 交通灯系统布局

重点：

掌握系统布局。

为更贴切展示交通灯运行系统，可在 MCGS 中搭建组态平台，进行组态布局。

教学视频和课件

一、绘制十字路口

绘制绿色框框，分出四个路口，用凹平面来绘制，将颜色改为绿色，如图 5. 14 所示。

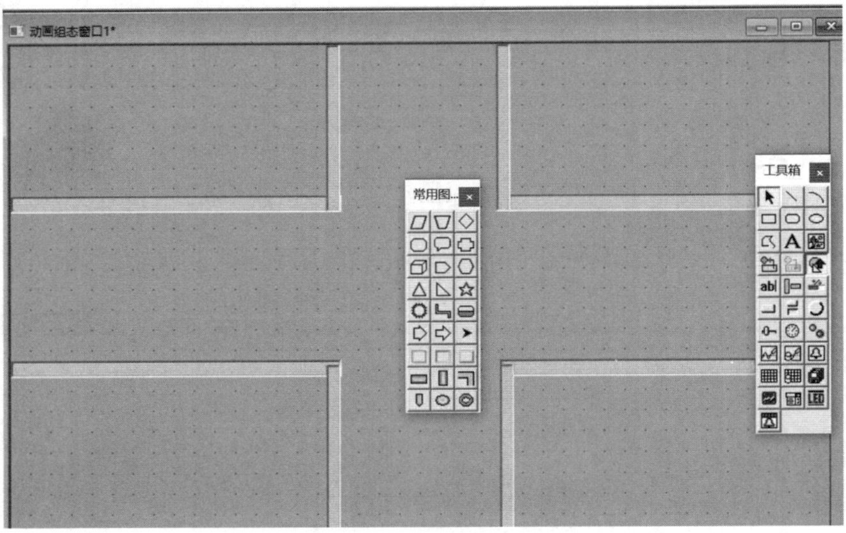

图 5. 14　绘制十字路口

二、道路布局

在对象元件库中，在其他文件夹里找到树放在道路上；道路上的线用长方形画出，并分别涂上黄色和白色；在元件库中选择小车进行添加，如图 5. 15 所示。

图 5.15　道路布局

三、红绿灯设置

用方框和圆来组合，在元件库中找到“箭头”作为指北针。同时，绘制两个按钮、两个输入框作为系统启动、停止及运行时间的显示，如图 5.16 所示。

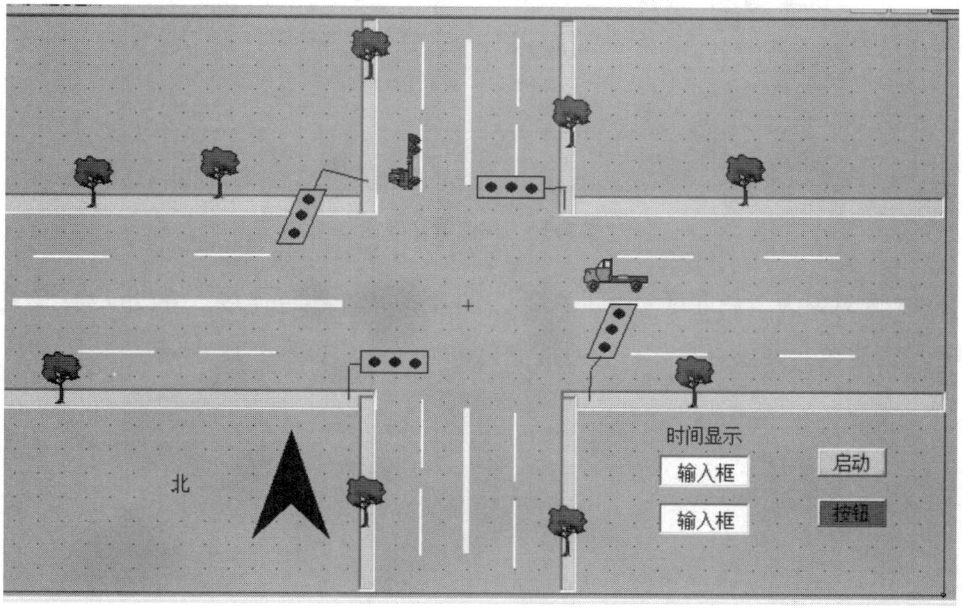

图 5.16　交通灯系统布局

5.3 交通灯组态

重点：

掌握填充颜色、闪烁效果设置。

在5.2布局基础上进行组态设计，假设组态要求南北向绿灯亮6 s+闪烁4 s+黄灯4 s=14 s的周期，此时东西向红灯一直亮14 s。

教学视频和课件

一、灯属性设置

1. 双击最外圆圈，进入属性，勾选填充颜色，如图5.17所示。

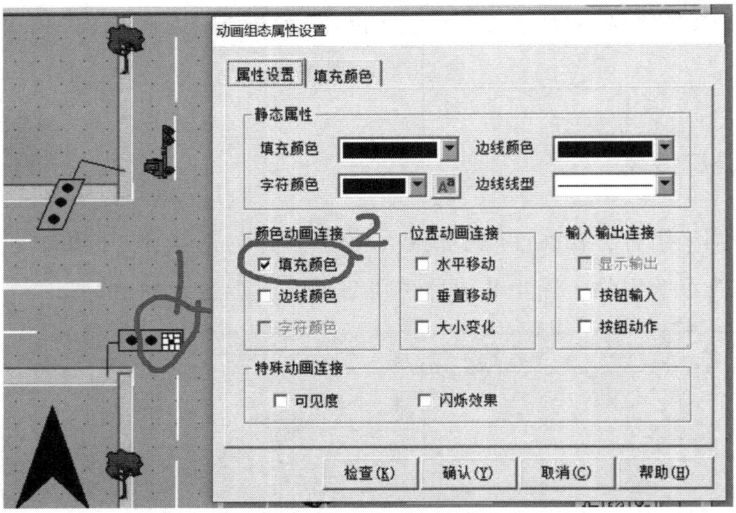

图5.17 勾选填充颜色

2. 关联对象为“南北绿”（开关型），并更改填充颜色连接。分段点为“0”，对应颜色设为黑色；分段点为“1”，对应颜色设为绿色，如图5.18所示。

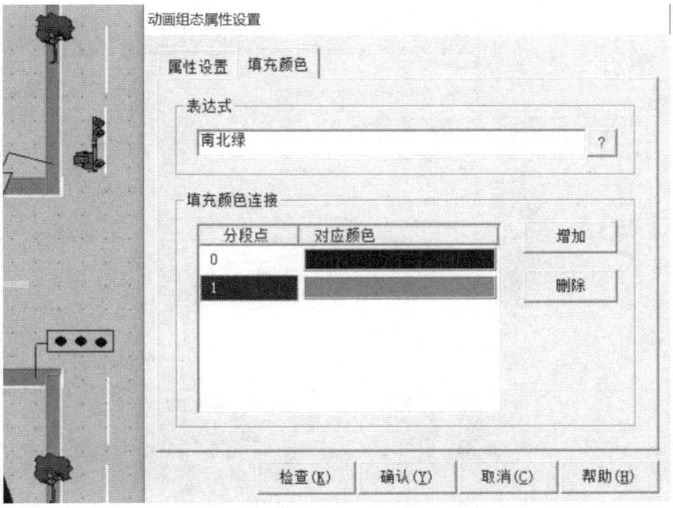

图 5.18 设置填充颜色属性

3. 闪烁效果设置。绿灯除了需要点亮，同时需要闪烁，所以还要添加闪烁效果。关联闪烁对象为“南北绿闪”（开关型），并将闪烁实现方式改为“用图元属性的变化实现闪烁”，将颜色都改为绿色，如图 5.19 所示。

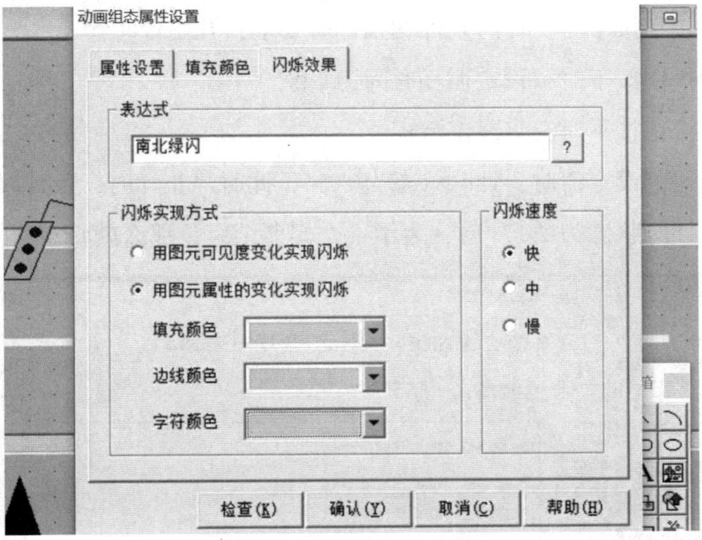

图 5.19 闪烁效果设置

二、按钮设置

将启动按钮、停止按钮均设为按 1 松 0，如图 5.20 所示。

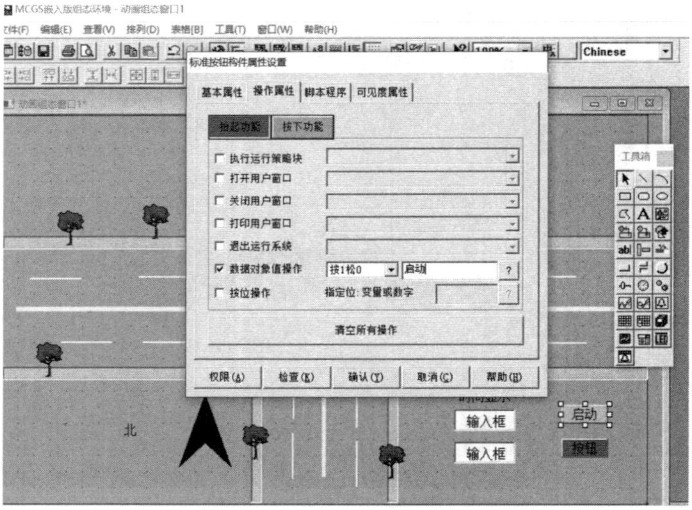

图 5. 20　按钮设置

三、定时器设置

通过对用户窗口循环脚本设置，完成定时器启动、停止设置，如图 5. 21 所示。

1. 当启动按钮按下时，计时条件达到计时要求，开始计时；
2. 当启动按钮按下时，设定循环时间为 14s；
3. 当启动按钮按下时，将复位清零；
4. 当前值达到设定值时，计时状态为“1”，此时停止计时，及计时条件置为 0；
5. 同时，计时状态为“1”时，表示一个周期结束，那么就将定时器复位。

图 5. 21　定时器设定

脚本如下:

IF 启动=1 THEN 计时条件=1

IF 启动=1 THEN 设定值=14

IF 启动=1 THEN 复位条件=0

IF 计时状态=1 THEN 计时条件=0

IF 计时状态=1 THEN 复位条件=1

四、下载运行

输入框关联当前值对象，显示系统运行时间。

5.4 交通灯系统设计

5.4.1 主控窗口设置

重点:

掌握主控窗口设置。

在工程人机界面上，可以通过一个菜单栏选择各个窗口，这是通过主控窗口设计的，比如手动设置、自动设置、参数调试、曲线显示灯。现在用现有窗口0和窗口1进行仿真。如图5.22所示，窗口0是定时器窗口，窗口1是交通灯窗口。

教学视频和课件

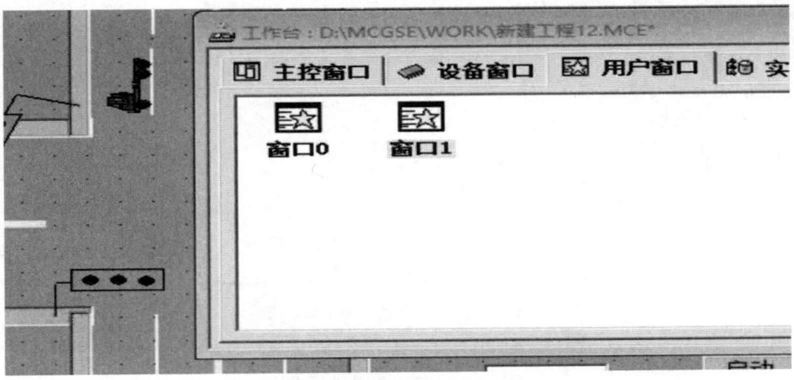

图 5.22 用户窗口界面

下面完成主控窗口设置。

1. 双击主控窗口图标，进入菜单组态，如图 5.23 所示。

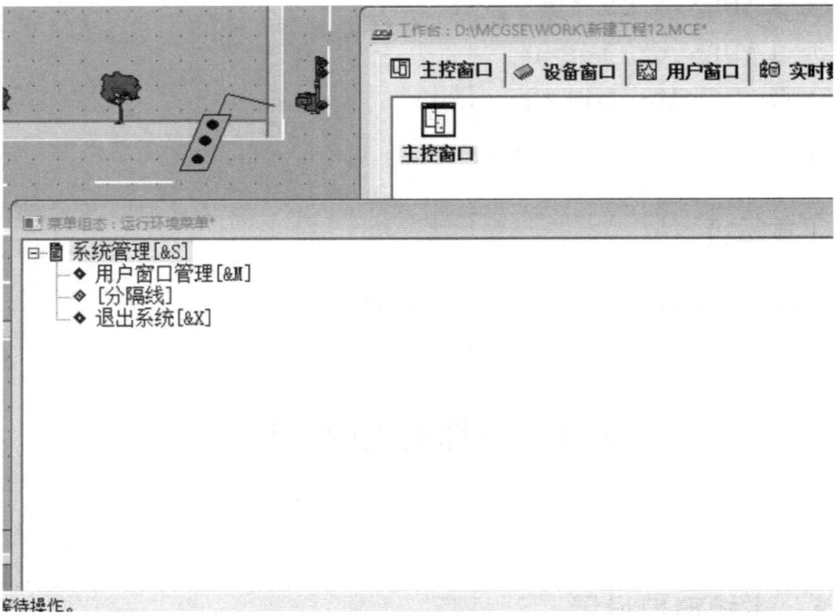

图 5.23　调用菜单组态

2. 任意处单击右键，选择“新增下拉菜单”。双击菜单进入属性，可以根据情况给菜单改名，选择普通菜单项，如图 5.24 所示。

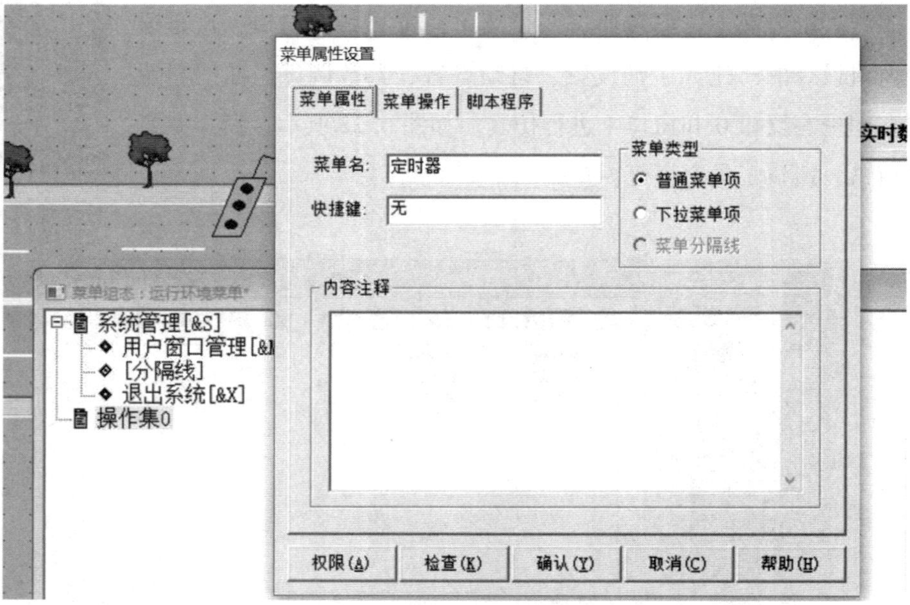

图 5.24　菜单属性设置

3. 选择“菜单操作”进行设置，与按钮操作属性相似，为了打开某一窗口，所以勾选“打开用户窗口”，选择打开定时器窗口及窗口 0，如图 5.25 所示。

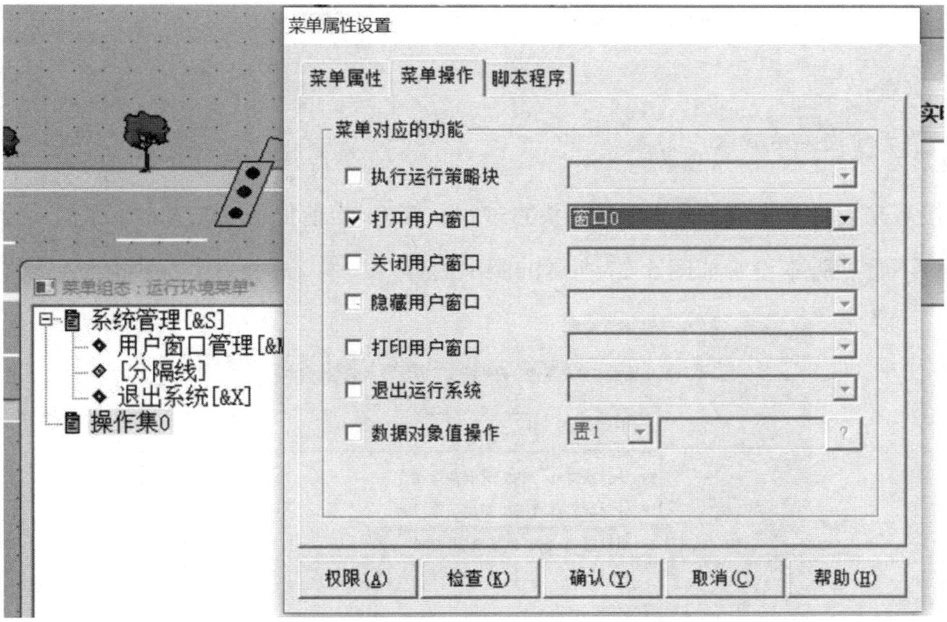

图 5.25　打开窗口设置

同理将红绿灯窗口关联进去。

4. 下载运行。如图 5.26 为运行结果，此时在窗口左上方出现了系统管理界面。

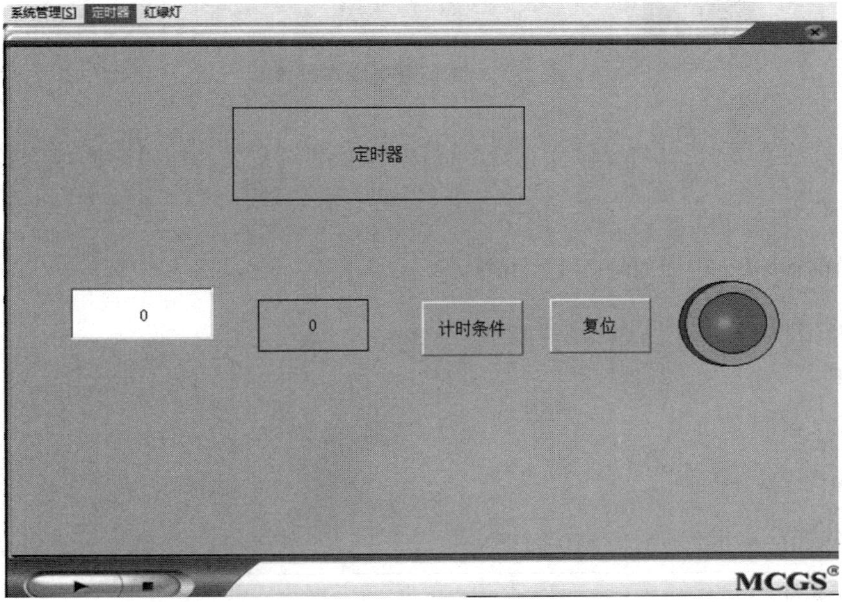

图 5.26　运行结果

5.4.2 交通灯脚本设置

重点：

掌握系统脚本书写思路。

接下来设计一个周期（14s）灯亮的过程。在 0<当前值<6 时，绿灯常亮，其余时间绿灯不常亮脚本设置如图 5.27 所示的圈中内容。

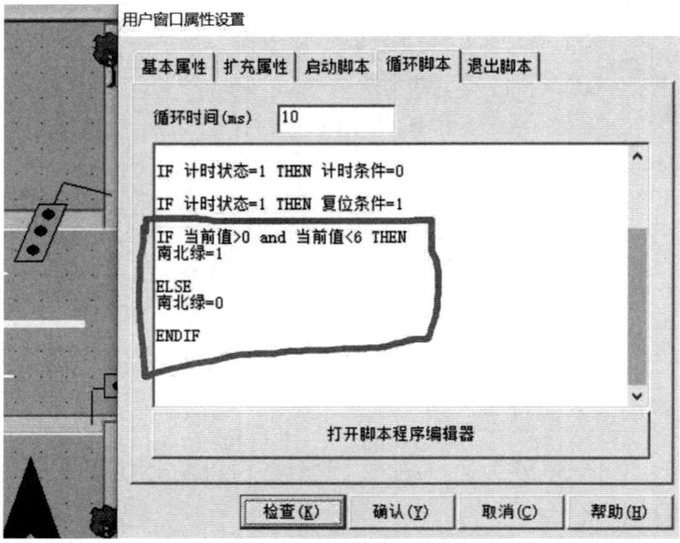

图 5.27 绿灯常亮脚本设置

其他灯状态类似，包括绿灯闪烁、黄灯常亮、红灯常亮，均以时间作为控制调节。脚布设置如下：

IF 当前值>0 and 当前值<14 THEN

东西红=1

ELSE

东西红=0

ENDIF

IF 当前值>6 and 当前值<10 THEN

南北绿闪=1

ELSE

南北绿闪=0

ENDIF

IF 当前值>10 and 当前值<14 THEN

南北黄=1

ELSE

南北黄=0

ENDIF

下载运行，运行结果如图 5.28 所示。

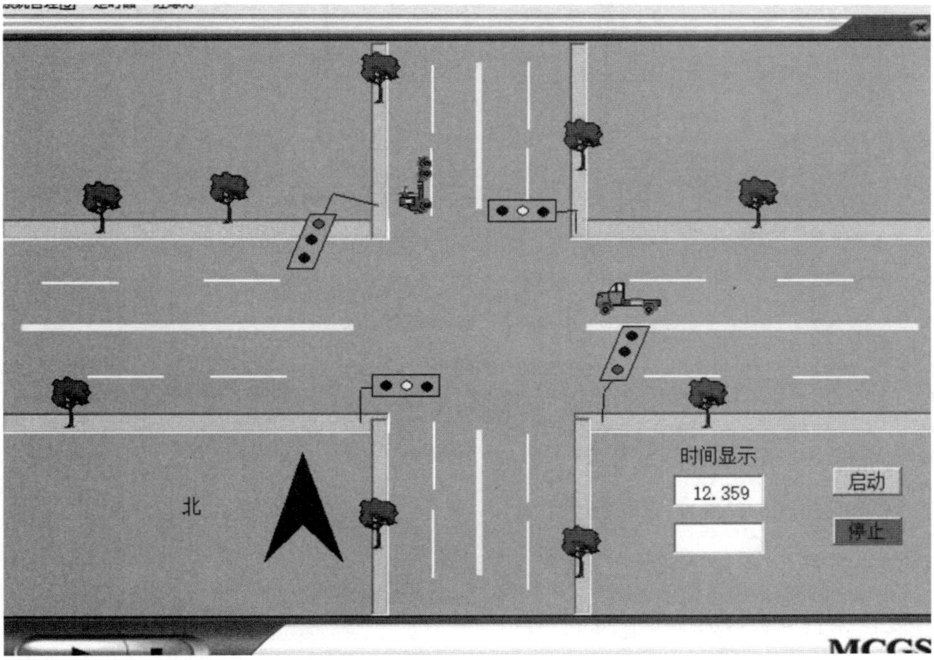

图 5.28 运行结果

5.4.3 循环系统设置

重点：

掌握循环系统设置。

前面只做了南北方向绿灯黄灯变化，还需要做东西方向的。现在有两个方案：(1) 将定时器设定时间延长至 28 s，前 14 s 为南北方向通行时间，后 14 s 为东西方向通行时间；(2) 新增一个定时器控制东西方向通行时间。定时器延长时间比较好做，学生可以自行完成。下面介绍在运行策略中再设定一个定时器的方法。

1. 新增定时器，如图 5.29 所示。

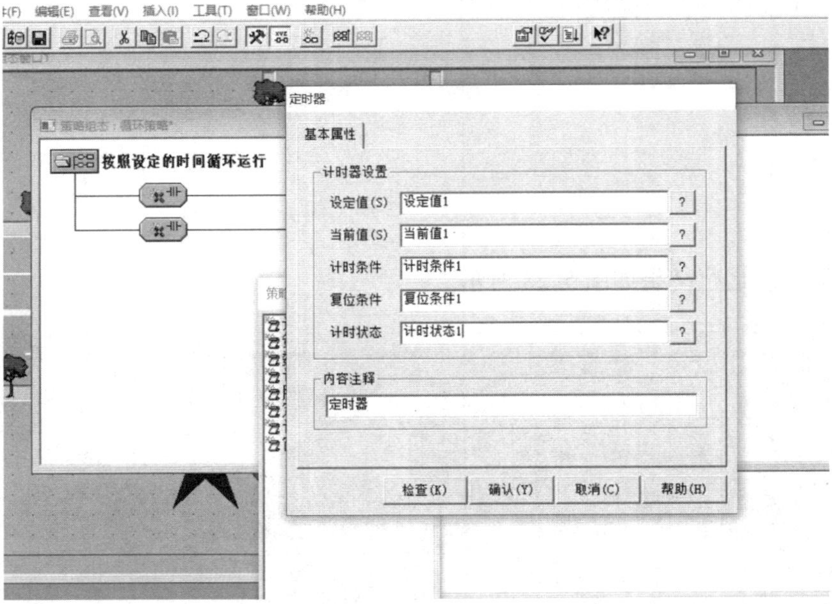

图 5.29　新增定时器

2. 设定第二个定时器启动条件，它的启动条件为第一个定时器结束的条件，即定时器复位条件为“1”。脚本设置如下：

IF 复位条件=1 THEN 计时条件 1=1

IF 复位条件=1 THEN 设定值 1=14

IF 复位条件=1 THEN 复位条件 1=0

IF 计时状态 1=1 THEN 计时条件 1=0

IF 计时状态 1=1 THEN 复位条件 1=1

IF 当前值 1>0 and 当前值 1<6 THEN 复位条件=0

3. 设置东西方向通行状态，脚本设置如下：

IF 当前值 1>0 and 当前值 1<6 THEN

东西绿=1

ELSE

东西绿=0

ENDIF

IF 当前值 1>0 and 当前值 1<14 THEN

南北红=1

ELSE

南北红=0

ENDIF

IF 当前值 1>6 and 当前值 1<10 THEN

东西绿闪=1

ELSE

东西绿闪=0

ENDIF

IF 当前值 1>10 and 当前值 1<14 THEN

东西黄=1

ELSE

东西黄=0

ENDIF

4. 下载运行。

5. 启动条件重新设定。下载后发现，交通灯只循环一次，因此要考虑如何改善，让循环进行下去。可采用东西方向循环方式，用复位条件 1 作为南北方向重启的依据。

复位条件 1 和启动任意为“1”时都可以执行，所以是“或”的关系。

同时用计时条件 1 为“0”进行限制，否则会出现当东西方向为绿灯时，按下启动按钮，南北方向继续走 3 限制后便只有东西方向为红灯时，才能操作启动。又因为此时计时条件 1 本来就为“1”，所以不会影响当前运行值。启动条件更改的脚本设置如下：

IF 启动=1 OR 复位条件 1=1 AND 计时条件 1=0 THEN 计时条件=1

IF 启动=1 THEN 设定值=14

IF 启动=1 THEN 复位条件=0

6. 停止功能设置。现在系统一直循环，永远停不下来。停止的话，就要计时条件复位 0，复位条件置为 1。同时，按钮设置的是按 1 松 0，所以要用中间变量把它锁上。此时可用停止 1 来实现，系统停止的脚本设置如下：

IF 停止=1 THEN 停止 1=1

IF 停止 1=1 THEN 计时条件 1=0

IF 停止 1=1 THEN 复位条件 1=1

IF 停止 1=1 THEN 计时条件=0

IF 停止 1=1 THEN 复位条件=1

7. 复位停止 1。下面还要考虑的是，按下停止再启动就启动不了，因为停止 1 仍为“1”，需要给一个条件让停止 1 清零。也就是在启动按钮按下时，对停止 1 清零。复位停止 1 的脚本设置如下：

IF 计时状态=1 THEN 复位条件=1

IF 当前值>0 and 当前值<6 THEN 复位条件 1=0

IF 启动=1 THEN 停止 1=0

5.4.4 小车移动

重点：

掌握水平、垂直移动设置。

交通灯设计好后，想让小车移动，应该怎么处理呢？以北向车来举例，其实和前面所学电梯运行类似。通过水平移动、垂直移动来设计小车移动。

1. 双击小车进入属性设置界面，如图 5.30 所示。

图 5.30 属性设置界面

2. 设置垂直移动。这里可以看到的是水平移动，想要垂直移动，怎么办？点击动画连接，选中变量电机右侧箭头。在属性设置界面的位置动画连接处可以勾选“垂直移动”，进入垂直移动属性设置。表达式关联一个“北向车”对象，由于从北向南是从y轴的正向走向负向，所以偏移量设为0到-100，表达式值设为0到100，如图5.31所示。

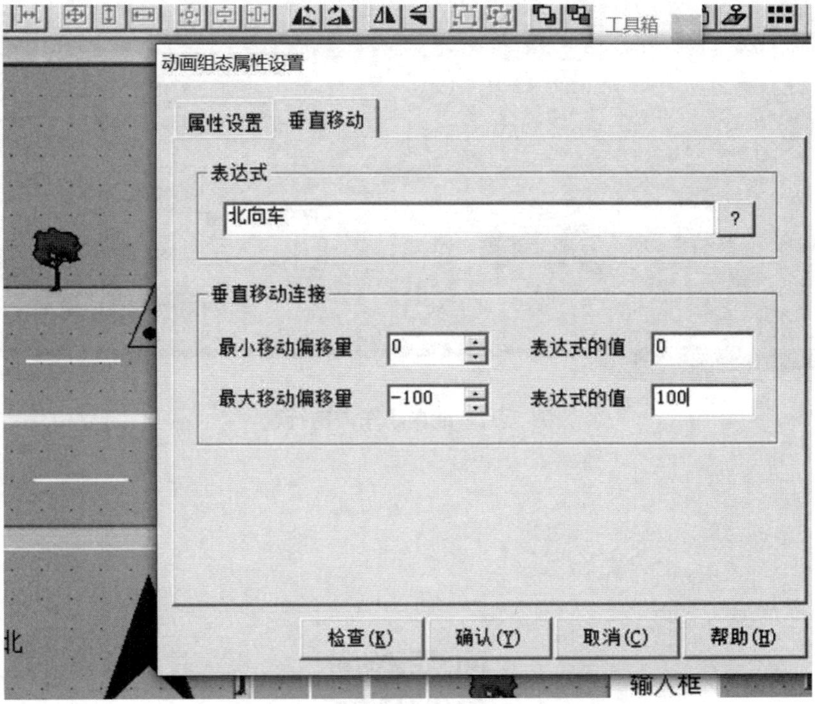

图5.31 小车垂直移动属性设置

3. 小车移动脚本。进入到窗口脚本，一般来说绿灯亮和绿灯闪烁时，南北向车都能通过，所以，条件就是绿灯亮或绿灯闪烁为真时，从北往南走是向y轴的负半轴走，用减法，每扫描一次减3（减多少是自己设定，体现的就是行使的快慢）。

小车移动脚本设置如下：

```
IF 南北绿=1 OR 南北绿闪=1 THEN
北向车=北向车-3
ELSE
北向车=0
ENDIF
```

4. 下载运行。南北方向绿灯亮时，北向小车向南行驶，如图 5.32 所示。

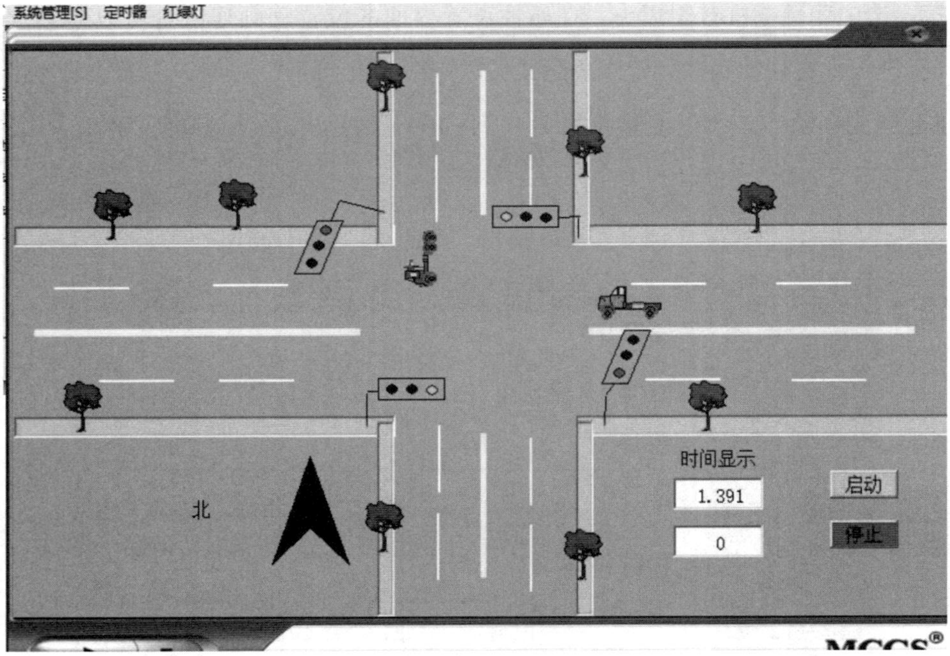

图 5.32 北向小车向南行驶

项目五习题和答案

项目六　自动配料机

本项目主要介绍 MCGS 嵌入版组态软件提供的配方解决方案，并通过自动配料机实例，使用户尽快掌握配方的组态实现方法。

6.1　配方功能介绍

重点：

学会分析系统需求。

配方是同一类数据的集合，如机器参数设置或生产数据。配方功能提供 HMI 界面，让使用者可以查看编辑数据。根据数据存储方式的不同，配方大致分为以下两种模式。

一、配方数据存储于 PLC

配方数据存储于 PLC 中，可将需要的配方数据上传到 HMI 并显示。用户选取特定配方并修改，再下载到 PLC 中作为当前配方。该方式主要常见于早期的系统中。因为早期的 HMI 本身不能存储配方，只能利用 PLC 的存储空间来实现。

二、配方数据存储于 HMI

配方数据存储于 HMI 之中，由 HMI 显示所有配方数据。用户选取特定配方下载到 PLC 中，作为当前配方。

本项目以面包配方为例，介绍如何运用 MCGS 嵌入版组态软件，实现这两种配方的应用。

假设面包配方中仅有面粉、水、糖三个参数，不同的比例混合可制成无糖、低糖和甜面包三种不同口味的面包。那么配方就有面粉、水、糖三个成员，按三个成员含量的不同分成三条配方记录。

两种模式的配方，运行效果如图 6.1、图 6.2 所示。

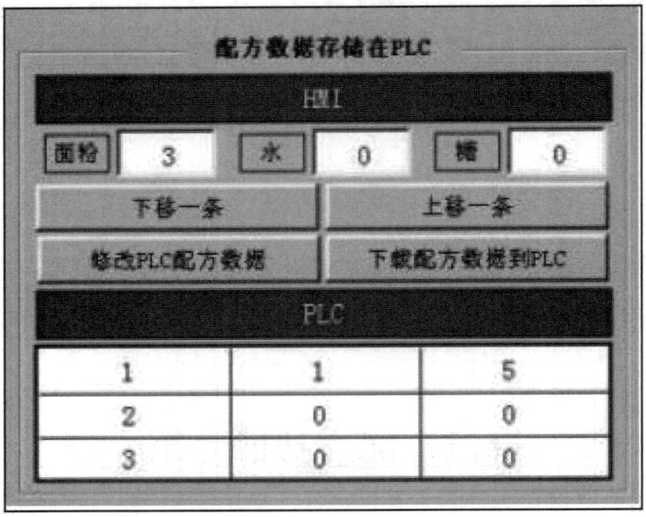

图 6.1　配方存储于 PLC 运行效果

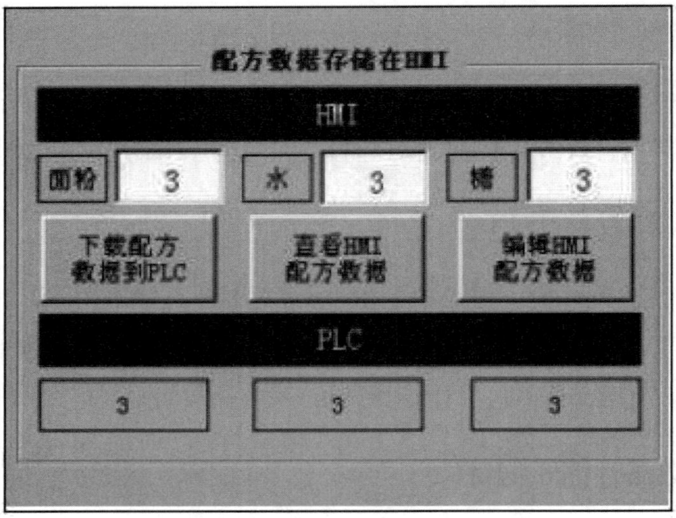

图 6.2　配方存储于 HMI 运行效果

6.2 配方数据存储于 PLC 中的用法

6.2.1 PLC 地址分配

重点：

掌握 PLC 地址分配。

此类应用将全部的配方数据存放在 PLC 中，因此 HMI 仅能进行如下几个操作。

（1）可以使用 HMI 浏览 PLC 中配方数据；

（2）可以选择修改一条配方项；

（3）可以下载某一条配方项到特定区域使 PLC 正常运行。

一、分析

1. 面包配方的三条配方项均存储于西门子 S7-200 的 V 寄存器中，数据格式选择 16 位无符号二进制，所以每个配方成员占 2 个字节存储空间，每个配方项为 6 字节，3 条共 18 字节，设定存于 V 寄存器 0～17 的 18 字节连续地址空间中，初始的数据可以通过 PLC 编程软件写入，如图 6.3 所示。

	PLC地址	数据
第一条配方起始地址 →	VWUB000	1
	VWUB002	1
	VWUB004	5
第二条配方起始地址 →	VWUB006	2
	VWUB008	0
	VWUB010	0
第三条配方起始地址 →	VWUB012	3
	VWUB014	0
	VWUB016	0

图 6.3 PLC 中 V 寄存器地址分配

2. 使用西门子 S7-200PLC 模拟面包生产机，接收面包配方的三个参数，见表 6.1 所列。接收地址为 V 寄存器 100～105 字节。

表 6.1　PLC 参数表

PLC 地址	数据
VWUB100	1
VWUB102	1
VWUB104	5

二、组态思路

根据以上需求，综合 MCGS 软件的特点给出如下的一个组态思路。

1. 在 MCGS 数据库中添加变量用于稍后操作配方数据。

2. 在设备窗口添加 PLC 设备并进行设定。

3. 在用户窗口添加若干标签、输入框和按钮构件，并编辑必要的脚本，用于显示与操作配方。

组态环境中设定完毕后，即可下载工程到 HMI，在运行环境中操作配方。

6.2.2　配方组态

重点：

掌握 MCGS 组态。

新建一个工程开始组态。

一、建立变量

1. 打开工作台“实时数据库”，新建 3 个数值型变量“面粉”“水”“糖”，其他属性保持默认值。此类变量用于实现配方数据的显示和修改。

2. 新建一个字符型变量“设备字符串”，其他属性保持默认值。此变量用于与设备进行信息传送。

3. 新建一个数值型变量“offset”，其他属性保持默认值。此变量用于存储 PLC 中配方数据偏移地址。

4. 新建两个数值型变量“a”“b”，其他属性保持默认值。此类变量用于解析“设备字符串”变量。变量创建好后可选择添加必要的备注，完成后实时数据库如图 6.4 所示。

名字	类型	注释
a	数值型	解析设备字符串
b	数值型	解析设备字符串
InputETime	字符型	系统内建数据对象
InputSTime	字符型	系统内建数据对象
InputUser1	字符型	系统内建数据对象
InputUser2	字符型	系统内建数据对象
offset	数值型	PLC地址偏移量
面粉	数值型	面包配方成员
设备字符串	字符型	与设备进行信息传送
水	数值型	面包配方成员
糖	数值型	面包配方成员

图 6.4 实时数据库

二、添加设备

1. 切换到工作台，打开设备窗口，使用设备工具箱添加“通用串口父设备”与“西门子_ S7200PPI”两个设备，将“西门子_ S7200PPI”驱动作为“通用串口父设备”的子设备。

2. 双击“西门子_ S7200PPI”驱动进入设备编辑窗口，在窗口的左上方查看驱动模板信息，确保此驱动是“新驱动模板”。

3. 为了方便实时查看 PLC 中的配方数据，在设备中添加这些数据的通道并连接变量，如图 6.5 所示，以便实时查看这些数据。

索引	连接变量	通道名称
0000	设备0_通讯状态	通讯状态
0001	设备0_读写VWUB000	读写VWUB000
0002	设备0_读写VWUB002	读写VWUB002
0003	设备0_读写VWUB004	读写VWUB004
0004	设备0_读写VWUB006	读写VWUB006
0005	设备0_读写VWUB008	读写VWUB008
0006	设备0_读写VWUB010	读写VWUB010
0007	设备0_读写VWUB012	读写VWUB012
0008	设备0_读写VWUB014	读写VWUB014
0009	设备0_读写VWUB016	读写VWUB016

图 6.5 通道连接变量

注：建议在工程界面添加一个标签或者输入框构件，关联“设备 0_ 通信状态”变量，用于显示 PLC 和 HMI 当前的通信状态，以保证工程正常运行。通信状态为 0 表示 PLC 和 HMI 通信正常。

三、创建动画构件、编写脚本程序

1. 切换回工作台“用户窗口”界面，新建一个用户窗口，添加标签、输入框、按钮、自由表格等构件，创建如图 6.6 所示窗口界面。

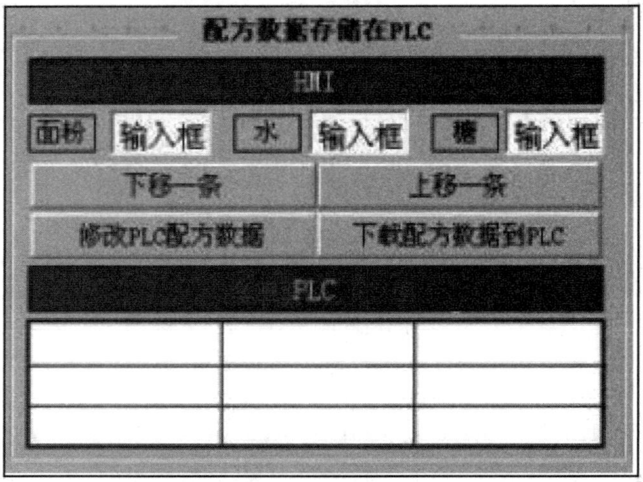

图 6.6　组态窗口界面

2. 在上面三个输入框的属性设置窗口的操作属性页，分别关联数据中心变量“面粉”“水”“糖”，用于配方数值的显示与修改。

3. 用鼠标双击“PLC”标签下面的自由表格构件，可激活表格构件，进入表格编辑模式。选择“表格”菜单的“连接”命令，会发现表格的行号和列号后面加星号（“*”）显示，右键单击表格，在打开的变量选择对话框中采用从数据中心选择的方式，关联通道连接变量，用于显示通道数据。

4. “下移一条”按钮的按下脚本编辑如下：

ifoffset=12thenexit

if（offset<12）thenoffset=offset+6

！SetDevice（设备0，6，" ReadBlock（V，offset，［WUB］［WUB］［WUB］，1，设备字符串）" ）

a=1

b=1

b=！InStr（a，设备字符串，"，" ）

面粉=！Val（！Mid（设备字符串，a，（b-a）））

a=b+1

b=！InStr（a，设备字符串，"，" ）

水=！Val（！Mid（设备字符串，a，（b-a）））

糖=！Val（！Mid（设备字符串，(b+1)，(！Len（设备字符串）-b）））

此脚本的意义为：

（1）在规定的范围内，将 PLC 地址以一组配方数据的长度为单位向后移动；

（2）读取 PLC 存储器中偏移量位置的配方数据；

（3）将得到的数据解析并赋值给配方成员，用于显示与修改。

5. “上移一条”按钮的按下脚本编辑如下：

```
ifoffset=0thenexit
if（offset>=6）thenoffset=offset - 6
！SetDevice（设备0，6，"ReadBlock（V，offset，[WUB][WUB][WUB]，1，设备字符串）"）
a=1
b=1
b=！InStr（a，设备字符串，","）
面粉=！Val（！Mid（设备字符串，a，(b-a)））
a=b+1
b=！InStr（a，设备字符串，","）
水=！Val（！Mid（设备字符串，a，(b-a)））
糖=！Val（！Mid（设备字符串，(b+1)，(！Len（设备字符串）-b）））
```

脚本的意义为：

（1）在规定的范围内，将 PLC 地址以一组配方数据的长度为单位向前移动；

（2）读取 PLC 存储器中偏移量位置的配方数据；

（3）将得到的数据解析并赋值给配方成员，用于显示与修改。

6. “修改 PLC 配方数据”按钮的按下脚本编辑如下：

```
设备字符串=！StrFormat（"%g,%g,%g"，面粉，水，糖）
！SetDevice（设备0，6，"WriteBlock（V，offset，[WUB][WUB][WUB]，1，设备字符串）"）
```

脚本的意义为：

将当前面粉、水、糖的数值按规定格式写入到 PLC 配方数据存储区中，即修改配方。

7. “下载配方数据到 PLC”按钮的按下脚本编辑如下：

```
设备字符串=！StrFormat（"%g,%g,%g"，面粉，水，糖）
！SetDevice（设备0，6，"WriteBlock（V，100，[WUB][WUB][WUB]，1，设备字符串）"）
```

脚本的意义为：

将当前面粉、水、糖的数值按规定格式写入到 PLC 的特定存储区中，特定存储区存储选择使用的配方。

注：当配方对应的实时数据库中变量名称有序时，可利用批量读写设备命令，来实现数据操作，无须解析字符串。

例如：我们将 Data1，Data2，Data3 看作面包配方的面粉，水，糖三个变量，则可以用批量读写函数 ReadPV，WritePV 来进行查看和修改配方操作。

! SetDevice（设备 0，6，" ReadPV（V，offset，WUB，3，Data1，nReturn）" ）

表示读取 V 寄存器从地址 offset 开始的 3 个 16 位无符号二进制数值，放入 MCGS 变量 Data1 为起始，连续 3 个变量（Data1，Data2，Data3）中，执行是否成功通过 nReturn 返回，0 表示成功，非 0 表示失败。这样可以控制读取上一条或者下一条配方数据到组态变量并显示出来。

! SetDevice（设备 0，6，" WritePV（V，offset，WUB，3，Data1，nReturn）" ）

表示将以 MCGS 变量 Data1 为起始，连续 3 个变量的值（Data1，Data2，Data3），以 16 位无符号二进制形式写入 V 寄存器从地址 offset 起始的连续 3 个寄存器中，执行是否成功通过 nReturn 返回，0 表示成功，非 0 表示失败。这样可以控制将指定配方数据写入 PLC 指定位置，以达到修改或执行配方数据的目的。

6.2.3 使用配方

重点：

掌握 MCGS 与 PLC 数据连接。

下载编辑好的配方工程至 HMI，并连接好 PLC 设备，工程运行效果如图 6.7 所示。

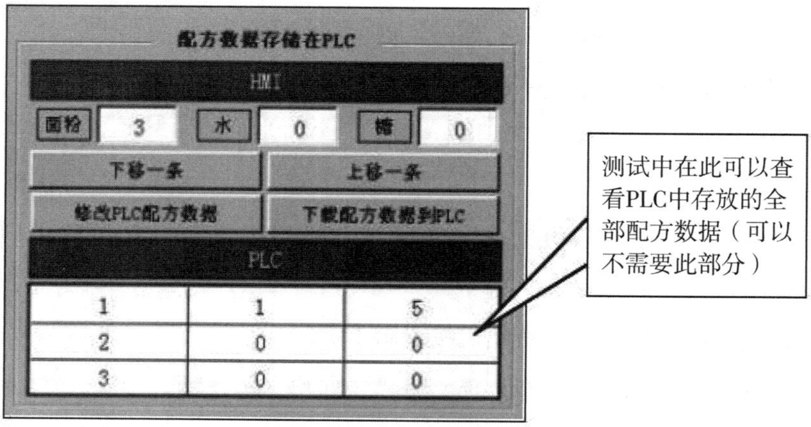

图 6.7　运行效果

1. 点击“上移一条”“下移一条”，可切换配方项。当前配方项数据显示在 HMI 下方的 3 个输入框构件中。

2. 点击“修改 PLC 配方数据”，可将“HMI”下方的 3 个框中的数据按规定格式写入到 PLC 中，修改 PLC 中当前配方数据。

3. 切换到要采用的配方数据时，点击“下载配方数据到 PLC”，可将选择的配方下载到 PLC 特定区域，表示改为使用此配方数据，这里为 100，此地址随工程不同而不同，一般为确定值。

4. 最下方的表格控件关联了目标 PLC 中各地址的数据，可实时显示 PLC 中的全部配方数据。(此部分非必需)

注：保证工程正常运行的前提是 PLC 和 HMI 通信正常。

6.3 配方数据存储于 HMI 中的用法

一、准备工作

此模式的配方功能，所有配方数据均存储于 HMI 中，运行时可以利用组态软件的配方功能方便地进行查看和修改，如果需要查看 PLC 中当前使用的数据，可将 PLC 中对应地址的数据通过通道读取并显示在组态中。HMI 可以进行如下的操作。

1. 可以使用 HMI 浏览所有配方数据。

2. 可以选择修改指定配方项。

3. 可以下载某一个配方项到特定区域使 PLC 正常运行。

我们仍然使用西门子 S7-200PLC 模拟面包生产机接收面包配方的三个参数，接收地址为 V 寄存器 100～105 字节。

二、组态思路

1. 首先在 MCGS 数据库中添加变量用于稍后操作配方数据。

2. 在设备窗口添加 PLC 设备并进行设定。

3. 使用配方组态工具编辑配方成员、配方项和配方数据。

4. 在用户窗口添加若干标签、输入框和按钮构件，并编辑必要的脚本，用于显示与操作配方组态环境中设定完毕后，即可下载工程到 HMI，在运行环境中操作配方。

6.3.1 配方组态

重点：

掌握 MCGS 组态

新建一个工程，下面开始组态。

一、建立变量

1. 打开工作台“实时数据库”，新建 3 个数值型变量“面粉”“水”“糖”，其他属性保持默认值。此类变量为关联显示配方数据用。

2. 新建组对象“原料组”。将“面粉”“水”“糖”添加为组成员。此变量用于操作一组配方数据。

3. 新建一个字符型变量“设备字符串”，其他属性保持默认值。此变量用于与设备进行信息传送。

4. 新建两个数值型变量“a”“b”，其他属性保持默认值。此变量用于解析“设备字符串”。创建完毕的变量如图 6.8 所示。

名字	类型	注释
a	数值型	解析设备字符串
b	数值型	解析设备字符串
InputETime	字符型	系统内建数据对象
InputSTime	字符型	系统内建数据对象
InputUser1	字符型	系统内建数据对象
InputUser2	字符型	系统内建数据对象
面粉	数值型	配方成员
设备字符串	字符型	与设备进行信息传送
水	数值型	配方成员
糖	数值型	配方成员
原料组	组对象	操作一组配方数据

图 6.8 实时数据库创建变量

二、添加设备

1. 切换到工作台，打开设备窗口，使用设备工具箱添加“通用串口父设备”与“西门子_ S7200PPI”两个设备，将“西门子_ S7200PPI”驱动作为“通用串口父设备”的子设备。

2. 双击“西门子_ S7200PPI”驱动进入设备编辑窗口，在窗口左上角查看驱动模板信息，确保此驱动是“新驱动模版”。

三、设计配方

1. 点击 MCGS 主菜单“工具（T）”，选择“配方组态设计”菜单项，打开配方组态设计工具。

2. 点击“文件（F）”选择“新增配方组（N）”，或点击工具栏“新增配方组（N）”按钮，新建一个配方组（“配方组 0”），在“配方组 0”上点击鼠标右键，选择“配方组改名（R）”，将配方组重命名为“面包配方”。

3. 点击“格式（M）”选择“增加一行（I）”，或点击工具栏“新增一行（I）”按钮，新建一个配方成员，在配方成员的变量名称处点击鼠标右键，在弹出的变量选择对话框中选择变量“面粉”。同理，再新建两个配方成员，分别连接变量“水”和“糖”。

4. 点击“使用变量名作列标题名”按钮，为配方成员分别命名为“面粉”“水”“糖”。创建好的配方成员如图 6.9 所示。

编号	变量名称	列标题	输出延时
0	面粉	面粉	0
1	水	水	0
2	糖	糖	0

图 6.9 创建配方

5. 点击“编辑（E）”选择“编辑配方（E）”，或点击工具栏按钮，打开配方修改对话框。在配方修改对话框中点击“增加”按钮，即可增加一个配方项，添加配方数据如图 6.10 所示，添加完成后保存并退出配方修改对话框。

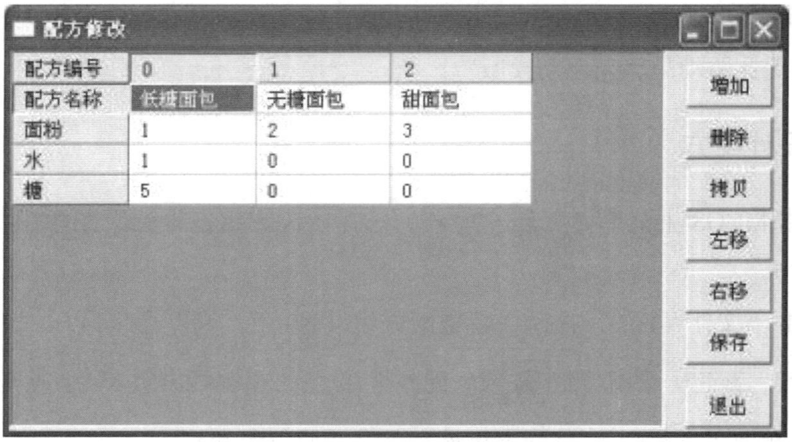

图 6.10　配方修改对话框

6. 点击“文件（F）”“保存配方（S）”，或点击工具栏按钮，保存配方。保存后关闭配方组态设计工具。

四、创建动画构件、编写脚本程序

1. 切换回工作台“用户窗口”界面，新建一个用户窗口并打开。

2. 创建标签、按钮、输入框等动画构件，窗口组态界面如图 6.11 所示。

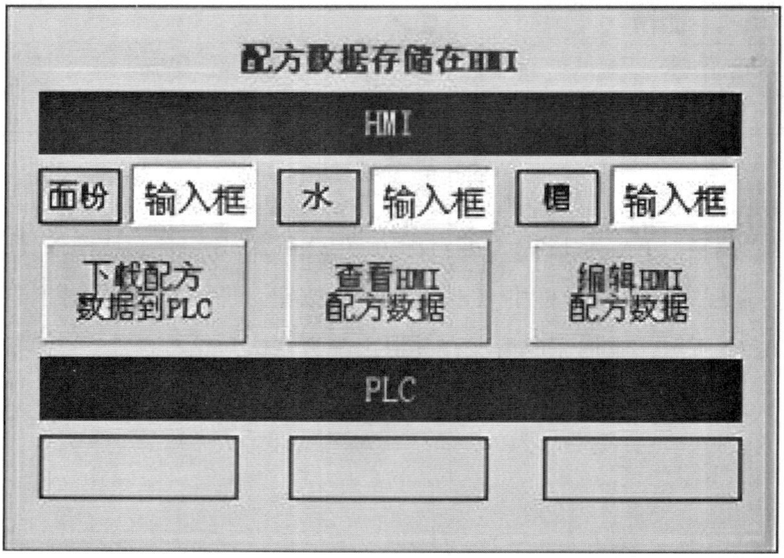

图 6.11　窗口组态界面

3. 将两个较大的标签作为标题分别命名为“HMI”与“PLC”。三个输入框用于显示 HMI 配方数据值，下面三个标签用于显示 PLC 设备上的数据值。

4. 将“HMI”下方的三个输入框分别关联数据中心变量“面粉”“水”“糖”，用于配方成员的显示与修改。

5. 将“PLC”下面三个标签作为“显示输出”，用于 PLC 中数据的显示。关联变量时，勾选“根据采集信息生成”，通信端口选择“通用串口父设备 0［通用串口父设备］”，采集设备选择“设备 0［西门子_ S7200PPI］”，通道类型选择“V 寄存器”，数据类型选择“16 位无符号二进制”，读写类型选择“读写”。三个标签的通道地址依次填写“100”“102”“104”。三个标签均选择作为数值量输出。

6. 三个按钮构件的文本分别设为：“下载配方数据到 PLC”“查看 HMI 配方数据”“编辑 HMI 配方数据”。

7. “下载配方数据到 PLC”按钮的按下脚本编辑如下：

设备字符串 =！StrFormat（"%g,%g,%g"，面粉，水，糖）

！SetDevice（设备 0，6，" WriteBlock（V，100，［WUB］［WUB］［WUB］，1，设备字符串）"）

脚本的意义为：

将当前配方数据面粉、水、糖的数值按规定格式写入到 PLC 设备中。

8. “查看 HMI 配方数据”按钮的按下脚本编辑如下：

！RecipeLoadByDialog（" 面包配方"，" 请选择一个面包配方"）

脚本的意义为：

调出配方查看对话框，可以查看配方数据。

9. “编辑 HMI 配方数据”按钮的按下脚本编辑如下：

！RecipeModifyByDialog（" 面包配方"）

脚本的意义为：

调出配方修改对话框，可以编辑指定配方数据。

注：建议在工程界面添加一个标签或者输入框构件，关联一个表示 PLC 通信状态的开关型变量，用于显示 PLC 和 HMI 当前的通信状态，以保证工程正常运行。通信状态为 0 表示 PLC 和 HMI 通信正常。

6.3.2 使用配方

重点：

掌握 MCGS 运行调试。

下载编辑好的配方工程至 HMI，并连接好 PLC 设备，运行 HMI。运行效果如图 6.12 所示。

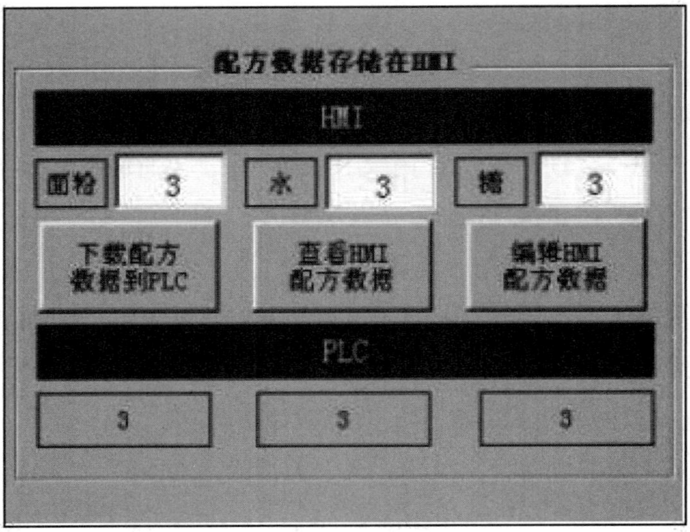

图 6.12　运行效果图

1. 输入框初始为数据对象初值 0，当选择指定配方项后，配方项数据显示在 HMI 下方的三个输入框中。

2. 点击“下载配方数据到 PLC”，可将“HMI”下方三个输入框中的数据按规定格式写入到 PLC 中。

3. 点击“查看 HMI 配方数据”可以调出配方查看窗口。

4. 点击“编辑 HMI 配方数据”可以调出配方编辑窗口，编辑、修改配方数据。

工业网络篇

项目七 工业网络搭建

7.1 设备管理

本项目旨在帮助同学正确使用 TP-LINK 企业级交换机。内容包含配置交换机各种功能的实例和详细说明。适用于 TP-LINK 2 系列云交换机型，硬件版本 3.0 及以上的版本。部分功能仅特定型号支持，以产品实际页面为准。

7.1.1 通过本地 WEB 管理交换机

重点：

掌握本地 WEB 管理交换机方法。

1. 通过交换机的固定 IP：10.18.18.251/24 管理

在云管理模式下，2 系列云管理交换机拥有一个固定 IP 10.18.18.251，管理 PC 配置和交换机管理 IP 同网段的静态 IP 地址，并插入到交换机的任意端口即可登录交换机的 Web 管理界面。

配置管理 PC 静态 IP 地址：10.18.18.200/24，如图 7.1 所示。

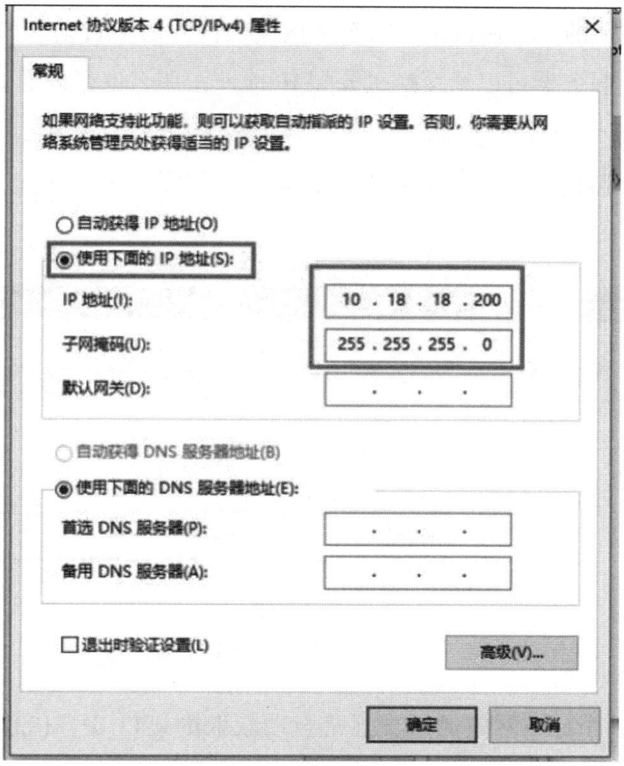

图 7.1　TCP 协议设置

通过 10. 18. 18. 251/24 登录交换机的 Web 界面（可以在 Web 界面关闭这个固定 IP），如图 7.2 所示。

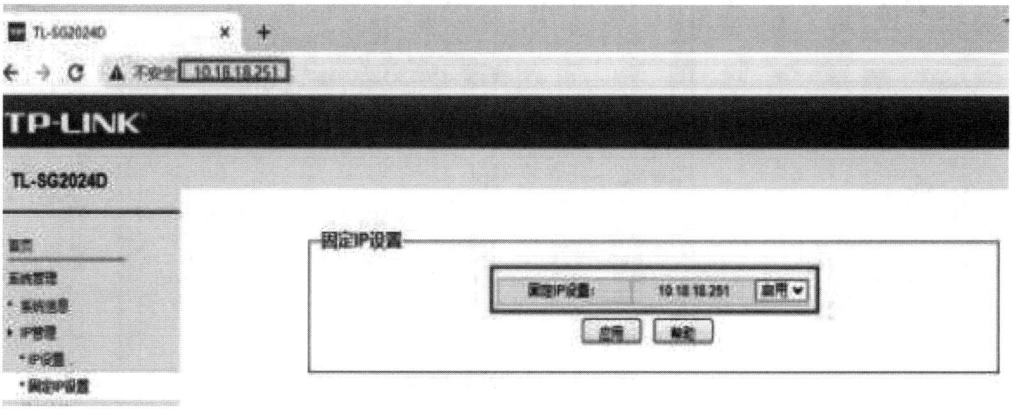

图 7.2　更改交换机 IP

2. 通过交换机自动获取到的接口 IP 管理

在云管理模式下的云交换机出厂状态下接口默认开启了自动获取 IP 的功能，如果局域网中有 DHCP 服务器可以给交换机分配 IP 地址，那么也可以通过交换机获取的 IP 登录交换机的 Web 界面进行管理。

在 DHCP 服务器查看交换机获取到的 IP 地址，如图 7.3 所示。

图 7.3　获取 IP 地址

PC 接入到同一个局域网中通过交换机自动获取的接口 IP：192.168.111.4 登录管理界面，如图 7.4 所示。

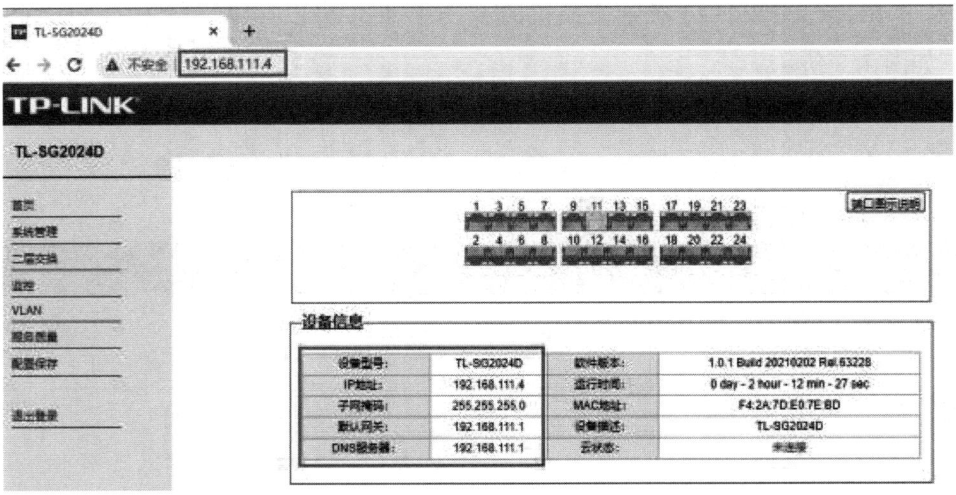

图 7.4　自动获取接口 IP

7.1.2 通过 PC 版本的商用网络云平台管理

重点：

掌握 PC 版本商用网格云平台管理。

云交换机在云管理模式下，连接前端网络，前端网络可以正常上网的情况下，通过云交换机连接商云平台。设备上云并绑定到相应的 TP-LINK ID 之后，可以登录 TP-LINK ID 后通过 PC 版的商用网络云平台管理设备，如图 7.5 所示。

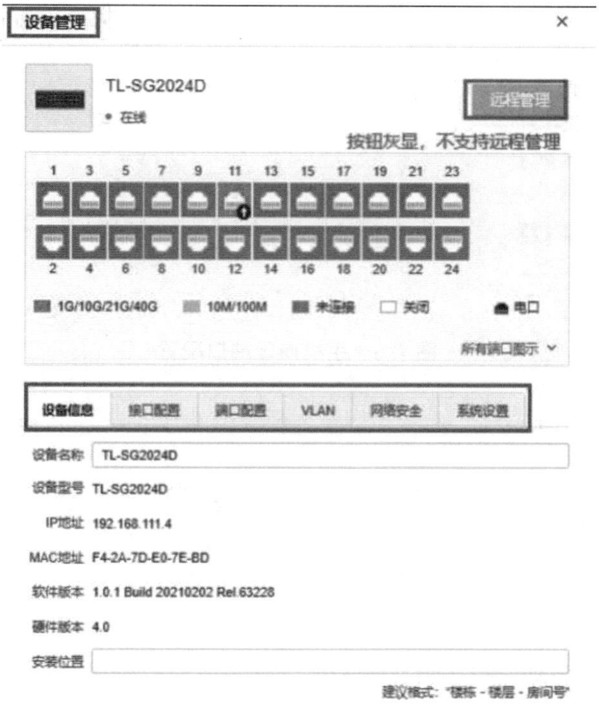

图 7.5 设置管理界面

7.1.3 通过手机商云 APP 管理

重点：

掌握通过手机商云 APP 管理。

云交换机在云管理模式下，连接前端网络，前端网络可以正常上网的情况下，通过云交换机连接商云平台。设备上云并绑定到相应的 TP-LINK ID 之后，可以在手机商云 APP 上登录 TP-LINK ID 后通过手机商云 APP 管理设备，如图 7.6 所示。

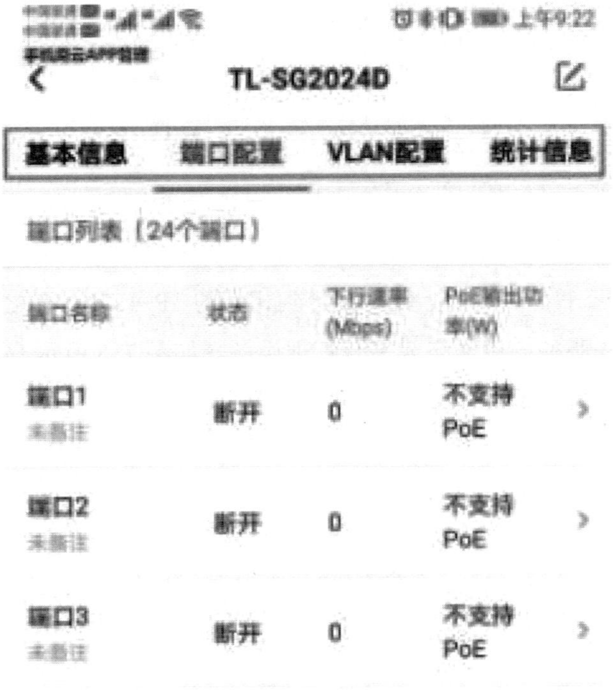

图 7.6　手机商云端口配置

7.2　交换设置

7.2.1　云交换机端口监控配置

重点：

掌握云交换机端口监控配置。

一、应用介绍

端口监控是一种数据包获取技术，可以实现将一个或几个端口（被监控端口）的数据包复制到一个特定的端口（监控端口），通过对收集到的数据包进行分析，可以达到网络监控或排除网络故障的目的。

二、需求介绍

网络中有一台安装了数据包分析软件的主机连接在交换机的 3 号端口，需要对网络中电脑的上网行为进行监控。网络拓扑示意如图 7.7 所示。

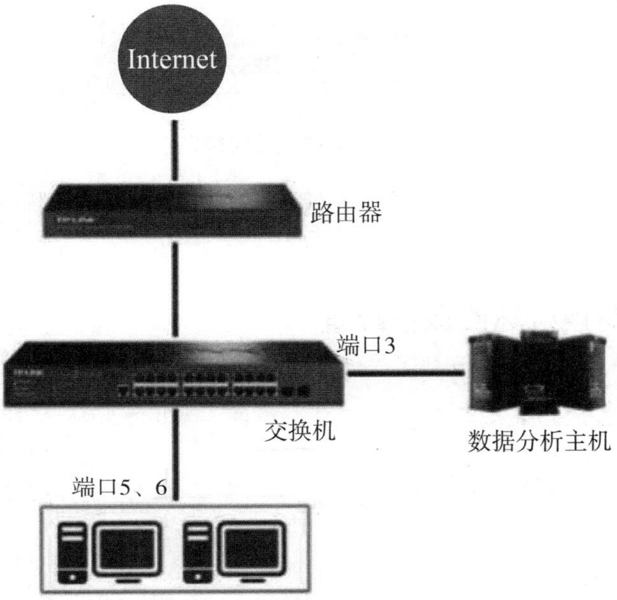

图 7.7　交换机端口监控网络拓扑

三、设置方法

1. 开启端口监控功能。在“监控端口→端口监控使能”中，下拉选择“启用”，选择相应监控端口“端口 3”，点击“应用”，如图 7.8 所示。

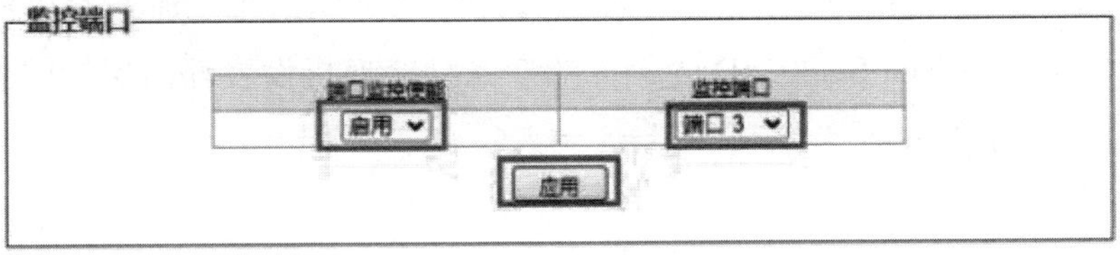

图 7.8　开启监控端口功能

2. 选择被监控端口：在“被监控端口”中选择需要被监控的端口，入口、出口均选择“启用”，点击“应用”，如图 7.9 所示。

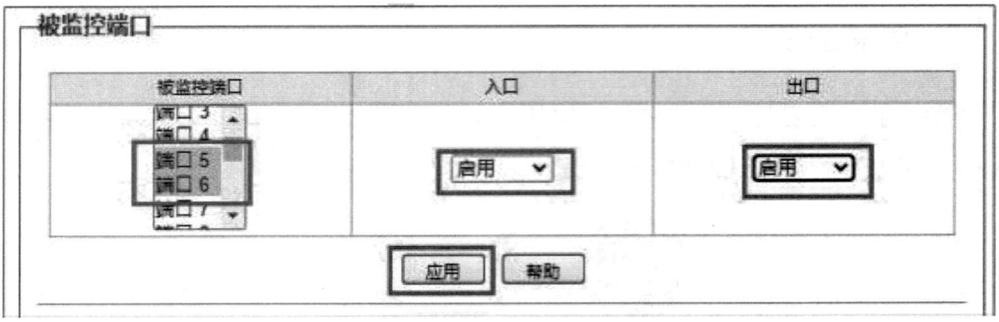

图 7.9　选择被监控端口

3. 提交应用。

7.2.2　云交换机环回保护配置

重点：

掌握云交换机环回保护配置。

一、应用介绍

环路即交换机网络形成了环状的拓扑结构。环路会造成内网广播风暴，消耗交换机大量的 CPU 和线路带宽，严重时甚至可能造成设备死机、网络瘫痪。

二、需求介绍

很多企业使用二层管理型交换机作为主交换机，下接多台非管理型交换机，由于网络比较庞大，容易形成环路，仅靠管理员维护检测难以实现，需要开启环回保护以消除环路。本项目以 TL-SG2024D 为例介绍 2 系列交换机设置环回保护的方法，示意网络拓扑如图 7.10 所示。

图 7.10 网络拓扑图

三、设置方法

在“环回保护设置→环回保护状态”中，下拉选择“启用”，点击“应用”，如图 7.11 所示。

图 7.11 环回保护设置

至此已完成设置，注意保存配置以免掉电导致配置丢失。

当某个端口检测到环路后，该端口会自动被阻塞。通过被阻塞的端口对下接网络进行排查，以便彻底消除环路。

7.2.3 云交换机端口汇聚配置

重点：

掌握云交换机端口汇聚配置。

一、应用介绍

端口汇聚是一种增加端口最大带宽的技术，普通千兆的端口最大传输速率为 1000 Mbps。在某些服务器或者交换机对接的场景下要求端口速率叠加，增加内网的传输速率，因此就可以利用交换机的端口汇聚功能来做到端口速率的叠加，增加内网的传输速率。

二、需求介绍

某公司内网流量比较大，且所有的办公设备都是通过两台云交换机连接，交换机和交换机之间的传输速率要求达到 4 Gbps，因为可以通过设置云交换机的端口汇聚功能来实现用户增加内网端口速率的需求。

三、设置方法

开启交换机的端口汇聚功能。在“汇聚配置→汇聚组”中，选择汇聚组 1，并选择转发端口 1～4 口，将 1～4 口设置成汇聚口，点击“应用”，如图 7.12 所示。

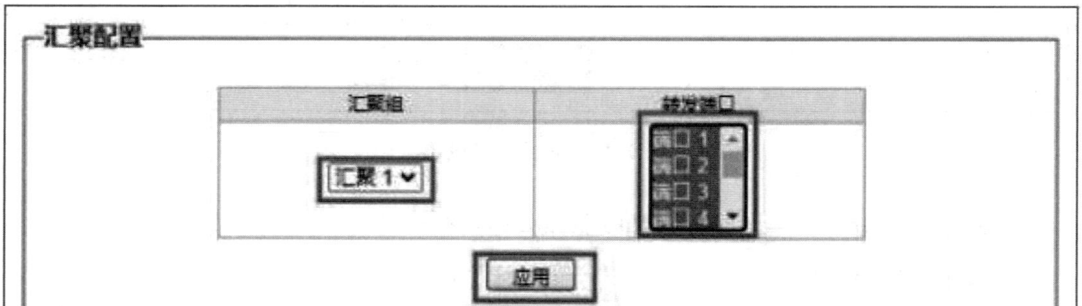

图 7.12 开启交换机端口汇聚功能

提交应用后可以看到汇聚组对应转发端口的状态列表，如图 7.13 所示。

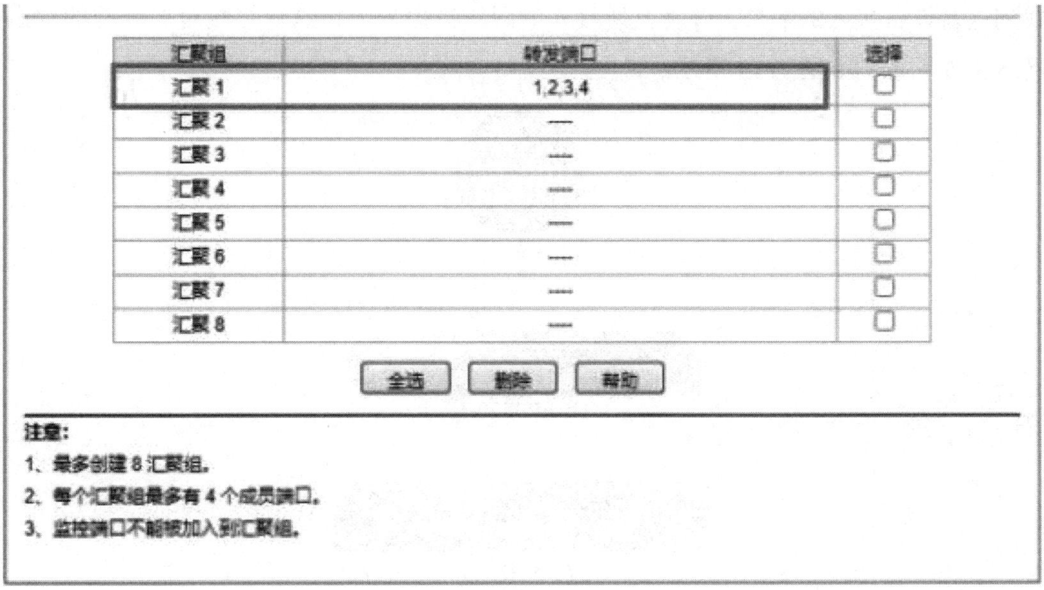

图 7.13 端口状态列表

同样的设置方法，在另外一台云交换上将 1～4 口设置成汇聚口，然后两台交换机的 1～4 口对接起来，便完成了云交换的端口汇聚功能。

至此已完成设置，注意保存配置以免掉电导致配置丢失。

7.2.4 云交换机 MAC 地址搜索配置

重点：

掌握云交换机 MAC 地址搜索配置。

一、应用介绍

中大型网络中终端设备的接入数量很多，有时候运维人员需要知道某个终端接入在设备的什么端口，尤其是在接入层交换机上。单独通过排线找终端是非常麻烦的，而云交换的 MAC 搜索功能就能非常便捷地找到终端所接入的设备端口，便于运维人员进行下一步操作。

二、需求介绍

某企业运维人员发现网络中某一台终端出现了疑似中毒的情况，通过数据包看到这个终端不停地向局域网发送恶意报文。为了保障整体网络的安全性，运维人员需要找到这台设备接入的端口，并将其所接入的网线拔掉来阻止这台终端对局域网的攻击，网络拓扑示意图如图 7. 14 所示。

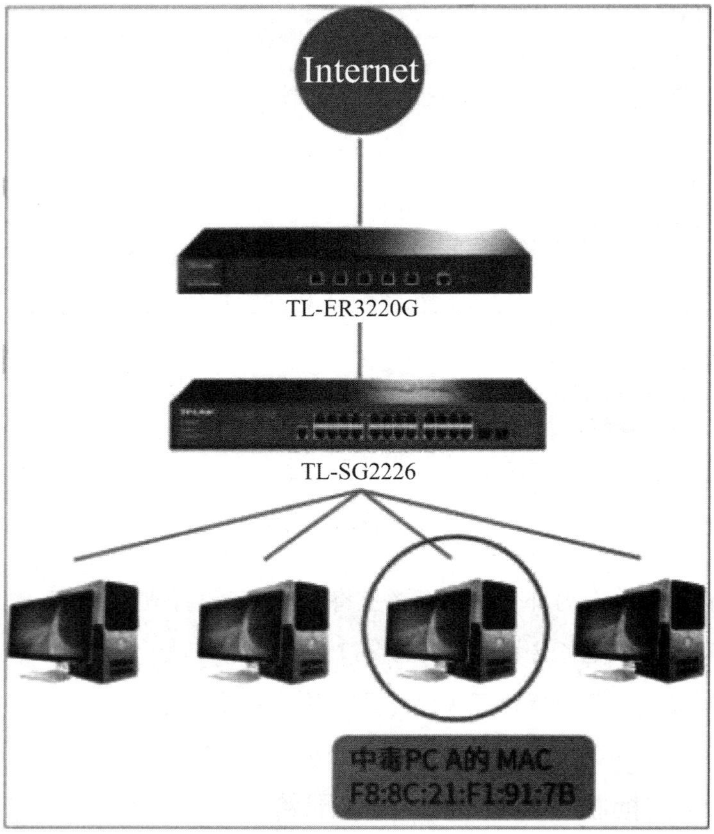

图 7. 14　MAC 连接拓扑图

三、设置方法

在“二层交换→MAC 地址搜索”中，输入疑似中毒终端所对应的 MAC 地址，点击“查询”，如图 7. 15 所示。

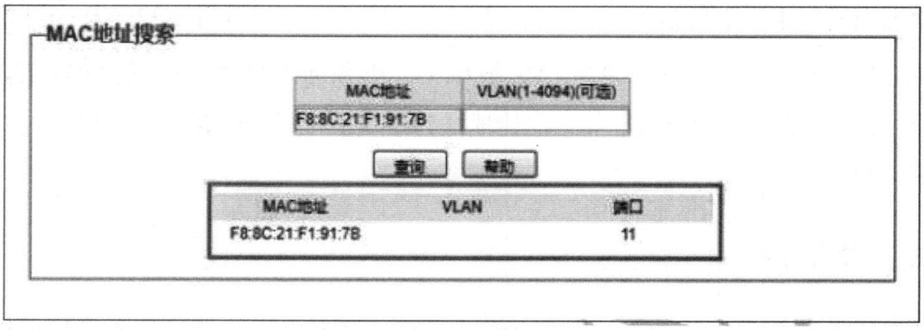

图 7. 15　MAC 地址搜索

这样就可以查到这个异常终端所接入的端口为交换机的11口，现在拔除掉11端口网线就可以将这个异常终端从网络中移除，保障了网络的安全性。

7.3 VLAN

7.3.1 云交换机802.1Q VLAN配置

重点：

掌握云交换机802.1Q VLAN配置。

一、应用介绍

802.1Q VLAN可以实现局域网内二层网络的隔离以及跨交换机的VLAN互访。在中大型网络中，为了隔离广播域，设置802.1Q VLAN是一个非常有效且方便的办法。这样既能保证用户带宽，也能降低设备因为处理局域网广播所带来的性能损耗。

二、需求介绍

802.1Q VLAN可以实现局域网内二层网络的隔离以及跨交换机的VLAN互访，下面以TL-SG2218P为例介绍2系列交换机设置IEEE802.1Q VLAN的方法。

实例：同一个公司的同一个部门有多个不同的办公地点，各办公点有各自的交换机，级联形成同一个局域网。要求：不同部门之间相互隔离，不能互访；不同交换机下的相同部门的成员能进行互访。网络拓扑如图7.16所示。

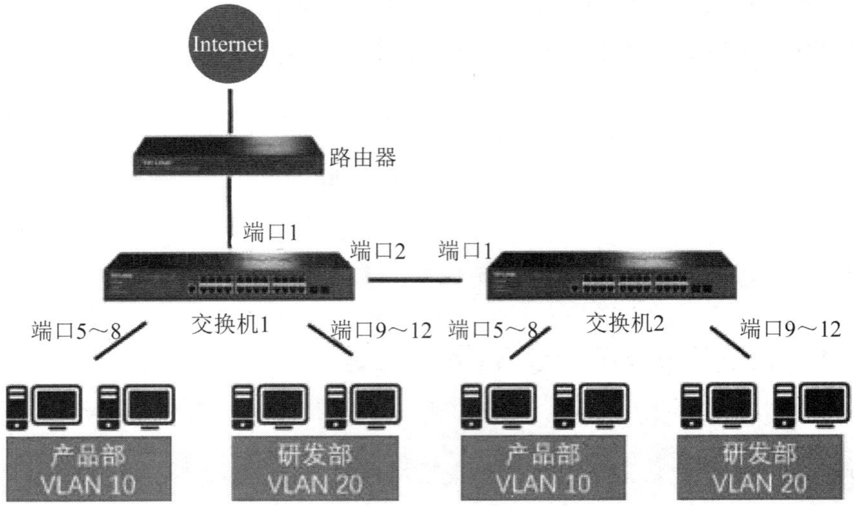

图 7.16　拓扑图

三、设置方法

以交换机一为例，端口 1 接路由器，端口 2 接交换机二端口 1。

1. 开启 802.1Q VLAN 功能：2 系列交换机需要手动开启 802.1Q VLAN 功能。在“VLAN→802.1Q VLAN 设置”中，选中“启用”，点击“应用”。

2. VLAN 的划分：在 VLAN 输入框中输入 10，选择对应的端口，级联口端口 2 选择 Tagged，其余端口选择 Untagged，完成后点击“添加”，如图 7.17 所示。

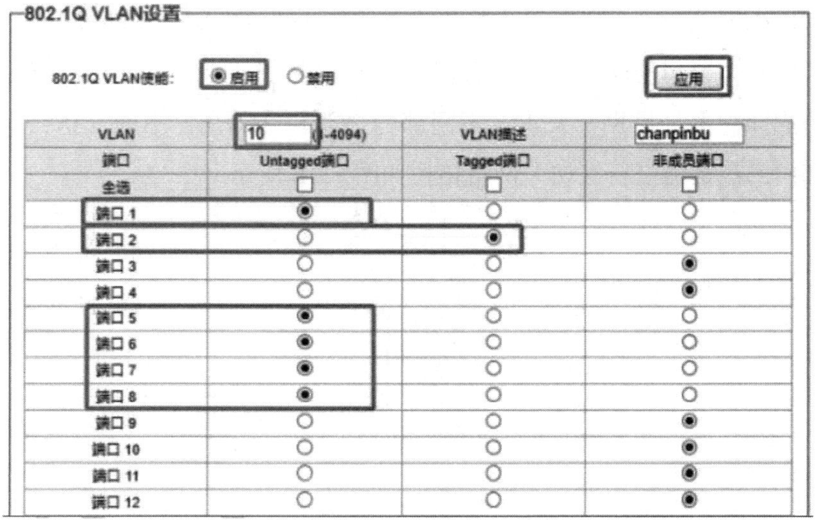

图 7.17　VLAN 设置

3. VLAN20 重复第 2 步。添加完成后，VLAN 列表如图 7.18 所示。

VLAN	VLAN描述	成员端口	Tagged端口	Untagged端口	删除
1	Default	1-18		1-18	☐
10	chanpinbu	1-2,5-8	2	1,5-8	☐
20	yanfabu	1-2,9-12	2	1,9-12	☐

图 7.18 VLAN 列表

注意：由于交换机默认支持 PVID 为 1 的端口进行管理，所以建议保留至少一个端口用于管理。

4. 设置端口 PVID。在“VLAN→802.1Q VLAN PVID 设置”中，选中 VLAN10 中 Untagged 的端口，PVID 框输入 10，点击“应用”进行保存。VLAN20 重复上述步骤。端口类型为 Tagged 的 1 口、2 口作为级联口，保持默认 PVID 值为 1 即可。设置后如图 7.19 所示。

802.1Q VLAN PVID设置

选择	端口	PVID
☐		
☐	端口1	1
☐	端口2	1
☐	端口3	1
☐	端口4	1
☐	端口5	10
☐	端口6	10
☐	端口7	10
☐	端口8	10
☐	端口9	20
☐	端口10	20
☐	端口11	20
☐	端口12	20
☐	端口13	1
☐	端口14	1
☐	端口15	1

图 7.19 PVID 设置

交换机二的设置与交换机一的设置基本一致。只是 VLAN10 和 VLAN20 的成员端口只需包含一个级联口端口 1 即可，端口类型为 Tagged。至此已完成所有设置，注意保存配置以免掉电导致配置丢失。

7.3.2 云交换机 Port VLAN 配置

重点：

掌握云交换机 Port VLAN 配置。

一、应用介绍

Port VLAN 是基于端口的 VLAN，处于同一 VLAN 的端口之间才能相互通信，可以有效地屏蔽广播风暴，并提高网络的安全性。基于端口的 VLAN 具有实现简单，易于管理的优点。

Port VLAN 一般适用在同一个交换机下的 VLAN 划分，若是跨交换机的 VLAN 划分则需使用 802. 1Q VLAN。

二、需求介绍

实例：现有部门 A 和部门 B，还有一个服务器，所有电脑和服务器连接在同一个交换机下。

要求部门 A 和部门 B 之间不能通信，但都可以访问服务器。网络拓扑如图 7. 20 所示。

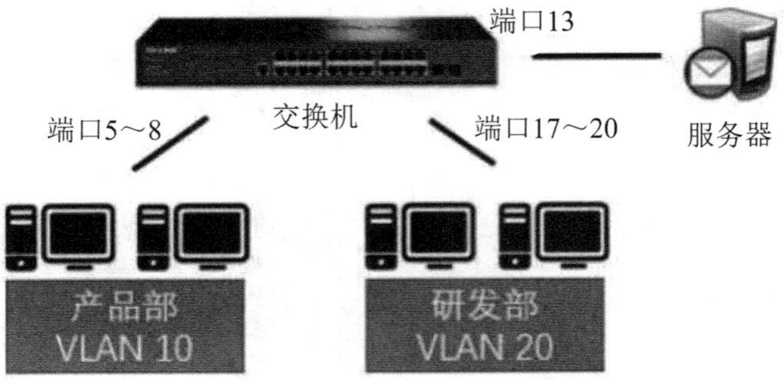

图 7. 20　拓扑图

三、设置方法

1. 开启端口 VLAN 功能：在“VLAN→端口 VLAN 设置”中，选中“启用”，点击“应用”。

2. VLAN 的划分：在输入框中输入 10，选择对应的端口，注意添加上服务器所在端口 13，完成后点击“应用”。VLAN 20 重复第 2 步，如图 7. 21 所示。

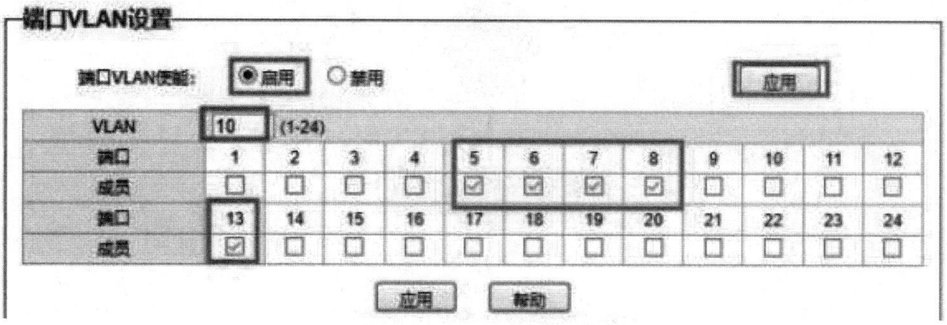

图 7.21　端口 VLAN 设置

3. 默认 VLAN 1 需将两个部门所属的端口剔除出去。完成后，VLAN 列表如图 7.22 所示。

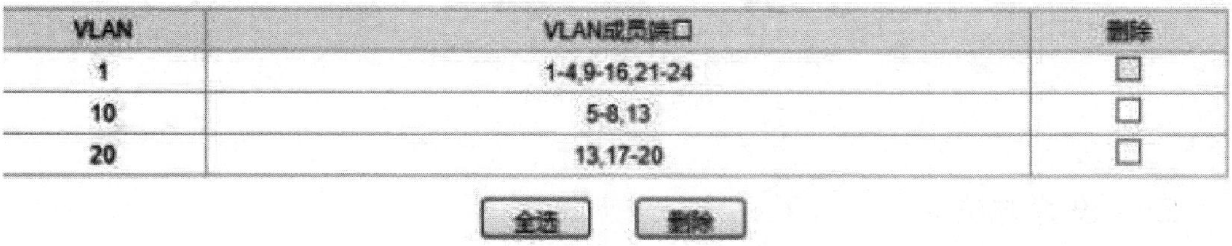

VLAN	VLAN成员端口	删除
1	1-4,9-16,21-24	☐
10	5-8,13	☐
20	13,17-20	☐

图 7.22　VLAN 列表

7.3.3　云交换机 MTU VLAN 配置

重点：

掌握云交换机 MTU VLAN 配置。

一、应用介绍

MTU VLAN 是 Port VLAN 的特例，MTU VLAN 是将每个用户所占用的端口与上联端口划分为一个单独的 VLAN。普通端口只能和预先设置的上联端口进行通信，相互之间无法通信，保障了网络的安全。

二、需求介绍

实例：某企业通过云交换接入了无线 AP，现为保证网络的运行稳定，让 AP 和 AP 之间不能相互通信，只能与上联口 1 口的设备通信上网。网络拓扑如图 7.23 所示。

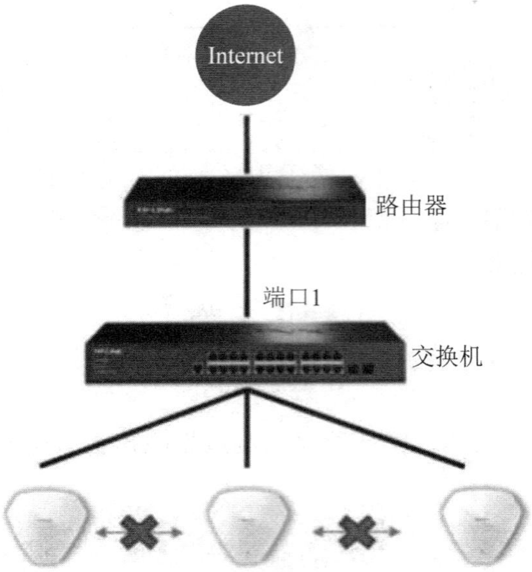

图 7.23　拓扑图

三、设置方法

在“VLAN→MTU VLAN 设置”中，选中“启用”，点击“应用”。选中上联所用的端口，点击“应用”。

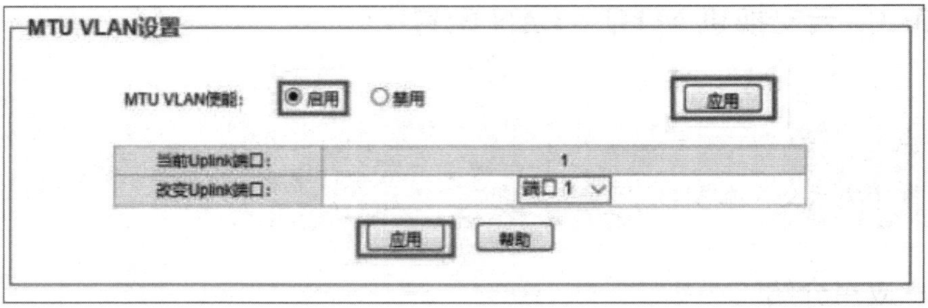

图 7.24　MTU VLAN 设置

至此已完成设置，注意保存配置以免掉电导致配置丢失。

7.4　网络安全

重点：

掌握云交换机网络安全配置。

一、应用介绍

DHCP 主要作用是集中分配和管理 IP 地址，通常我们是通过路由器或三层网管交换机充当 DHCP 服务器的角色。但如果网络中有其他能够分配 DHCP 的非法服务器，也会给客户端分配不正确的 IP，导致终端无法上网，网络结构紊乱。而开启“DHCP 侦听”功能，添加授信端口，可以让终端和服务器只能从授信端口接收发送 DHCP Offer 报文，从而能安全地进行网络通信。

二、需求介绍

某企业通过云交换机作为接入层使用，为了保证网络的运行稳定，使终端只能从规定的 DHCP 服务器获取 IP 地址，不能从非法的 DHCP 获取地址，网络拓扑示意图如图 7. 25 所示。

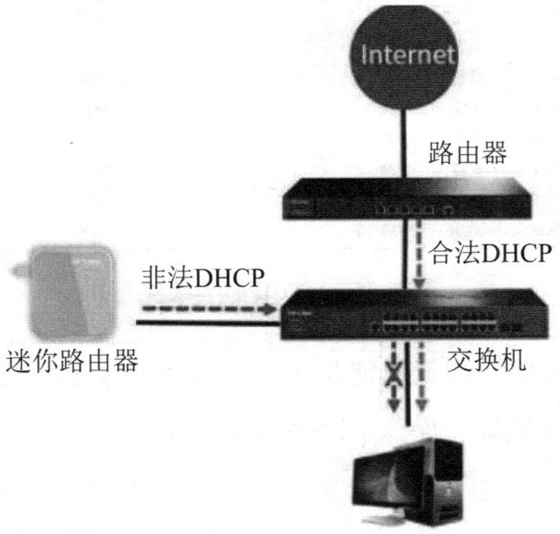

图 7. 25　网络拓扑示意图

三、设置方法

在“二层交换→DHCP 侦听”中，启用 DHCP 侦听功能，设置连接合法路由器的端口为信任端口。本例设置连接路由器的上联口 1 口为信任端口，其余为非信任端口，如图 7. 26 所示。

图 7.25　DHCP 侦听设置

这样交换机上所接入的终端就只能从 1 口上联的设备获取地址，不会从其余端口的非法 DHCP 服务器获取地址，保障了网络的安全性。

项目八　网络配置实例

8.1　三层交换机环网不同网段配置

重点：

掌握 ERPS 单环网配置。

8.1.1　案例介绍

1. 工作原理

正常工作时，RPL 端口阻塞所在链路，防止网络环路；当环网中某条链路出现异常断开时，异常节点会发报通知 RPL Owner 节点，于是 RPL 端口放开，使所在链路恢复正常通信，保障整个网络通信不中断，如图 8.1 所示。

注：一个环网中，有且仅有一个 RPL Owner 节点。

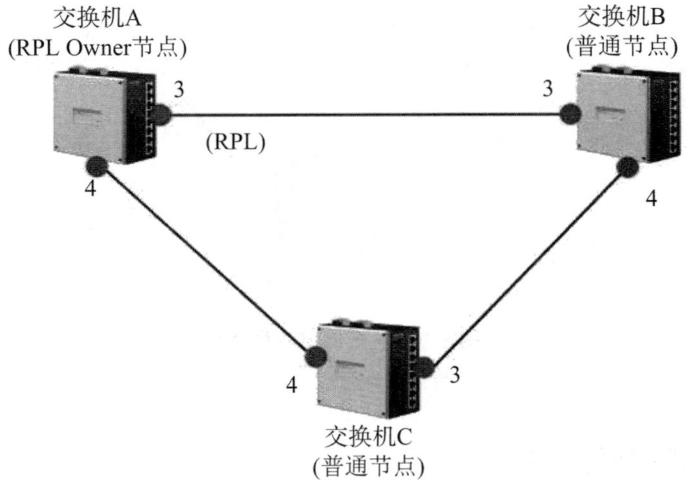

图 8.1　RPL 端口工作原理

2. 应用场景

当 3 个三层交换机组成环网的时候，主干网络的 IP 地址可以设置成同网段，如图

8.2 所示；也可以设置成不同网段，如图 8.3 所示。同网段时，不需要设置相关参数，3 个交换机是能 ping 通的，不同网段时，需要进行相关设置，完成不同网段之间相互 ping 通。

注：该教程主要是对第二 IP 设置和使用进行了一些改进，目的是解决当环网主干网络不在同一网段时，相机丢包严重的问题。

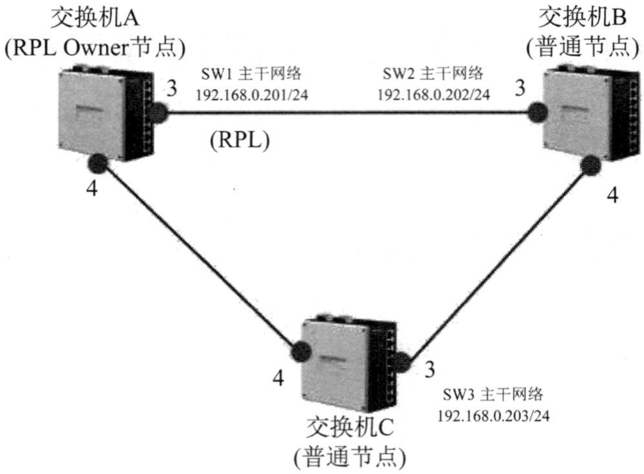

图 8.2　主干网络同网段

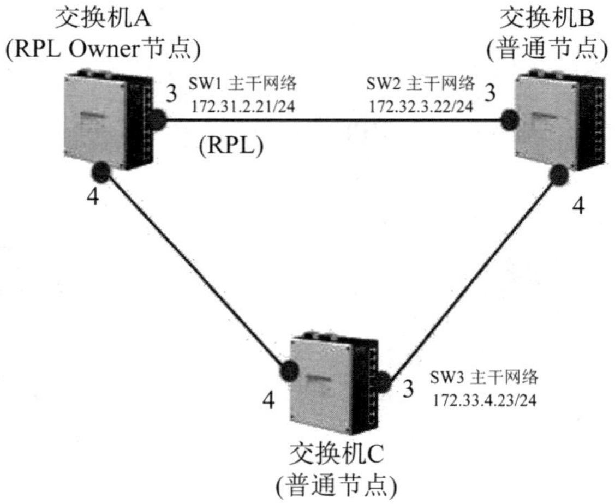

图 8.3　主干网络不同网段

8.1.2　环网同网段

一、案例分析

先根据 3 个三层交换机处于同网段的情况（案例一）进行环网配置，实现 VLAN

之间互相访问。表 8. 1 为案例 VLAN 划分及 IP 地址分配表。

表 8. 1 VLAN 划分及 IP 分配表

设备名称（符号）	VLAN			网络单元	
	名称	网关	端口号	名称	IP 地址
三层交换机#1（SW1）	主干网络	192. 168. 0201	3，4	环网	（结果填入表 3）
	设计网络	192. 168. 2. 1	自定义	计算机#1（PC1）	
	产线网络	192. 168. 3. 1	自定义	工业相机、其他一体机、任意选一个 PLC	
三层交换机#2（SW2）	主干网络	192. 168. 0202	3，4	环网	
	维护网络	192. 168. 4. 1	自定义	计算机#2（PC2）	
	边缘网络	192. 168. 5. 1	自定义	边缘计算网关	
三层交换机#3（SW3）	主干网络	192. 168. 0203	3，4	环网	
	数据管理网络	192. 168. 6. 1	自定义	主站 PLC	
	视觉管理网络	192. 168. 7. 1	自定义	视觉一体机	
防火墙（FW）	内网	192. 168. 0254	GE1	SW2 主干网络	
	服务网络	192. 168. 200. 100	GE3	服务器	

二、HTTP/HTTPS 管理

1. 管理计算机（PC）网卡的 IP 地址与所连接的三层交换机应在同网段，管理计算机静态 IP 地址 192. 168. 0. x（x 为 2～254 的整数）插入交换机的任意端口，如图 8. 4 所示。

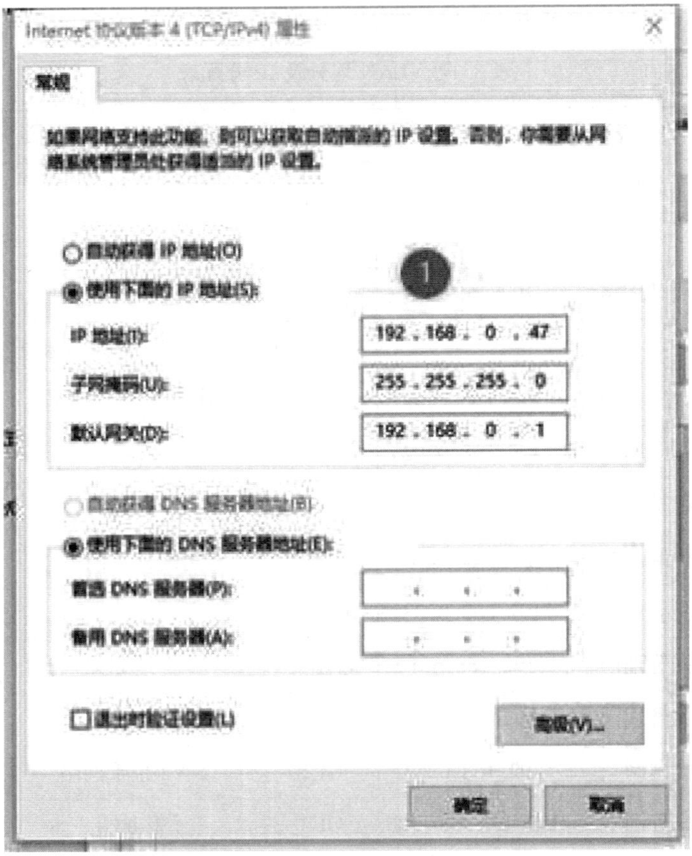

图 8.4　PC 的 IP 配置

2. 新建用户

（1）打开浏览器输入 IP 地址：192.168.0.1 并回车，进入到用户名、密码设置界面，如图 8.5 所示。

图 8.5　新建用户

（2）设置用户名、密码并确认密码（密码要牢记）。

（3）点击“确认”进入“登录界面”。

3. 登录设置界面

（1）输入刚才设置的用户名和密码。

（2）点击“登录”进入“管理界面”，如图 8.6 所示。

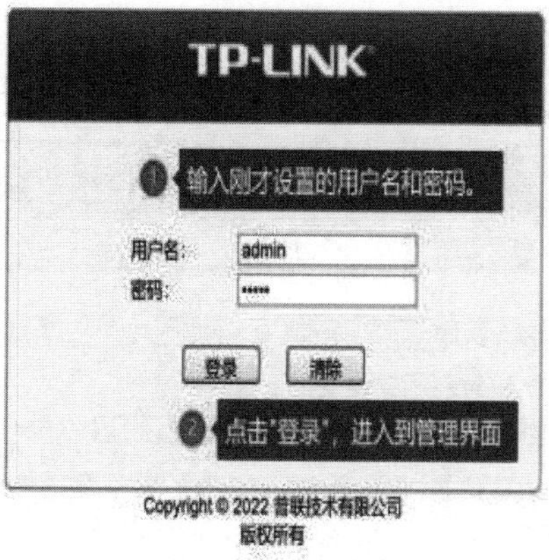

图 8.6　登录设置界面

三、VLAN 划分

1. 进入管理界面后，根据要求划分 VLAN。

点击 VLAN→点击 802.1Q VLAN→点击 VLAN 配置→点击“新建”，如图 8.7 所示。

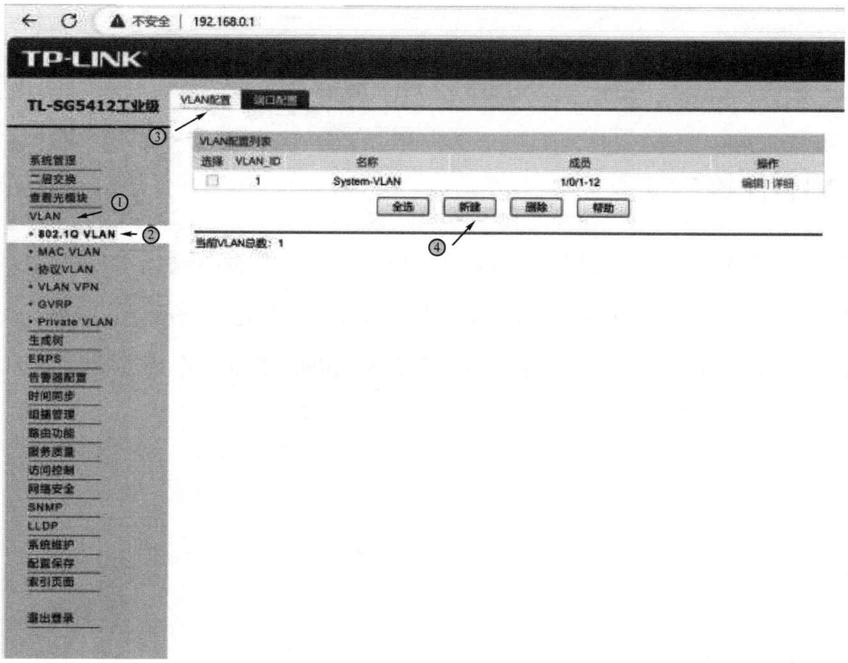

图 8.7　VLAN 新建

2. 依次进行如下设置（以 SW1 的设计网络为例）。

设置 VLAN ID→输入 VLAN 名称→选择 VLAN 绑定端口→点击“提交”，新建 VLAN 完成，如图 8.8 所示。

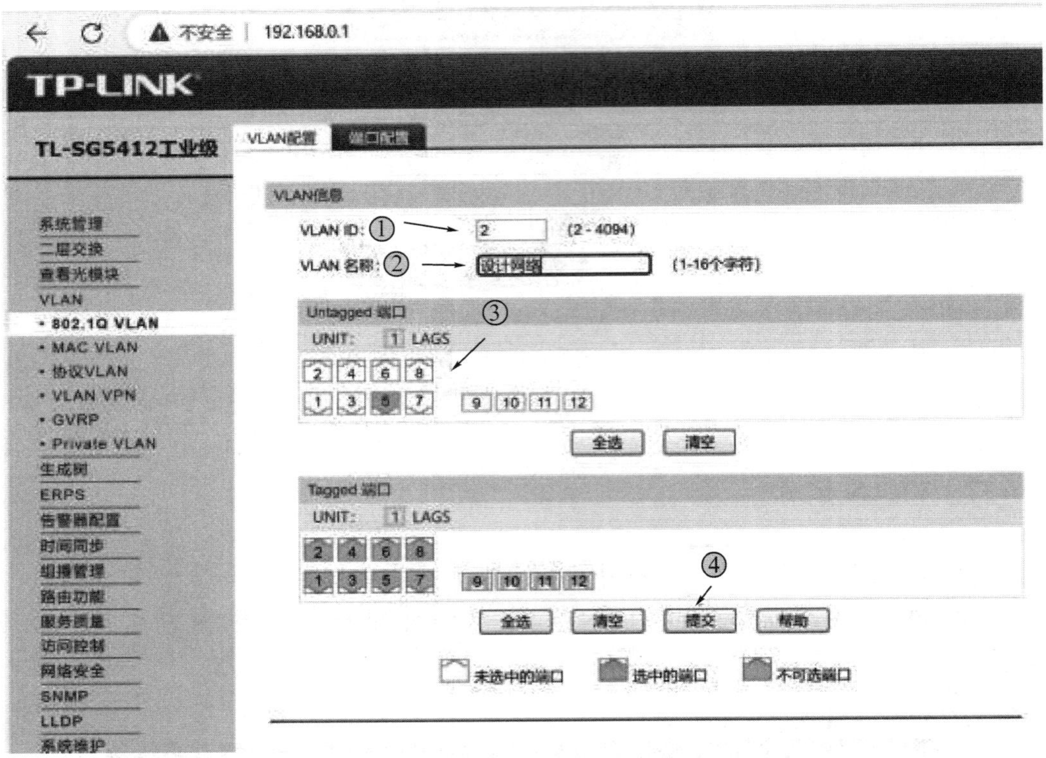

图 8.8　VLAN 配置

四、VLAN 接口设置

1. 点击“路由功能”→选择“接口”及接口设置界面→输入 VLAN ID（设计网络的 VLAN ID 为 2）→选择 IP 地址模式为“Static”（静态）→输入 IP 地址（设计网络 192.168.2.1）→输入子网掩码设计网络 255.255.255.0→点击“创建”，如图 8.9 所示。

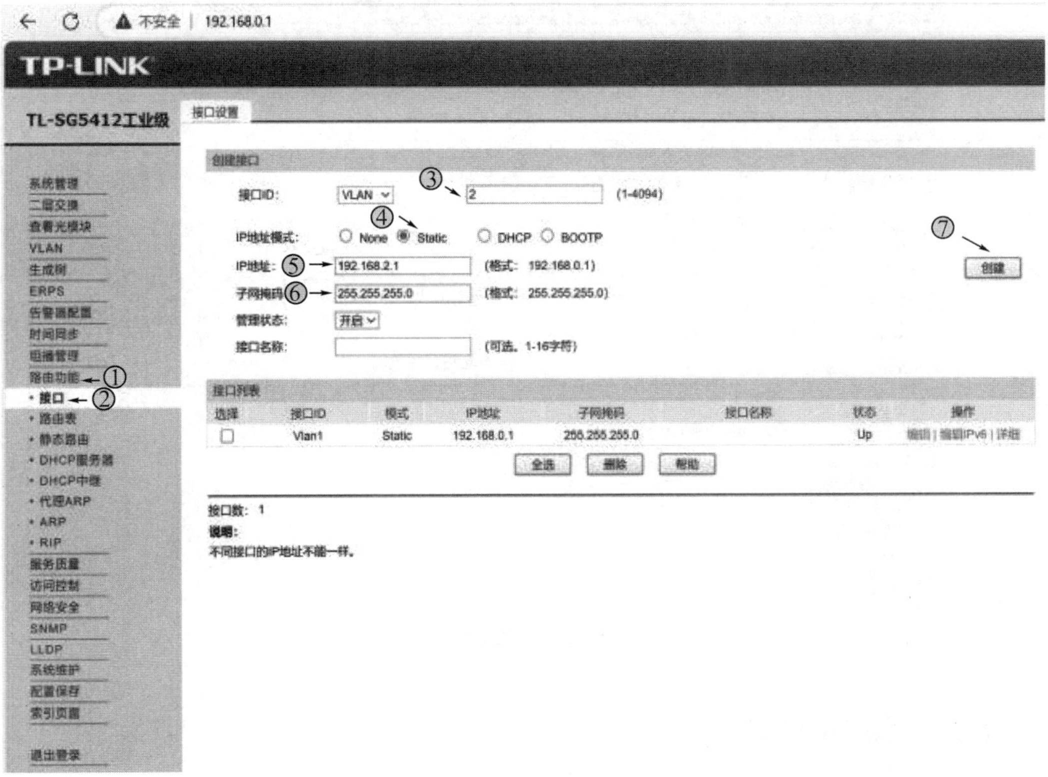

图 8.9 接口设置

2. 创建完成后在“接口列表”内显示，重复以上步骤，继续划分其他 VLAN 并添加相应接口的 IP。

3. VLAN1（主干网络）可直接在此界面点击“编辑”修改 IP 地址。

4. 至此已完成所有设置，注意点击“配置保存”以免掉电导致配置丢失，如图 8.10 所示。

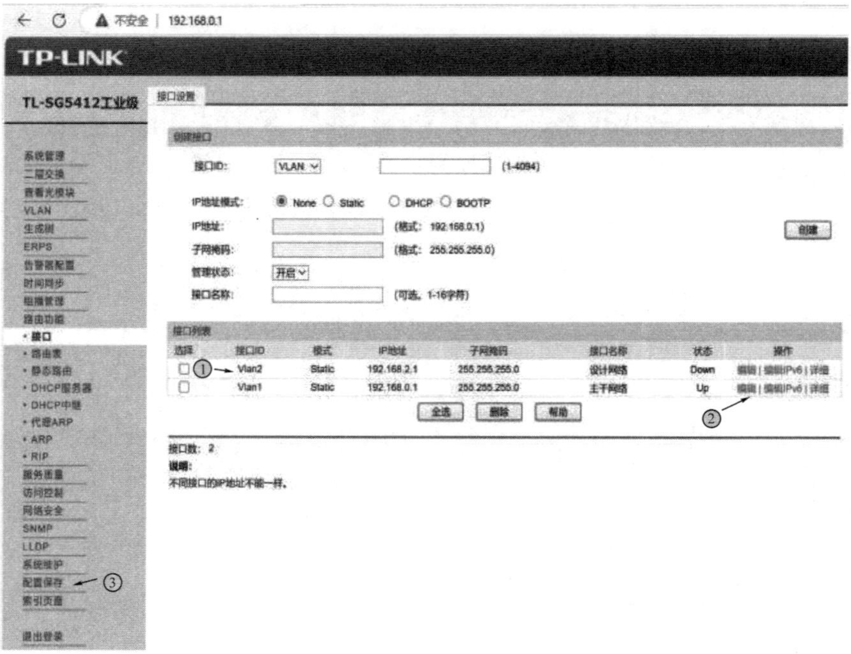

图 8.10　修改 IP

五、静态路由设置

1. 配置静态路由（以 SW1 配置为例）

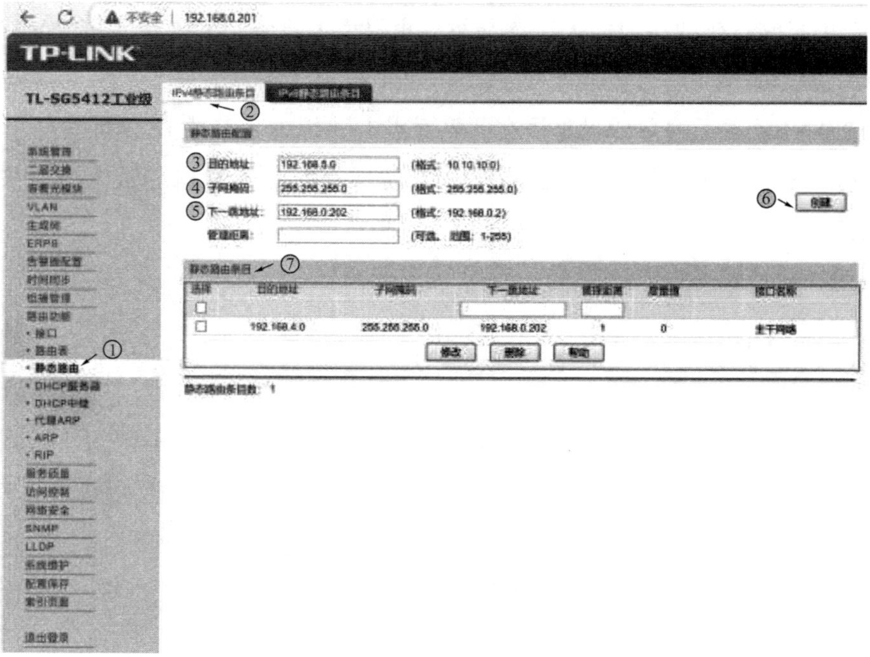

图 8.11　静态路由设置

点击“静态路由”→选择“IPV4 静态路由条目”→输入“目的地址”（此地址为另外两组三层交换机中划分的 VLAN 的 IP 地址）→输入“子网掩码”→填写“下一跳地址”（此地址为 VLAN 对应相应三层交换机主干网络接口 IP 地址）→点击“创建”→在“静态路由条目”中显示所创建的静态路由，如图 8.11 所示。

重复此步骤设置其他静态路由，直至将另外两组三层交换机所有 VLAN 的静态路由设置完成。

2. 添加静态路由

（1）当前是在 SW1 的设置界面中。

（2）“静态路由条目”中显示 SW1 中所需要设置的全部静态路由。

（3）“0. 0. 0. 0”到“192. 168. 0. 254”的静态路由是“内网”到“防火墙”的静态路由，每台三层交换机都要填写，如图 8. 12 所示。

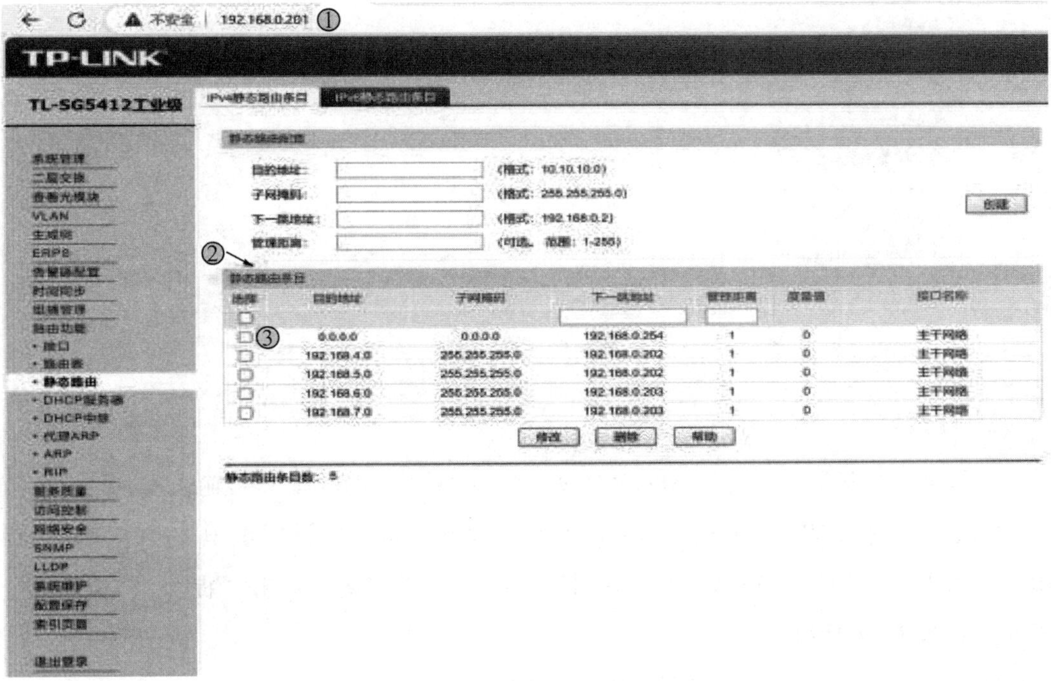

图 8. 12　添加静态路由

六、配置环网

1. 端口设置

在侧边栏点击“VLAN”→在菜单中点击“802. 1Q VLAN”→选择“端口配置”→选择需要设置的端口（3、4 端口）→设置端口类型（TRUNK）→点击“提交”完成端口设置，如图 8. 13 所示。

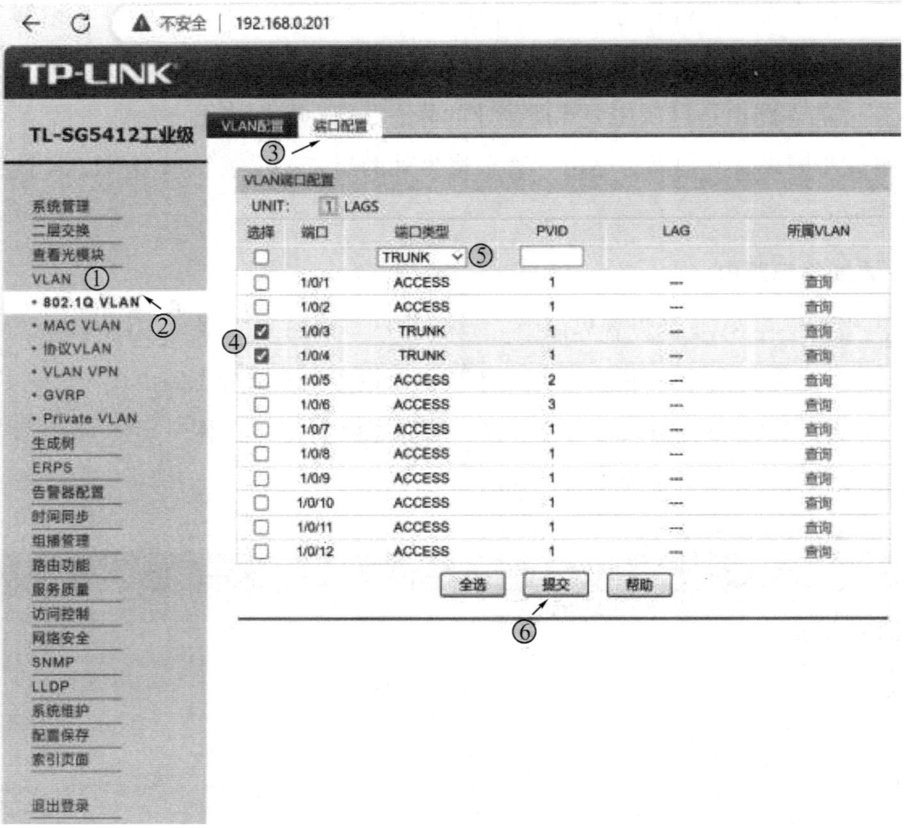

选择	端口	端口类型	PVID	LAG	所属VLAN
☐	1/0/1	ACCESS	1	---	查询
☐	1/0/2	ACCESS	1	---	查询
☑	1/0/3	TRUNK	1	---	查询
☑	1/0/4	TRUNK	1	---	查询
☐	1/0/5	ACCESS	2	---	查询
☐	1/0/6	ACCESS	3	---	查询
☐	1/0/7	ACCESS	1	---	查询
☐	1/0/8	ACCESS	1	---	查询
☐	1/0/9	ACCESS	1	---	查询
☐	1/0/10	ACCESS	1	---	查询
☐	1/0/11	ACCESS	1	---	查询
☐	1/0/12	ACCESS	1	---	查询

图 8.13 端口设置

2. 生成树

选择“生成树”→点击“MSTP 实例”→选择“实例配置”→输入实列（范围 1～8 可选）→输入 VLAN ID 范围（此范围包含下一步需要设置虚拟 VLAN，本例为 10）→点击“添加”，“VLAN 实例映射”完成→选择实例→点击“提交”，实例配置完成，如图 8.14 所示。

注：三个交换机都需要做相同的实例配置。

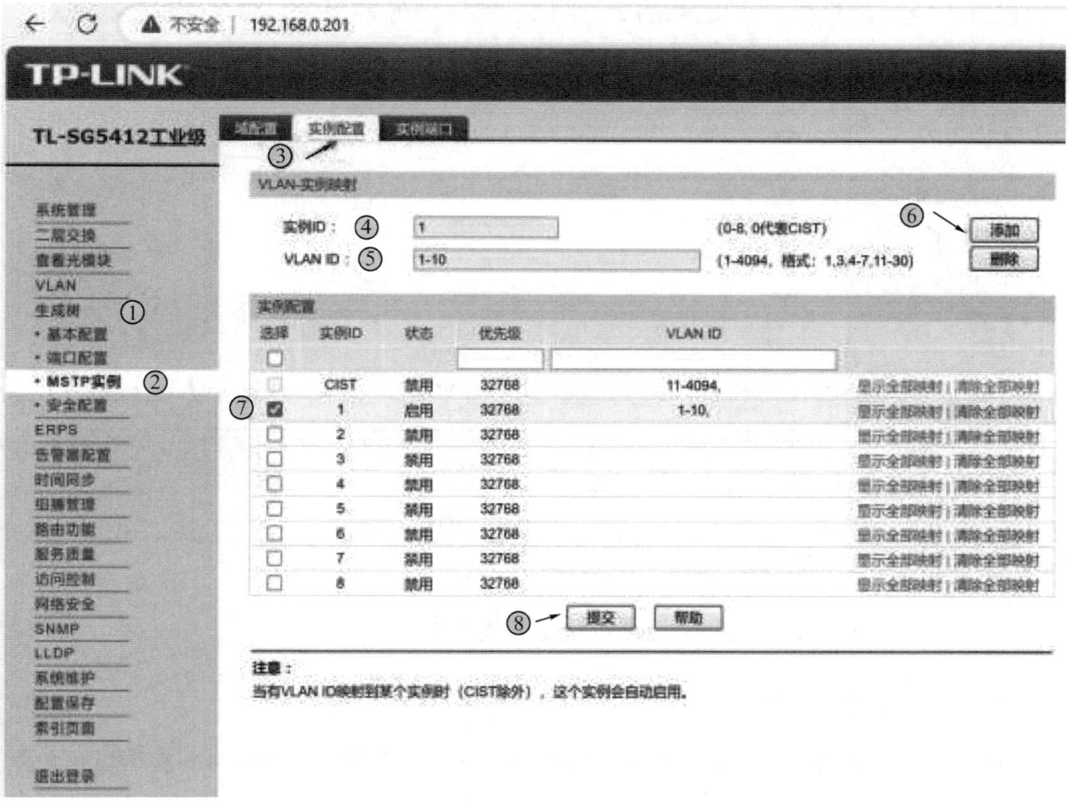

图 8.14　生成树

3. ERPS 配置

点击“ERPS”→选择“ERPS 配置”→输入“环号”本例设置为“1”→设置“协议 VLAN”（协议 VLAN 的 ID 不能与数据 VLAN 的 ID 重复否则会冲突），这里设置为“10”（MSTP 中实例配置中包含了协议 VLAN 的 ID）→填写“保护实例”，此实例为前面“生成树”中创建实例编号，这里设置为“1”→点击“创建”，“EPRS 配置”完成，在“环列表”中显示 ERPS 的配置，如图 8.15 所示。

注：三个交换机都需要做相同的 ERPS 配置并且协议 VLAN 号需相同。

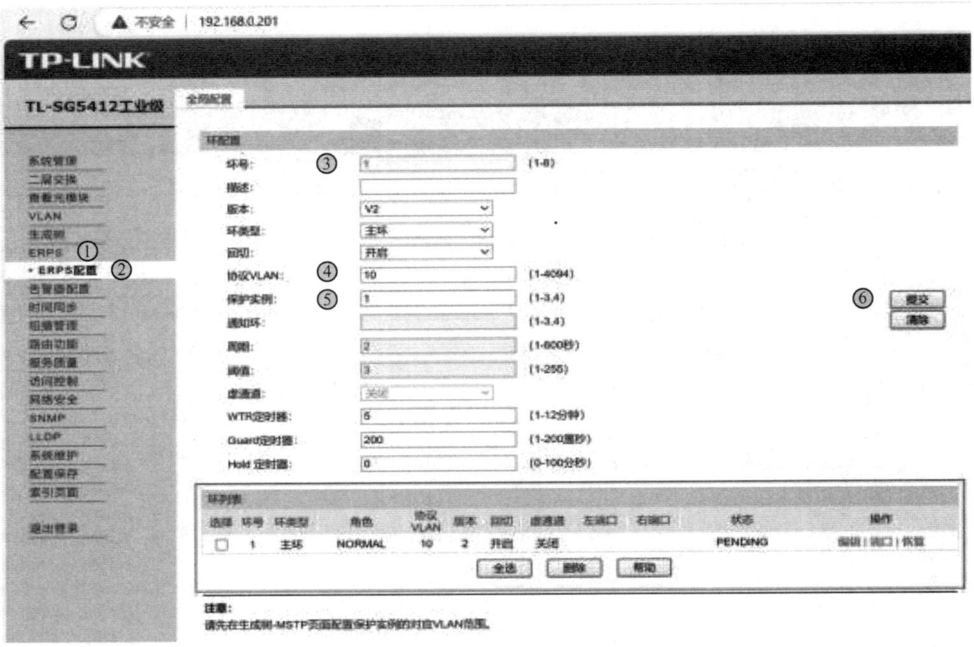

图 8. 15　ERPS 配置

4. SW1 左右端口配置

将左端口配置为 3→左端口角色“RPL Owner”→右端口设置为 4→右端口角色默认“Normal”，点击“提交”完成当前配置，如图 8. 16 所示。

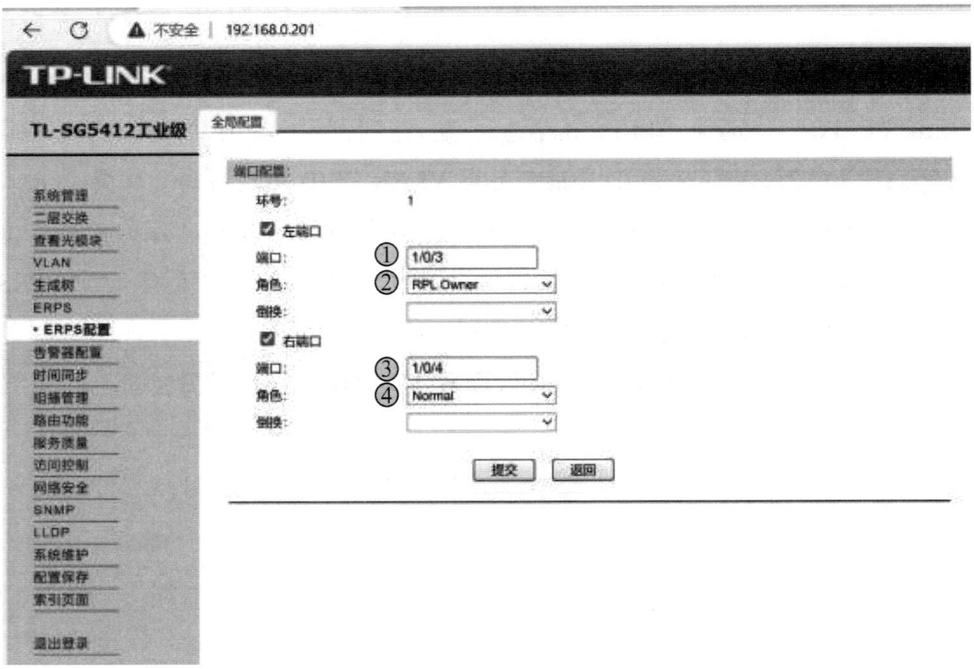

图 8. 16　SW1 左右端口配置

配置完成后，将三台交换机两两连接起来，就组建好了一个环网。这种单环网络在实际应用中最为常见，配置起来也比较简单，对于具有 N 个节点的单环网络，只需配置 1 个 RPL Owner 节点和 N-1 个普通节点即可。

至此，按照案例一进行配置完成，实现了案例一的网络设计要求。

8.1.3 环网不同网段

一、案例分析

再根据 3 个三层交换机处于不同网段的情况（案例二）进行环网配置，实现 VLAN 之间互相访问。表 8.2 为案例 VLAN 划分及 IP 地址分配表。

表 8.2 VLAN 划分及 IP 地址分配表

设备名称（符号）	VLAN			网络单元	
	名称	网关	端口号	名称	IP 地址
三层交换机#1（SW1）	主干网络	172. 31. 2. 21	3，4	环网	（结果填入表 3）
	设计网络	192. 168. 2. 1	自定义	计算机#1（PC1）	
	产线网络	192. 168. 3. 1	自定义	工业相机、其他一体机、任意选一个 PLC	
三层交换机#2（SW2）	主干网络	172. 32. 3. 22	3，4	环网	
	维护网络	192. 168. 4. 1	自定义	计算机#2（PC2）	
	边缘网络	192. 168. 5. 1	自定义	边缘计算网关	
三层交换机#3（SW3）	主干网络	172. 33. 4. 23	3，4	环网	
	数据管理网络	192. 168. 6. 1	自定义	主站 PLC	
	视觉管理网络	192. 168. 7. 1	自定义	视觉一体机	
防火墙（FW）	内网	172. 32. 3. 24	GE1	SW2 主干网络	
	服务网络	192. 168. 200. 100	GE3	服务器	

如果理解了“同网段环网配置原理”，那么“不同网段环网配置”只需要解决下面两个的问题：

（1）实现环网主干网络不同网段 IP 地址互相访问；

（2）在不同网段下正确填写“静态路由”。

二、设置过程

1. 在 SW1 中修改主干网络接口 IP

点击“路由功能”→选择“接口”，进入到接口设置界面→将 IP 地址“192.168.0.201”修改成“172.31.2.21”→点击“修改”完成主 IP 地址修改（修改完成后界面会刷新，需要以新 IP 地址登录），如图 8.17 所示。

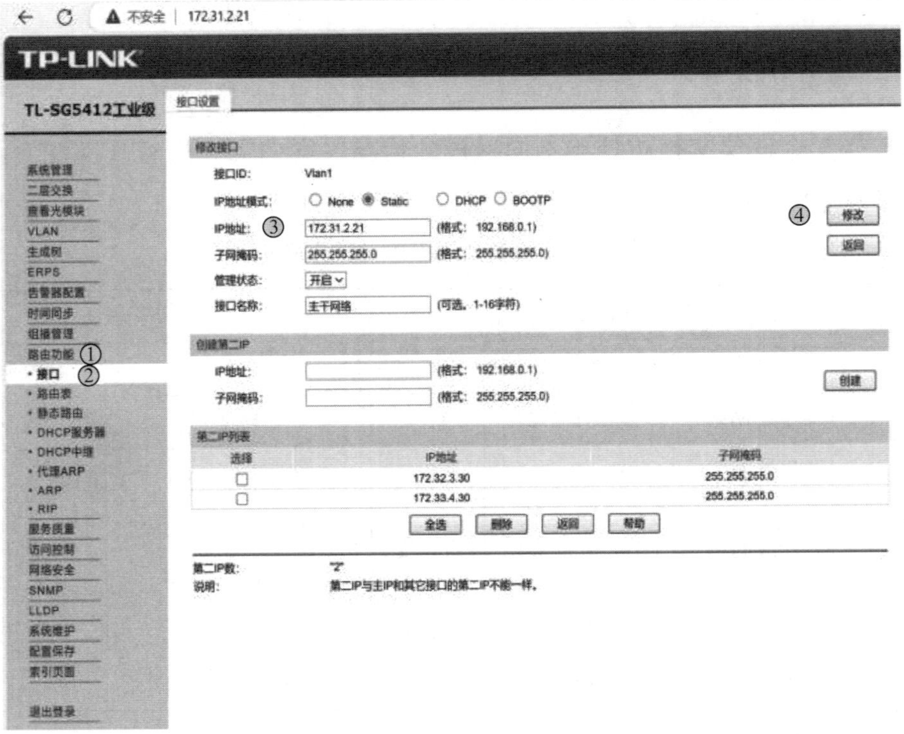

图 8.17　修改主干网络接口 IP

2. 在 SW1 中创建主干网络第二 IP

找到“创建第二 IP”→填写“IP 地址”，IP 地址需要与 SW2 交换机的主干网络的 IP 地址同网段但地址不相同，本例中 SW2 的主干网络地址是“172.32.3.22”，所以填写的 IP 地址为“172.32.3.30”→填写“子网掩码”→点击“创建”→创建完成，在“第二 IP 列表”中显示刚才创建的 IP 地址，如图 8.18 所示。

注：由于本例环网中用到了 3 个三层交换机，所以在 SW1 中还需创建关于 SW3 的第二 IP 地址，因此重复步骤添加关于 SW3 的第二 IP 地址 172.33.4.30（SW3 的主干网络的 IP 地址 172.33.4.23）。

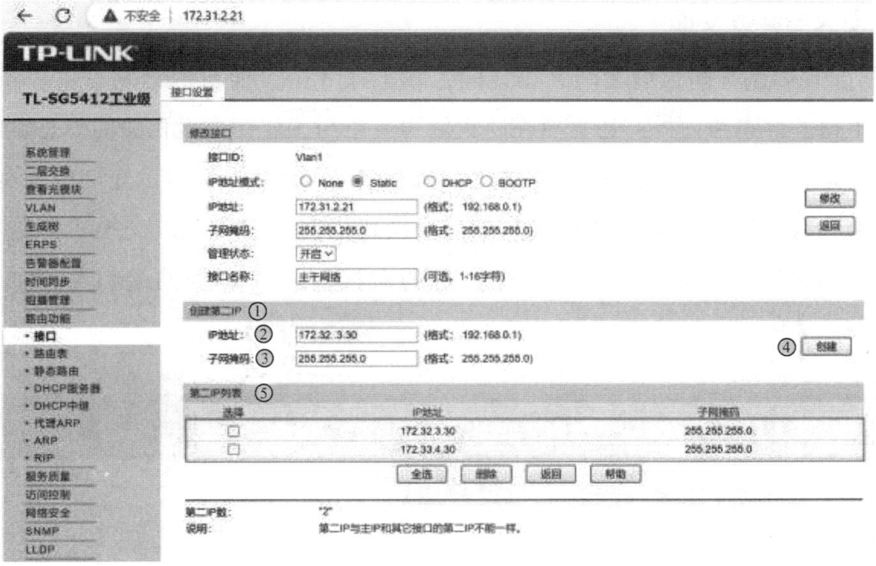

图 8.18　第二 IP 设置

3. 在 SW1 中修改静态路由

关于 SW2 的静态路由的下一跳地址由“192.168.0.202”修改成“172.31.2.30”。关于 SW3 的静态路由的下一跳地址由“192.168.0.203”修改成“172.31.2.31”，如图 8.19 所示。

注：在 SW2 和 SW3 中分别进行相同操作。

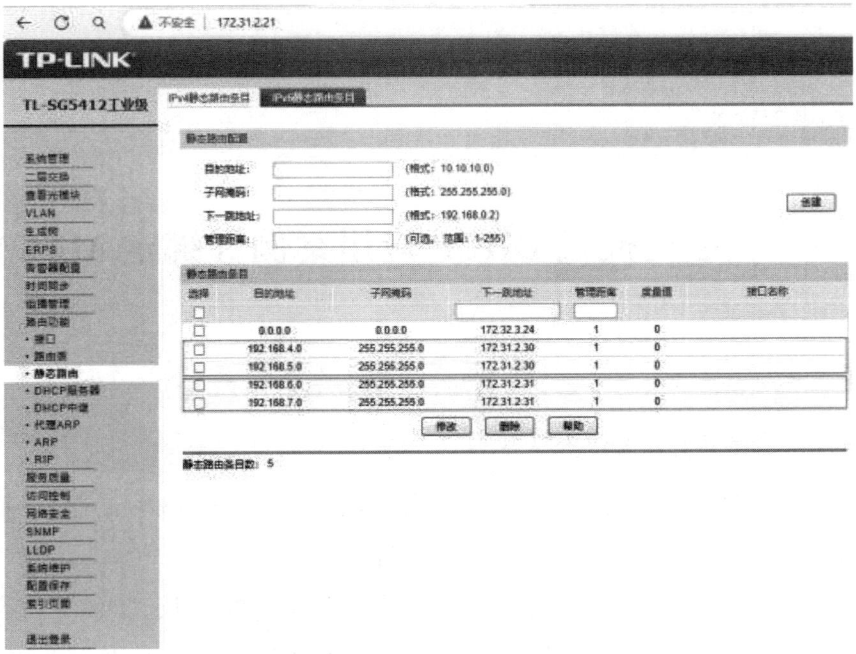

图 8.19　SW1 修改静态路由

4. 防火墙参数设置

为了实现内网与防火墙之间互相访问，除了在 3 个交换机内分别写了一条关于防火墙 GE1 口的静态路由外，还需要在防火墙写一条与三层交换机相关的静态路由。

目的地址：0. 0. 0. 0 表示所有 IP 地址→子网掩码：0. 0. 0. 0 表示允许所有网络主机→下一跳：172. 32. 3. 22 表示防火墙与三层交换机的对接口时三层交换机侧的 IP 地址→出接口：GE1 表示防火墙与三层交换机的对接时防火墙侧的端口号，如图 8. 20 所示。

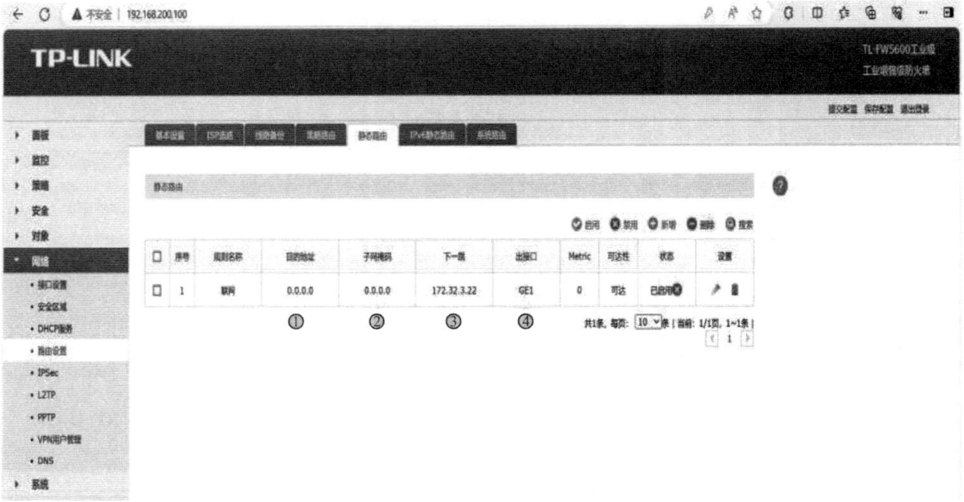

图 8. 20　防火墙参数设置

注：防火墙设置参数后，通过“提交配置”和“保存配置”完成参数生效和保存，防止断电配置丢失。

8. 2　三层交换机 DHCP 应用案例（绑定 MAC）

重点：

掌握三层交换机 DHCP 配置。

动态主机配置协议（DHCP，Dynamic Host Configuration Protocol）是一种网络管理协议，用于集中对用户 IP 地址进行动态管理和配置。

DHCP 于 1993 年 10 月成为标准协议，其前身是 BOOTP 协议。DHCP 协议由 RFC 2131 定义，采用客户端/服务器通信模式，由客户端（DHCP Client）向服务器（DHCP Server）提出配置申请，DHCP Server 为网络上的每个设备动态分配 IP 地址、子网掩码、默认网关地址、域名服务器（DNS）地址和其他相关配置参数，以便可以与其他 IP 网络通信，如图 8.21 所示。

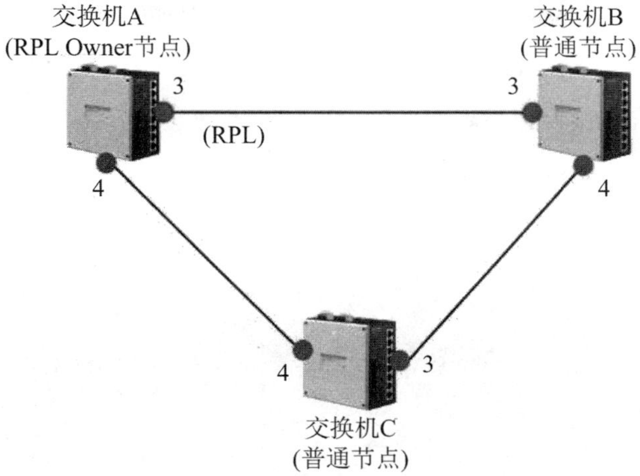

图 8.21 DHCP

以表 8.3 为例，按其 VLAN 划分完成案例分析。

表 8.3 VLAN **划分表**

设备名称（符号）	VLAN			网络单元	
	名称	网关	端口号	名称	IP 地址
三层交换机#1（SW1）	主干网络	192.168.0.201	1，2	环网	（结果填入表 3）
	设计网络	192.168.2.1	自定义	计算机#1（PC1）	自动获取 IP
	产线网络	192.168.3.1	自定义	PLC、工业相机和一体机	
三层交换机#1（SW2）	主干网络	192.168.0202	1，2	环网	
	维护网络	192.168.4.1	自定义	计算机#2	
	边缘网络	192.168.5.1	自定义	边缘计算网关	
三层交换机#1（SW3）	主干网络	192.168.0.203	1，2	环网	
	数据管理网络	192.168.6.1	自定义	主站 PLC	
	视觉管理网络	192.168.7.1	自定义	视觉一体机	
防火墙（FW）	内网	192.168.0254	GE1	SW2 主干网络	
	服务网络	192.168.200.100	GE2	服务器	

一、查找计算机 MAC 地址

因为 DHCP 服务器的建立，需要利用 MAC 地址识别计算机，所以需要找到计算机的网卡的 MAC 地址，操作如下：

按下“WIN+R”出现运行界面，输入 cmd→点击“确定”，进入 cmd. exe 界面→在 cmd 界面中填入 ipconfig/all，点击回车→会出现该电脑所有网络连接，根据描述找到电脑的网卡，下面的物理地址即是该网卡的 MAC 地址，如图 8. 22 所示。

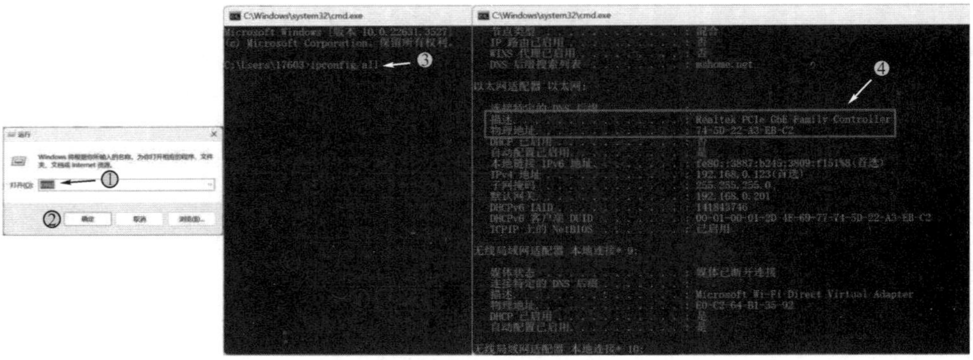

图 8. 22　查找计算机 MAC 地址

二、登录管理界面

把需要设置的自动获取的计算机插入对应的三层交换机没有划分 VLAN 的端口中，更改 IP 地址，进入三层交换机登录界面，输入账号和密码，进入配置界面。

三、DHCP 服务器设置

在 TL-SG5412 交换机管理页面内，在页面左侧找到“路由功能”并点击展开→点击“DHCP 服务器”→打开右侧“DHCP 服务器”→在全部配置里，“启用”DHCP 服务器→点击右侧“提交”→在“ping 设置”中，点击“提交”，DHCP 服务器设置完成，如图 8. 23 所示。

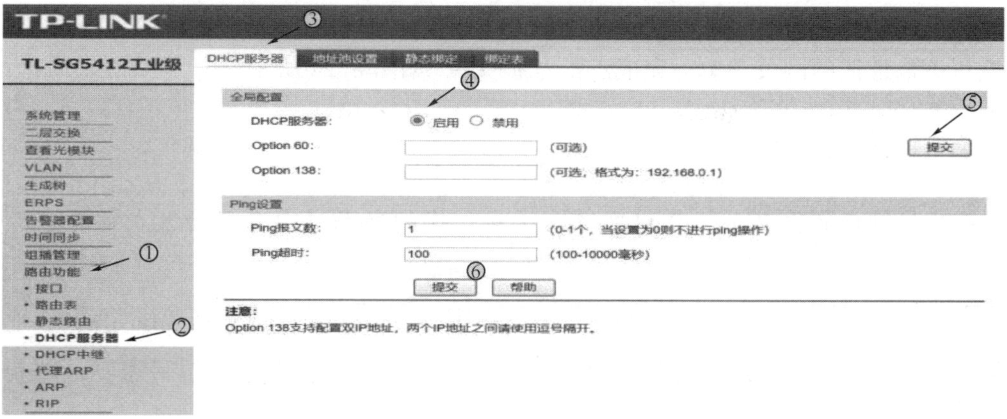

图 8.23　DHCP 服务器设置

四、建立地址池

DHCP 服务器设置完成后，在页面的左上角，找到地址池设置，点击进入地址池设置界面。

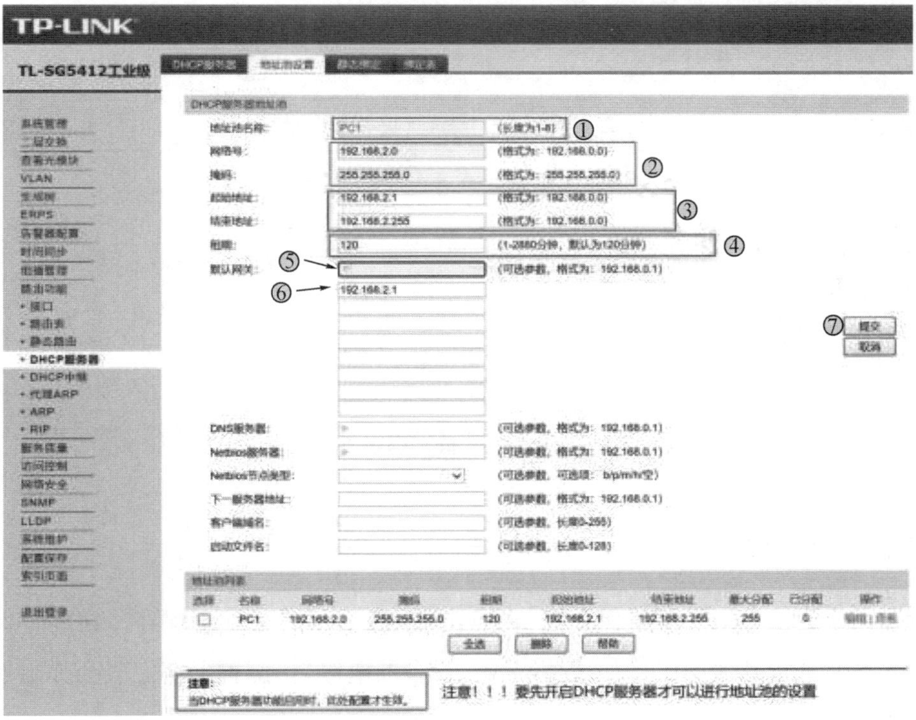

图 8.24　建立地址池

填写一个地址池名称→填写网络号和子网掩码。网络号：需要进行自动获取的网段（VLAN），见表 8.3 所列→填写起始地址和结束地址，这两栏要和网络号网段一致

→租期不用填写，默认 120 分钟即可→点击默认网关栏左侧的下拉箭头→在下拉列表内填写该地址池的网关→填写完成点击“提交”，如图 8. 24 所示。

五、进行静态绑定

在地址池设置完成后，在页面的左上角，找到静态绑定，点击进入到静态绑定界面。

地址池名称：选择刚才建立的地址池（PC1）→绑定 IP：填写需要绑定的 IP 地址→绑定方式：点击下拉箭头选择“硬件地址”→硬件地址：在这里填写需要自动获取的计算机的 MAC 地址→点击“提交”，静态绑定完成，图 8. 25 所示。

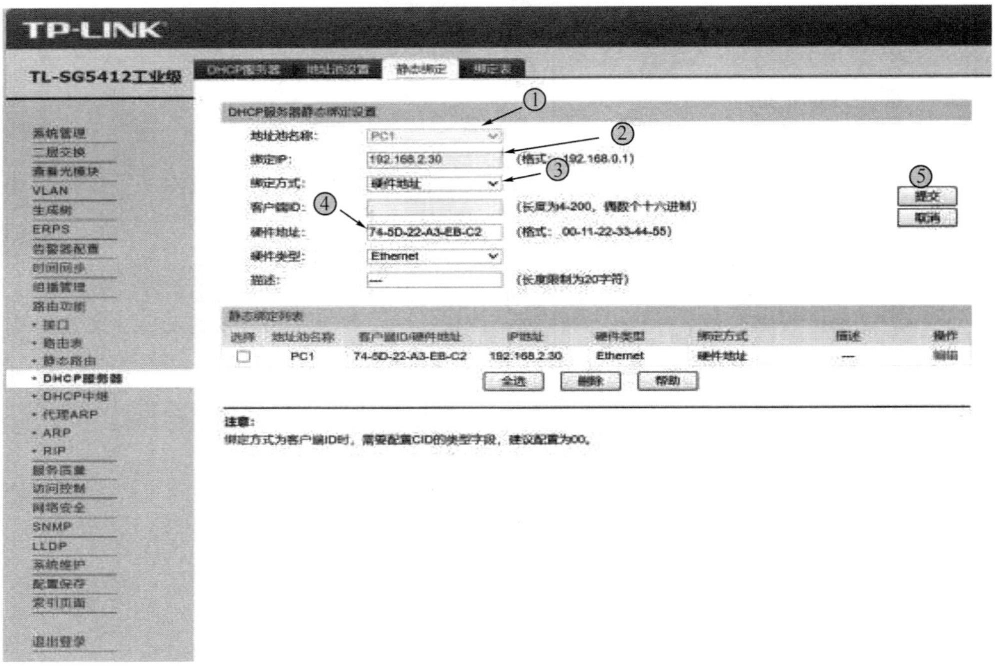

图 8. 25　静态绑定

六、配置保存

设置完成后，点击“配置保存”，再点击“确定”，进行配置保存。在配置保存过程中，请不要进行其他操作（如拔掉网线，设备断电等）。配置保存完成会弹出保存配置文件成功字样。

七、结果验证

验证步骤如下：

先拔掉计算机网线→把网口 IP 设置为自动获取（图 8.26）→插到已经分配完成的所属 VLAN 端口中→点击网卡查看详细信息，查看是否自动分配到了 IP 地址，如图 8.27 所示。

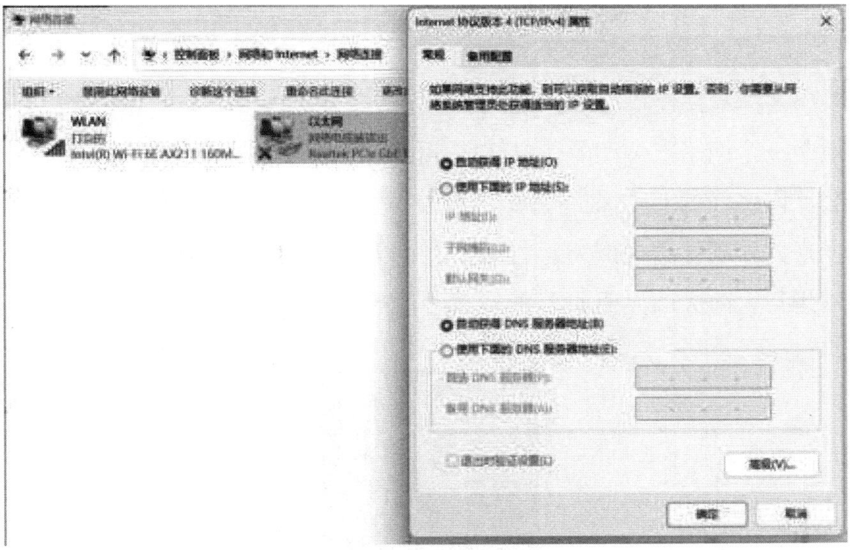

图 8.26　设置自动获取

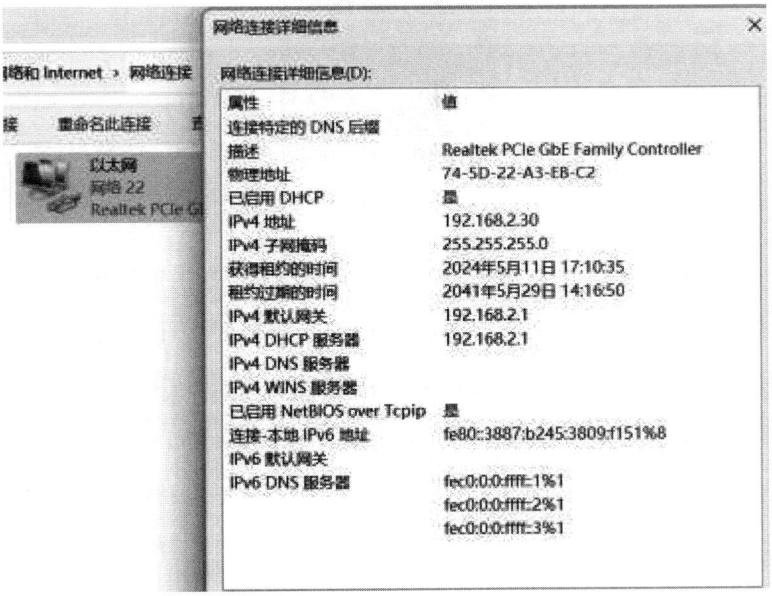

图 8.27　结果查证

8.3 三层交换机 DHCP 综合应用案例（不绑定 MAC）

重点：

掌握三层交换机 DHCP 配置。

防火墙是一个网络安全产品，由软件和硬件设备组合而成，是在内网和外网之间、专用网与公共网之间的一种保护屏障。它是一种隔离技术，可以防止非法用户的侵入，同时及时发现并处理计算机网络运行时潜在的安全风险、数据传输等问题，确保计算机网络正常运行。防火墙界面如图 8.28 所示。

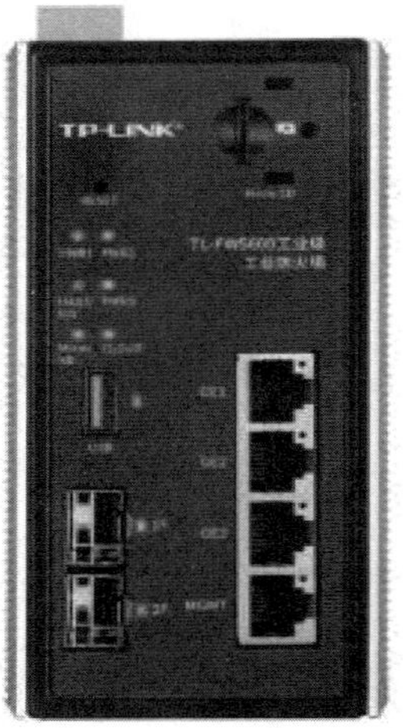

图 8.28　防火墙界面

三层交换技术是由二层交换技术结合了三层转发技术而研发出的新型技术。它改变了过去局域网中网段划分后，路由器必须全程管理网段中子网的局面，解决了传统路由器传输速度缓慢的弱点。根据实际情形在网络交换机中引入路由模块，能够使网络交换机在网络二层或三层灵活地网络分段。三层交换机界面如图 8.29 所示。

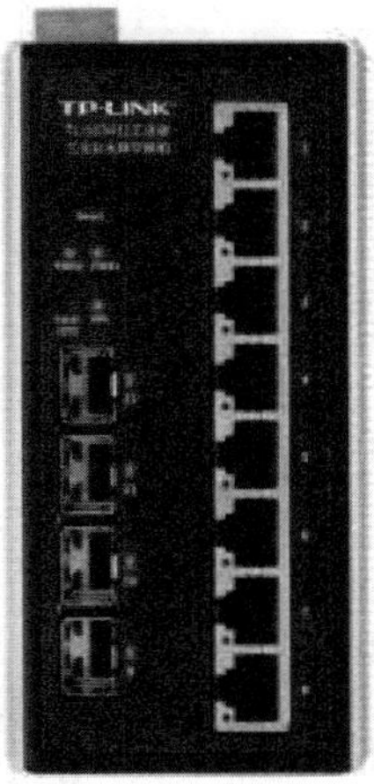

图 8.29　三层交换机界面

通过以下案例，来讲解三层交换机 DHCP 及防火墙的静态路由相关功能应用。以表 8.4 为例，按其 VLAN 划分完成案例分析。

表 8.4　VLAN 划分

设备名称（符号）	VLAN		网络单元		
	名称	网关	端口号	名称	IP 地址
三层交换机#1（SW1）	设计网络	192.168.2.1（DHCP）	2-8	计算机#1（PC1）	
	AP 无线网络	192.168.3.1		AP 网络	
	边缘网络	192.168.4.1		边缘计算网关	
三层交换机#2（SW2）	维护网络	192.168.5.1（DHCP）	2-8	计算机#2（PC2）	
	服务网络	192.168.200.254		服务器	
三层交换机#3（SW3）	数据管理网络（S7-1500PLC）	192.168.7.1	6	主站 PLC	
	从站 PLC1（料盒供料站）	192.168.8.1	7	从站 PLC1	
	从站 PLC2（龙门站）	192.168.9.1	8	从站 PLC2	
防火墙（FW）	子网 1	192.168.10.201	GE1	SW1（1 端口）	
	子网 2	192.168.20.202	GE2	SW2（1 端口）	
	子网 3	192.168.30.203	GE3	SW3（1 端口）	

网络拓扑图如图 8.30 所示。

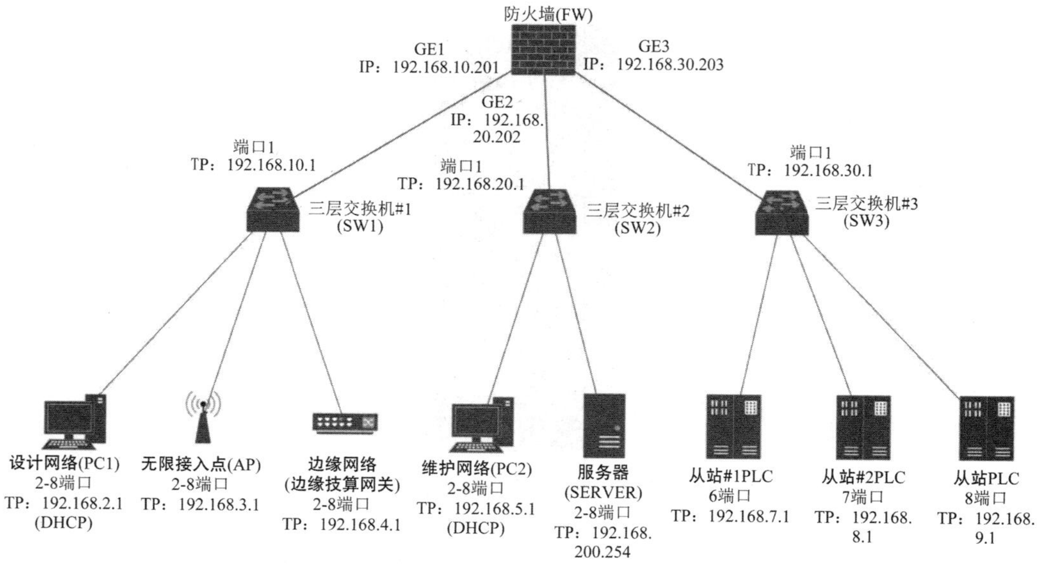

图 8.30　网络拓扑图

一、三层交换机配置

1. 划分 VLAN 并分配端口

点击“VLAN”→点击“802. 1Q VLAN”→填写 VLAN ID→根据表 8. 4 为 VLAN 分配相应端口→点击“提交”，完成 VLAN 划分，如图 8. 31 所示。

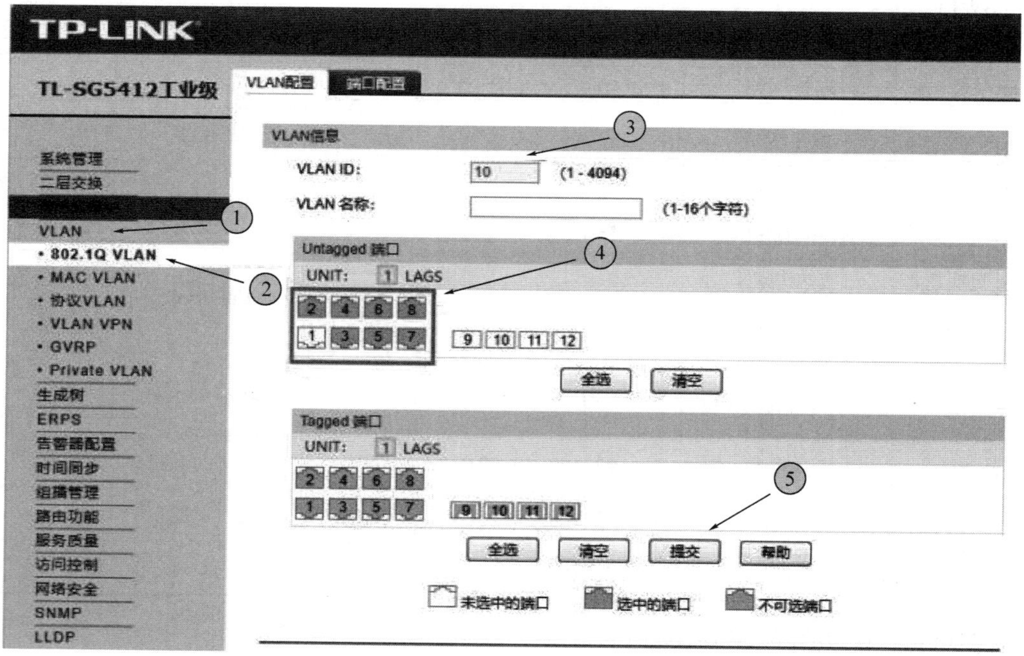

图 8.31　划分 VLAN

2. 添加第二 IP 地址

首先根据表 8.4 为 VLAN 进行接口设置（设置 IP 地址、子网掩码），然后为 VLAN 添加第二 IP 地址。

点击“编辑”，进入编辑页面→在“创建第二 IP”的“IP 地址”处填写“192.168.3.1”→子网掩码填写“255.255.255.0”→点击“创建”，就可以在下方第二 IP 列表中看到刚才添加的第二 IP 地址，如图 8.32 所示。

注：由于要实现“2～8 端口范围内任意网口均能实现相应网段的网络连接”，所以在 VLAN10 上以第二 IP 地址添加所有需要的 IP 地址。本例中除了 192.168.3.1 外，还应添加 192.168.4.1，重复添加。

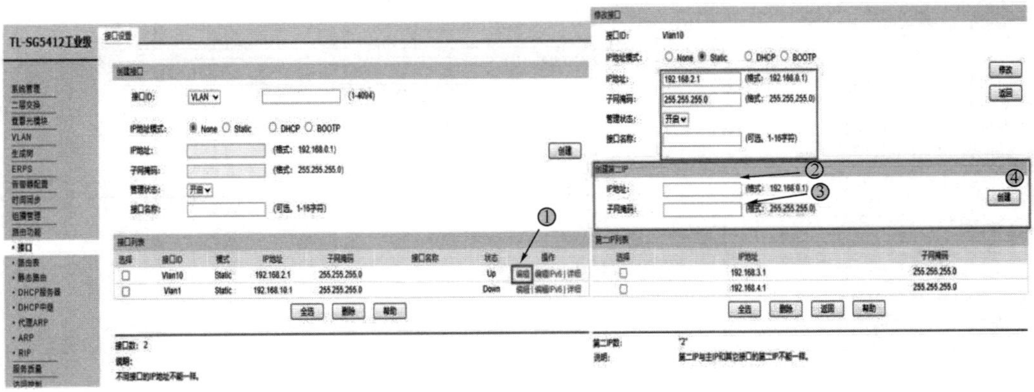

图 8.32 添加第二 IP 地址

3. 静态路由设置

根据组网形式，SW1 的 1 端口、SW2 的 1 端口、SW3 的 1 端口分别接在了防火墙的 GE1 端口、GE2 端口、GE3 端口上，所以需要在每个交换机里各写一条关于防火墙的静态路由。图 8.33 为 SW1 静态路由设置。SW2、SW3 同理。

图 8.33 SW1 静态路由设置

4. DHCP 服务器设置

点击“路由功能”→点击“DHCP 服务器”→在右侧点击“DHCP 服务器”→在“全局配置”里，“DHCP 服务器”选择“启用”→点击右侧“提交”→在“ping 设置”中，点击“提交”，DHCP 服务器设置完成，如图 8.34 所示。

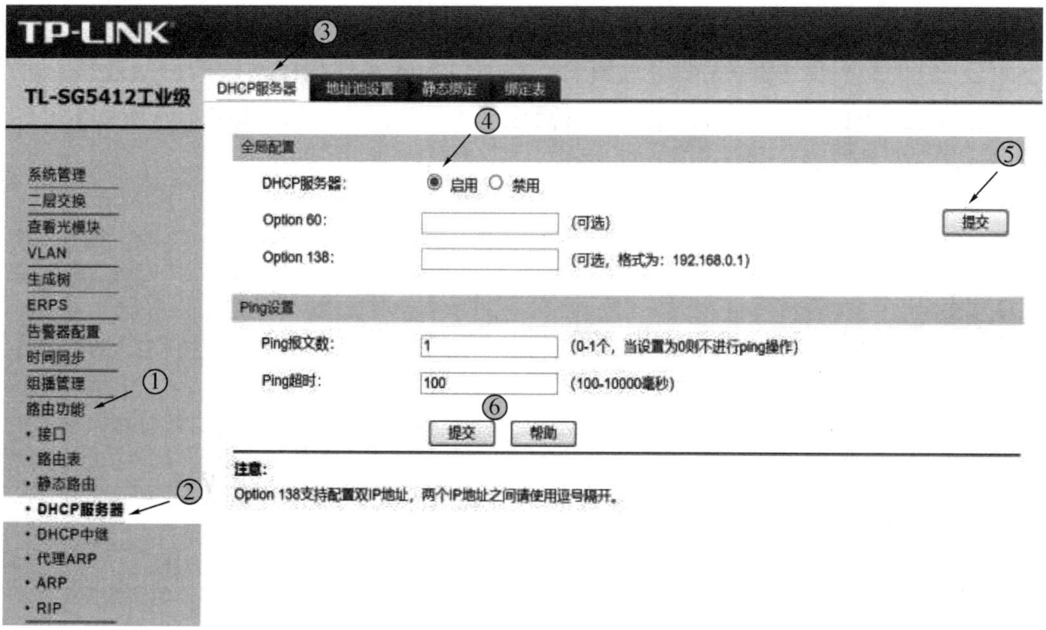

图 8.34　DHCP 设置

5. 地址池设置

填写一个“地址池名称”→填写“网络号”和“子网掩码”。网络号：需要进行自动获取的网段（VLAN），见表 8.4 所列→填写“起始地址”和“结束地址”，这两栏要和网络号网段一致→租期不用填写，默认 120 分钟即可→点击“默认网关”栏左侧的下拉箭头→在下拉列表内填写该地址池的网关→填写完成点击“提交”，设置结果在地址池列表中显示，如图 8.35 所示。

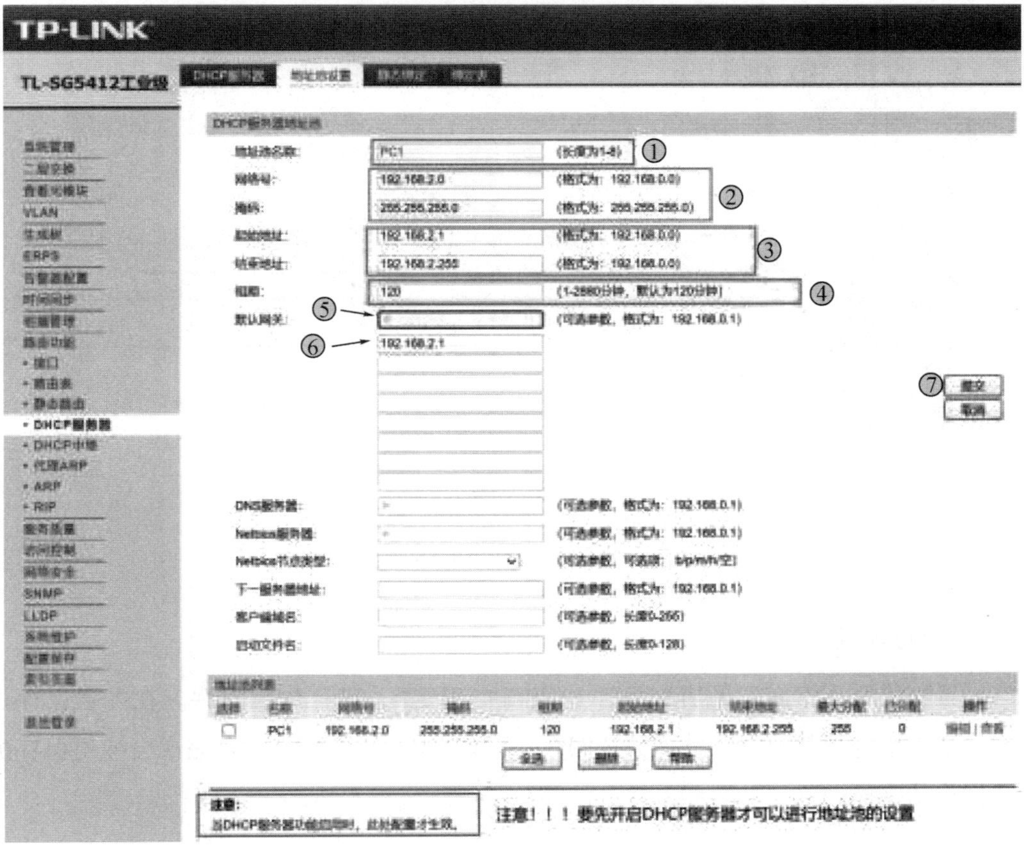

图 8.35 地址池设置

6. DHCP 服务器与 VLAN 绑定

点击“路由功能”展开→点击“DHCP 中继”，在右侧打开“DHCP 服务器”→在“接口 ID”处填写需要自动获取的 VLAN ID→在“服务器地址”处输入建立地址池的网络号（VLAN ID 的接口 IP 地址）→点击“提交”→在 DHCP 服务器列表中会显示设置结果，如图 8.36 所示。

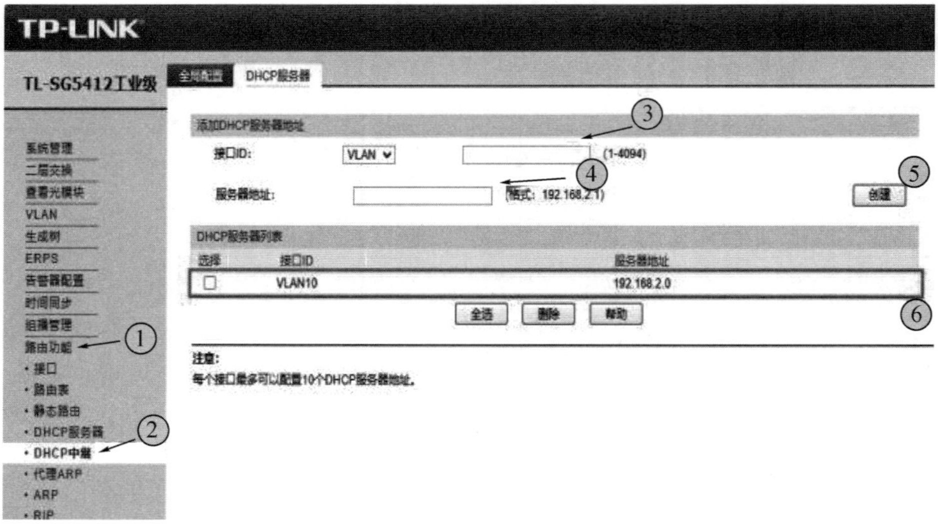

图 8.36　DHCP 与 VLAN 绑定

7. 保存配置

设置完成后，点击“配置保存”→点击“确定”，进行配置保存。在配置保存过程中，请不要进行其他操作（如拔掉网线，设备断电等）。配置保存完成会弹出保存配置文件成功字样。

二、防火墙设置

1. 接口设置

登录防火墙 Web 配置界面，执行快速设置，然后对 GE1 口进行接口设置。

点击“网络”→进入“接口设置”→在“选择物理接口”处下拉图标可以选择需要设置的端口（本例 GE1）→点击“小铅笔”图标，进入“端口配置”界面→在“IP 地址”处填写该端口的 IP 地址（本例 192.168.10.201）→在“子网掩码”处填写该端口的子网掩码→填写完成后，点击“确定”，完成了对所选端口的 IP 地址设置，如图 8.37 所示。重复上述步骤，完成 GE2、GE3 接口设置。

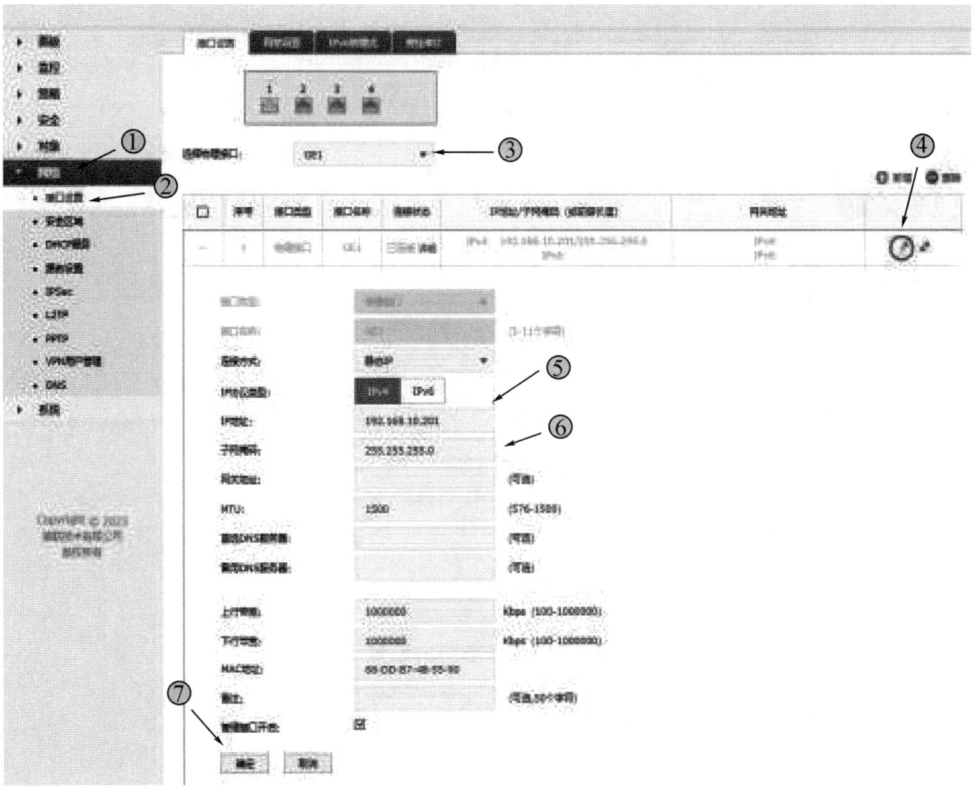

图 8.37　防火墙接口设置

2. 静态路由设置（以 SW1 为例）

点击“网络”→点击“路由设置”→点击“静态路由”→在“规则名称”处填写该静态路由的名称→在“目的地址”和“子网掩码”处分别填写 SW1 的 VLAN 的 IP 地址和子网掩码→在“下一跳”处填写防火墙（GE1）与三层交换机（1/0/1）对接时的三层交换机侧的 IP 地址→在“出接口”处点击下拉标，选择防火墙与该交换机所连接的端口（GE1）→点击“确定”，一条静态路由设置完成，如图 8.38 所示。

注：由于 SW1 中有 3 个网段，需要重复以上步骤，添加另外两个网段的 IP 地址（192.168.3.1 和 192.168.4.1）。SW2 和 SW3 设置方法同 SW1。

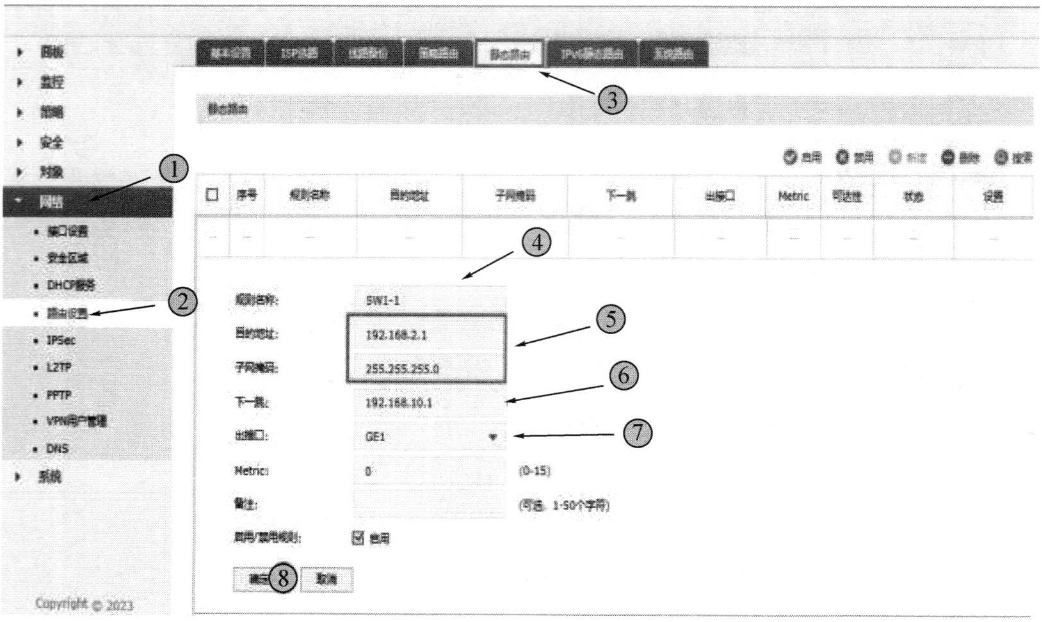

图 8.38　静态路由设置

至此所有配置已经完成，注意提交配置和保存配置。

项目七、八习题和答案